Philosopher's Stone Series

立足当代科学前沿

彰显当代科技名家

绍介当代科学思潮

激扬科技创新精神

策 划

哲人石科学人文出版中心

当代科普名著系列

Distrust
Big Data, Data Torturing, and the Assault on Science

不被信任的科学
大数据、人工智能与信息欺骗

［美］加里·史密斯（Gary Smith） 著

孙 强 译

对本书的评价

◇

即便是处在科学昌明的时代,也别低估身边的荒谬与疯狂。
我们该如何规避被误导与被操纵?又该怎样应对欺诈与虚妄?
审慎的观察、睿智的剖析、理性的思辨,一语点醒梦中人!
擦亮眼睛,更好地理解和欣赏科学,请读本书吧。

——尹传红,
中国科普作家协会副理事长,科普时报社社长

◇

"科学技术是一把双刃剑"。当人们对日新月异的科技发展成果应接不暇而快要忘记新技术的发明与使用可能产生的负面效应的时候,加里·史密斯以无可辩驳的事实、严谨缜密的逻辑、鞭辟入里的分析,对利用互联网传播的虚假信息、不当使用统计工具等数字科技文明演进过程中伴随的糟粕性"副产品"发出了警报。

——郑念,
中国科普作家协会科学教育专委会主任委员,
中国科普研究所研究员

◇

为什么有时人工智能并不智能?为什么有时大数据技术输出的是数据垃圾?为什么有时人们会建议专家不要随便建议?这本专门讨论虚假信息、数据歪曲和数据挖掘的力作,能给我们带来很多妙悟和启发。

——袁岚峰,
中国科学技术大学科技传播系副主任、研究员,
"典赞·2018科普中国"十大科学传播人物

◇

加里·史密斯再次展现出卓越的才华。本书是一段以其力量、风格,尤其是讥讽幽默的笔调让大数据炒作列车脱轨的疯狂之旅。史密斯是一位用实例阐明思想的大师——这些实例新颖、出人意料,有时令人震惊,有时令人捧腹。来参加史密斯的统计数据忽悠之旅吧,你将再也不会以同样的方式看待 AI 或数据科学了。

——卡尔·T.伯格斯特龙(Carl T. Bergstrom),
华盛顿大学生物学教授,
《拆穿数据胡扯》(*Calling Bullshit: The Art of Skepticism in a Digital World*)作者

◇

卡尔·萨根《魔鬼出没的世界》一书的所有粉丝都会喜欢这本书。像萨根一样,史密斯讨论了缺乏批判性思维技能给人类进步带来的挑战,他以萨根式的敏锐眼光和雄辩口才进行了讨论。史密斯还清楚地表明,正确的判断和有效的决策所面临的威胁比萨根时代更可怕,因为互联网助长了对科学的不信任、病毒式的错误信息和恶毒的阴谋论,它们为错误的思维推波助澜。我们迫切需要这本书中的智慧。

——汤姆·吉洛维奇(Tom Gilovich),
康奈尔大学心理学教授,
《房间里最有智慧的人》(*The Wisest One in the Room*)作者

◇

事实证明,与神话中的英雄不同,AI 有两个致命弱点:不仅技术不智能,更糟糕的是,AI 和大数据所依赖的太多统计学知识和数据使用方式也不智能。加里·史密斯对伪科学以及不断堆积的"垃圾"——我们错误地称之为信息——进行了精彩的反击,并为政策制定者、开业者、学者和大众提出了及时且重要的警告和前进方向的指引。

——莱斯利·威尔科克斯(Leslie Willcocks),
伦敦政治经济学院名誉教授

◇

这部极具可读性的作品探讨了为什么我们比以往任何时候都更需要科学,以及科学为何需要和如何规范其行为。推荐给任何偶尔想知道Facebook上那个"直言不讳"的家庭成员是否说得有道理的人。

——尼克·布朗(Nick Brown),

博士,科学诚信调查者

◇

史密斯出色地阐释了虚假信息的演化,充分论证了对技术的盲目信任将如何导致对真相的更多歪曲。本书清晰地表达了一种令人反思的观点,关于我们应该如何批判性地思考由热门技术潮流带来的新发现。

——卡尔·迈耶(Karl Meyer),

数字阿尔法顾问有限责任公司总经理,

KPCB风险投资公司前合伙人

内容提要

普罗大众为何会被打着科学旗号的信息欺骗,甚而转向质疑科学?从比特币到超自然现象,从总统选举到股票价格,从形形色色的数据欺诈到言过其实的人工智能,本书以晓畅直白的语言、诙谐犀利的笔触,通过对丰富的实例进行抽丝剥茧的剖析,深入阐述了虚假信息、数据歪曲和数据挖掘给科学的可信度带来的威胁。具有讽刺意味的是,虚假信息、数据歪曲和数据挖掘是由科学本身创造和推动的,科学家的声誉正在被科学家所发明的工具削弱。虚假信息通过科学家发明的互联网广为传播;对实证证据和统计显著性的科学需求催生了数据歪曲;科学家创造的大数据和性能强大的计算机使数据挖掘变得轻而易举。全书论述鞭辟入里、发人深省,不仅指出了问题症结所在,而且提出了积极应对之道,极富启发作用和现实意义。

作者简介

加里·史密斯（Gary Smith），美国经济学家、统计学家，耶鲁大学经济学博士，波莫纳学院弗莱彻·琼斯经济学教授。曾在耶鲁大学任教7年，两度获得教学奖，撰写（或合著）了100多篇学术论文和15本书。其研究被《纽约时报》《华尔街日报》《新闻周刊》《商业周刊》《福布斯》等媒体广泛报道。

推荐序：科学永远有春天

孙强老师又要出新的科普译作了——《不被信任的科学》，原著作者加里·史密斯（Gary Smith）是科普畅销书《人工智能错觉》（*The AI Delusion*，2018年）的作者。《不被信任的科学》这部作品的主题是数智时代人类对科学的信任危机。我读了全书译稿，颇有感触和共鸣，借此谈谈我对科学的看法和思考。

从历史上看，现代科学诞生的时间较晚，只有短短的四五百年。科学不同于宗教，它是以世界具有可理解性这一理念为前提不断发展的，旨在为人类提供对客观实在的准确描述。英国哲学家卡尔·波普尔（Karl Popper）在推进人类科学进步的征程中功不可没，他提出的"可证伪性"是区分科学理论与非科学理论的核心标准。具体来说，任何科学理论都不是绝对正确的，不能提供对实在的最准确描述，而充其量只是暂时正确的，仅能提供对实在近似准确的描述，直到被证伪的那一天。这一思想恰恰促进了科学的进步，让每个学科的理论不断推陈出新，内容上也愈加丰富，从而逐渐接近对实在的最佳描述。

瑞典作家克里斯特·斯图马克（Christer Sturmark）在其《点燃理性的火焰》（*To Light the Flame of Reason: Clear*

Thinking for the Twenty-First Century)一书中提到,科学是一种通过试错来探索世界的高度结构化和系统化的方法。同时,他明确指出,科学有其自身发展的原则——试验与犯错、理论与实验、证实与反驳,这也应该是科学进步的演化法则吧。正是因为有了这些坚如磐石的铁律,科学大旗才能屹立不倒,与伪科学鏖战数个世纪,击碎了一个又一个伪科学泡沫,仍然熠熠生辉,普照全人类。

古往今来,无论是西方还是东方,很多人都会被各种奇谈怪论迷惑。究其根源,一方面是科学的进步滞后于人类的幻想;另一方面是荒谬与妄念反反复复地充斥于人类历史的长河中,让伪历史、伪科学和阴谋论不断膨胀。互联网技术,特别是移动互联网技术的蓬勃发展,某种程度上进一步助长了这些反科学言论的蔓延和肆虐。

近年来,自媒体已成为人们利用移动互联网技术获取信息的主流渠道之一,这种新的媒介形式改善了生活,疗愈了身心,但也是一个鱼龙混杂的大熔炉,需要宽容与治理并举、发扬与防范共存,才能营造一个风清气正的移动互联网生态。但这需要一个漫长的过程,需要自媒体创作者坚守道德良知的底线,遵守各项法规,也需要受众擦亮眼睛,提高自己的科学认知,以敏锐的视角看待各种新奇新鲜的事物与现象,以开放的格局看待这个日新月异的世界。

《不被信任的科学》一书正是在众多行业数字化转型与新一代人工智能飞速发展的时间窗口期问世的:人们对科学知识求知若渴,但又怕被虚假信息欺骗;人们渴望拥抱这个激动人心的数智时代,却又担心被生成式人工智能生产的内容蒙蔽了双眼,分不清哪些是真,哪些是假。借用英国伟大作家查尔斯·狄更斯(Charles Dickens)在其名著《双城记》(A Tale of Two Cities)开篇里的那句话:"这是信任的纪元,这是怀疑的纪元。"

《不被信任的科学》这本书的作者史密斯将人们对科学或科学家的

信任度降低的主要原因归结为三个方面：虚假信息、数据歪曲和数据挖掘，不仅清晰、敏锐而又掷地有声地阐明了每个方面的来龙去脉，而且梳理出了 26 条简明且实用的行动路径。这些路径不仅是一条条良策，也是面向人类美好未来的壮举。

总之，这是一本重拾人类对科学的信任的好书，不仅说理脉络清晰，而且叙事案例鲜活、典型并富有趣味性，译文流畅而清朗，值得广大科技工作者、科普工作者、科学爱好者以及社会大众阅读、学习和参考。

希望本书早日问世，以飨读者。

史忠植

中国科学院计算技术研究所研究员

第三届吴文俊人工智能科学技术奖成就奖得主

2024 年 10 月 6 日

CONTENTS 目录

目 录

001 — 引言　虚假信息、数据歪曲和数据挖掘

023 — **第一部分　虚假信息**

025 — 第一章　超自然现象实属正常
043 — 第二章　飞碟与太空游客
057 — 第三章　精英阴谋
077 — 第四章　后真相世界

103 — **第二部分　数据歪曲**

105 — 第五章　铁树开花
132 — 第六章　大多数药物都会令人失望
144 — 第七章　引人注目，但错误百出

163 — **第三部分　数据挖掘**

165 — 第八章　大海捞针
177 — 第九章　打败市场
196 — 第十章　数据过多

213 — **第四部分　人工智能的真正希望与危险**

215 — 第十一章　言过其实，难以兑现
231 — 第十二章　人工不智能

249 — 第五部分　危机

251 — 第十三章　无法再现的研究

277 — 第十四章　复制危机

299 — 第十五章　恢复科学的光彩

322 — 参考文献

335 — 译后记

引言

虚假信息、数据歪曲和数据挖掘

在人类发展史上,除了火、车轮和切片面包之外,最伟大的发明是什么?印刷术几乎是所有人的首选,因为它使思想和发明得以广泛传播、讨论和改进。电力、内燃机、电话、疫苗和麻醉药也是很伟大的发明。这些只是非常非常长的发明名单中最最顶尖的部分。环顾你的四周,看看电脑、眼镜、冰箱、管道系统,以及其他我们习以为常的日用品。

如果没有科学,我们会在哪里——在洞穴中度过短暂而野蛮的一生吗?我在这里做了些小小的夸张,只是为了强调科学和科学家——我将经济学家、心理学家以及其他"软科学"专家也包括在这个群体里——极大地丰富了我们的生活。在20世纪30年代的大萧条时期,各国政府对经济知之甚少,以至于他们采取的政策完全适得其反。1932年,富兰克林·罗斯福(Franklin Roosevelt)在竞选美国总统时,承诺要削减25%的政府开支。备受尊敬的金融领袖巴鲁克(Bernard Baruch)建议罗斯福"像在围城中削减口粮配给一样削减政府开支。任何人做任何事情都需要纳税"。美联储让货币供应量下降三分之一,国会发动了一场贸易战,导致进出口总额下降了50%以上。

如今,借助经济学的理论模型和实证模型,我们(至少是大部分人)已经认识到,削减支出、增加税收、货币紧缩和贸易战都恰恰是应对经济衰退的错误政策。这就是为什么在2007年发端于美国的全球经济危机期间，各国政府没有重复 20 世纪 30 年代的错误。当世界经济处于第二次大萧条的边缘之际，各国政府采取正确的措施向不断紧缩的经济注入数万亿美元。在 2020 年新冠疫情导致的经济崩溃中也是如此。此外，科学家们还成功研制出抑制新冠大流行的疫苗。

不幸的是，目前科学正面临攻击，而且科学家的信誉正受到损害。这种对科学的攻击有三个方面：

虚假信息

数据歪曲

数据挖掘

具有讽刺意味的是，科学界通过努力获得的声誉正在被科学家所发明的工具削弱。科学家发明的互联网传播了虚假信息，科学家对实证证据的坚持催生了数据歪曲，科学家创造的大数据和性能强大的计算机推动了数据挖掘的出现。

在引言中，我将以与比特币相关的案例来阐述这一悲剧。

货币

货币是经济发展的秘密武器，因为它使人们能够专注于自己擅长的工作，并用自己获得的报酬从擅长其他工作的人那里购买东西。几乎任何东西都能充当货币，只要人们相信它能用来购买东西。这听起来像是循环论证，事实也确实如此。

事实上，在过去的 4 000 年里，主要的货币一直是贵金属——大部分是白银，少数是黄金，更少见的是铜。当然，也曾有各种各样的其他货币流通。用贝壳制成的贝壳串珠曾是美国几个殖民地的法定货币。烟草作为货币在弗吉尼亚州使用了近 200 年，在马里兰州使用了 150 年，在邻近的州使用的时间稍短。实际上，1641 年颁布的一项法律规定烟草在弗吉尼亚州是法定货币，并禁止用黄金或白银偿付合同。大米、牛和威士忌也曾是法定货币。虽然没有得到法律认可，火枪子弹、大麻、毛皮和啄木鸟头皮也曾被用作货币。

密克罗尼西亚的雅浦岛因使用石制货币而闻名，这种习俗已延续2 000多年。如图0.1所示，这些**雅浦岛石币**呈圆形车轮状，中间有一个孔，通常比一个成年人还要高。人们通过独木舟探险在帕劳群岛获得这些石头，或者从400英里*外的关岛获取更加精细和稀有的石头。海上经常风高浪急，目的地环境恶劣，许多探险船队有去无回。

19世纪70年代，美国人奥基夫（David Dean O'Keefe）驾驶一艘坚固的船，将一块块巨大的石头运往雅浦岛，用来换取椰子、鱼和其他自己所需的物品。最大的一块石头据说高达20英尺**，现正躺在雅浦港

图0.1 雅浦岛石币

---

*1英里约等于1.6千米。——译者

**1英尺约等于0.3米。——译者

的海底，是在人们把它从奥基夫的帆船卸到木筏上时掉下去的。虽然这块石头已经从人们的视野中消失了，但历代拥有者仍将它视为财富。

现如今，当地居民使用石珠、海贝壳、啤酒和美元进行小额交易。巨石则用于土地购买、婚姻许可、政治交易和偿付巨额债务。当一块巨石被转移所有权时，可以将一棵树插入巨石中间的孔中，让它能够从其老主人那里滚到新主人那里。由于破损的石头毫无价值，它们通常被留在一个地方，其所有权是众所周知的。最大的石头非常著名，以至于它们拥有自己的名字。人会死去，但石头长存。

在奥基夫来之前获得的石头具有最高价值，他带来的那些石头价值减半，而更近期获取的石头则几乎没有任何价值。根据 1984 年《华尔街日报》(The Wall Street Journal) 的报道，一位岛民用一块 30 英寸*的石头购买了一块建筑用地，并解释道："我们对美元的价值并不了解。"

使用石头作为货币似乎很奇怪，但它比使用纸币更奇怪吗？雅浦岛居民接受石币作为支付方式，因为他们坚信能够用石头购买自己所需之物。这种信心是人们广泛接受石头成为货币的基础，仅此而已。我们的货币也是如此。除了可以用于购买东西之外，它们并无实际价值。

在现代社会中，货币并不一定是我们可以用手触摸的实体，大多数人选择生活在一个几乎没有现金流通而使用电子交易记录的社会。我们的收入可以直接进入银行账户，而账单则可通过支票、借记卡、信用卡或直接从银行账户支付。只有在那些不接受支票或信用卡的场合才需要使用现金——例如去当地农贸市场购买食物、支付孩子修剪草坪的费用，或者从事一些不希望政府知晓的买卖。

---

* 1 英寸约等于 2.5 厘米。——译者

即便如此,流通中的现金数量仍在持续增长。目前,美国流通的货币已超过2万亿美元,其中包括180亿张100美元面额的钞票——平均每位美国公民拥有54张百元大钞。100美元钞票比1美元钞票更为普遍。

那么,这180亿张百元大钞在哪里呢?据估计,美国超过一半的现金被持有者在境外使用。一部分由中央银行作为储备,一部分被公民和企业用作第二货币或应对经济不稳定的对冲工具。美国境内外的大量现金被用于非法活动或避税手段,并且没有留下电子记录。

这就让我们想到了比特币,这是最早、最著名的加密货币。比特币的概念在2008年由化名为中本聪(Satoshi Nakamoto)的人在一篇论文中提出,并于次年得以实施。

在撰写关于比特币的新闻报道时,通常会插入一张金币(有时是银币)的图片(如图0.2),上面刻有一个大大的"B"和垂直排列的哈希符号,类似于美元符号。

当然,这个世界并不存在实体形式的比特币硬币。比特币和其他加密货币都只是数字记录——类似于银行账户和

图0.2 一枚想象的比特币

信用卡。不同之处在于,银行账户和信用卡记录由金融机构维护,并与社保号码绑定,而加密货币交易记录被存储在一个理论上可以保护用户隐私的去中心化区块链中。

持有信用卡或支票账户的个体无须使用百元大钞或比特币进行交易,然而对于那些寻求秘密交易的人来说,后两者备受青睐。政府有能力迫使比特币交易商提供财务记录,从而实施逮捕和没收比特币,现在这已不足为奇。与一袋百元大钞不同,区块链技术实际上可以创建一

个电子交易记录,协助执法机构追踪资金流向并记录犯罪交易。

区块链交易速度缓慢,导致比特币的价值在一笔交易的开始和结束期间可能会出现重大的变化。此外,其交易成本高昂且对环境不友好。根据2021年剑桥大学研究人员的估计,比特币区块链技术消耗的电力相当于阿根廷全国的用电量,并且只有29个国家的用电量超过比特币。实质上,比特币是在掠夺气候资源。

2022年6月,1 500位杰出的计算机科学家联名致信美国国会领导人时指出,区块链技术"几乎不适用于任何目前声称能给公众带来眼下或潜在福祉的目标"。

比特币缺乏内在价值这一事实,使其成为贯穿本书的三个主题(虚假信息、数据歪曲和数据挖掘)的绝佳案例。

虚假信息

比特币最初的吸引力主要在于,底层的区块链技术并非由经济和金融精英创造,而是由一个迄今身份不明的神秘局外人创造的。这就像大卫(David)挺身而出,迎战歌利亚(Goliath)。比特币不受政府或银行系统的控制、管理或监控。被众多名人支持的《比特币独立宣言》(*The Declaration of Bitcoin's Independence*)声明:

> 我们认为这些真相是不言而喻的。我们屡遭背叛、欺骗、窃取、勒索、征税、垄断、监视、检查、评估,被迫接受授权和注册,并经历了虚假宣传与改革。在经济上,我们被剥夺武装,失去自由,难以生存。我们的生活穷困潦倒,身体衰弱且精神疲惫不堪,在奴役之中挣扎。这时,比特币从天而降。

诺贝尔经济学奖得主、《纽约时报》(*The New York Times*)专栏作家克鲁格曼(Paul Krugman)曾写道,比特币类似于异教组织,它的信徒偏执地幻想着邪恶的政府偷走了他们所有的钱……对比特币持怀疑态度的记者告诉我,没有其他话题能产生如此多的仇恨邮件。

当我在"美国市场观察网站"(MarketWatch)上撰写关于比特币的专栏文章时,我亲身感受到了这种狂热的偏执。以下是一些愤怒读者的回复(已更正拼写错误):

富人对比特币感到担忧,因为这可能意味着他们的财富会转移到普通民众手中,他们担心自己的地位下降。

比特币使得跨境支付成为可能,并提供了一种简便的方法来逃避政府失败的货币政策。

没有人相信这种精心策划的恐慌宣传(FUD),其背后是由美国运通(American Express)和其他银行机构资助的。

FUD 是一个流行的缩略词,代表"fear, uncertainty, and doubt"(恐惧、不确定性和怀疑),另一个流行的缩略词是 HODL。一个比特币爱好者曾将 HOLD 错误地拼写为 HODL(在比特币论坛上有很多这样的错误),结果它被误解为"hold on for dear life"(为了美好的生活而坚定持有)的缩略词。比特币狂热者无视 FUD,只在乎 HODL。

具有讽刺意味的是,科学家为人类创造了高效的金融体系。他们还发明了互联网来传播比特币的福音,而这福音却在谴责我们的金融体系。阴谋论和偏执狂与人类历史一样古老,但互联网使它们的传播更加迅速和疯狂。

歪曲的数据

加密货币是一种糟糕的买卖方式。与此同时,许多容易上当受骗的投机者错误地认为,比特币价格的剧烈波动会使他们获得财富。自

2009年的0.0008美元开始,比特币的价格在2021年11月突破了6.7万美元。图0.3展示了2014年以来比特币价格的剧烈波动。

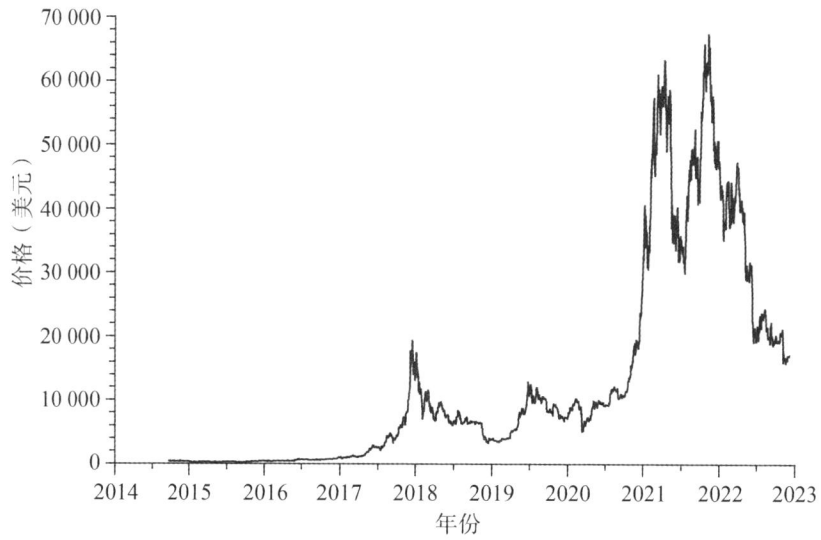

图0.3 比特币价格反反复复的剧烈波动

专业人士和业余爱好者一直在想办法预测比特币价格的未来走势,这并不足为奇。然而,目前无法解决的问题是,缺乏关于比特币价格波动的合理解释,因此谁也无法准确预测其未来走向。

一项投资的**内在价值**是你愿意为永远持有它支付多少金额。股票的内在价值是你为获得股息而支付的价格。债券的内在价值是你为获得利息而支付的价格。一栋公寓楼的内在价值是你为获得租金而支付的价格。比特币的内在价值为零,因为你持有它无法换取现金。

即使有禁止出售的法律,投资者也会购买股票、债券和公寓楼。在同样的情况下,他们不会购买比特币,因为其唯一的盈利方式是转售。这就是所谓的"更大傻瓜理论"(Greater Fool Theory),即以高价购入某物并期望以更高的价格把它卖给一个更大的傻瓜。

在荷兰郁金香球茎泡沫期间,1636年夏天可能值20美元(以今天的美元计算）的郁金香球茎，在1月份被一群傻瓜以160美元的价格买下，几周后便被更大的傻瓜以2 000美元的价格买下，而奇异球茎的价格更是高达75 000美元。在18世纪的南海泡沫时期，一群傻瓜购入毫无价值的股票，希望将其转手给更大的傻瓜。有一家公司成立的目标是"从事一项极具优势的事业，但没人知道具体是什么"。这些无耻的推销员在不到5个小时内抛售了所有股票，并离开了英国，再也没有回来。还有一次股票发行是为了"卖空"（nitvender），即出售虚无。然而，自会有傻瓜购买"卖空"。

比特币就是现代版的"卖空"。与过去一样，其价格受到恐惧、贪婪和其他人类情感——伟大的英国经济学家凯恩斯（John Maynard Keynes）称之为"动物精神"——的驱使。人们购买比特币是出于期望更大的傻瓜会以更高的价格购买。

2017年，随着比特币泡沫迅速膨胀，"长岛冰茶公司"改名为"长区块链公司"后，股价飙升了500%。在比特币泡沫达到顶峰时期，一家公司推出了一种加密货币，甚至没有将其伪装成可发行的货币形式。它确实作为一种"无目标"的数字代币进行营销。然而，人们却花费数亿美元购买这种"卖空"。

银行业再次进入"狂野西部时期"

根据"币盘"（CoinMarketCap）网站于2022年7月13日发布的报告，全球共有9 909种加密货币，总市值达9 000亿美元。这让我想起了美国银行业的"狂野西部时期"。19世纪初，银行发行的货币有几千种。一位历史学家写道：

> 公司和商人都发行"货币"，甚至理发师和调酒师也在这方面与银行展开竞争……几乎每个公民都将货币发行权视为自身的宪法权利。

一位成功的中西部银行家回忆他的创业初期经历说:

> 由于无事可做,我决定租下一间空商店,并在窗户上绘制了"银行"字样。
>
> 第一天来了一个人,存了 100 美元;两天后又来了一个人,存了 250 美元。就这样,在大约第四天时,我对这家银行已经充满信心,亲自存了 1 美元。

到南北战争时,共有 7 000 种不同的银行货币在流通,其中 5 000 种为假币。银行由州政府监管,对贵金属储备的监管较为宽松。马萨诸塞州一家发行了 50 万美元钞票的银行仅拥有 86.48 美元的储备。在密歇根州,一笔普通的储备金(包括隐藏的铅、玻璃和 3 英寸长的钉子)赶在州审计员来到之前,从一家银行转到另一家银行。创办一家银行并发行纸币似乎是一种轻松的赚钱方式。这个职业吸引了最具声望和公益精神的人士,也吸引了最底层、最落魄的恶棍。许多人促进了国家繁荣,其他人则只是重新分配了国家的财富。

图 0.4 展示了底特律城市银行(Detroit City Bank)发行的装饰华丽的 1 美元纸币,据称该纸币以"房地产和私人控股"的"抵押财产"为支撑。这家银行成立于 1837 年,并在 1839 年停业。

图 0.4 由底特律城市银行发行的 1 美元纸币

(图片来源:Paper Money Guarantee)

在19世纪,并不需要成千上万的银行货币,如今也不需要大量加密货币。最滑稽可笑的(诚然这很难抉择)是狗狗币(Dogecoin),它是由两位软件工程师因一个玩笑而创造出来的。它自称为"有趣且友好的互联网货币",并使用"柴犬笑话"中柴犬的脸作为其标志(图0.5)。狗狗币网站dogecoin.com于2013年12月6日正式上线,在30天内就吸引了超过100万人访问。到2014年1月,狗狗币的交易量已超过其他所有加密货币交易量之和。很快,马斯克(Elon Musk)发的每一条关于狗狗币的推文,都会引发对狗狗币价格的冲击。截至2021年5月7日,狗狗币总市值达到820亿美元,成为价值第三高的加密货币〔仅次于比特币和以太坊(Ethereum)〕。两个月后,其价值暴跌90%,马斯克因操纵市场而被指控。

图 0.5　一枚可爱的狗狗币

一些人很难理解这种荒谬的事情。新南威尔士大学商学院的一位经济学家将狗狗币描述为"与其说是一种替代性的通货紧缩货币工具,不如说是一种围绕加密资产的社区建设进行的通货膨胀休闲探索"。这种官腔官调的表达难以提升科学家的声誉。

与此同时,狗狗币的两位联合创始人相继退居幕后,他们显然感到烦恼和尴尬,因为他们当初的一个玩笑现在已经失去了控制。其中一位创始人写道:"加密货币是先提出解决方案再找问题……如果有什么意义的话,那就是它是作为一种教育工具而存在的。这提醒我们,我们不能把这件事当真。"另一位解释了他的离开:"我当时想:'好吧,这太蠢了。我不想成为一个邪教的领袖。'"

当你以为事情不可能变得更疯狂时

如果加密货币还不够荒谬的话,如今我们还有加密猫(CryptoKitties)和其他加密收藏品。比特币是**可替代的**,因为所有的比特币都是相同的和可互换的。与之相反,加密收藏品则是一种独特的不可替代数字代币(NFT)*,无法复制、替换或细分。

几乎所有的加密收藏品都在以太坊的区块链网络上进行交易和验证。加密猫于 2017 年推出,价格一路飙升,2018 年,一只名为"龙"的加密猫售价为 17.2 万美元。加密朋克(Cryptopunks)项目于 2017 年发布,截至 2022 年 12 月 9 日,其创造者报告称,已经有 15 496 笔交易,总交易额为 24.7 亿美元。2021 年 6 月,图 0.6 所示的戴口罩的异形加密朋克以 1 180 万美元的价格卖给了 DraftKings(一家美国在线体育博彩公司)的最大股东麦肯齐(Shalom Meckenzie)。

如果一个幻想体育大亨购买幻想艺术品似乎合情合理,那么更具讽刺意味的是,在 2018 年,一群声称自己无聊的麻省理工学院学生创造了以太郁金香(EtherTulips)——一种看起来像郁金香的 NFT 数字藏品。这群创始人非常坦诚:

---

* NFT,全称为 Non-Fungible Token,中文名称为非同质化代币。它是一种基于区块链技术的独特数字资产。每个 NFT 都有独一无二的标识,如同数字世界里的指纹,代表着特定的数字内容或资产,如艺术品、音乐、视频、游戏道具等。——译者

许多人都把加密货币称为自郁金香狂热以来最大的泡沫。然而,我们是一群闲得无聊的大学生,决定将虚拟郁金香置于以太坊区块链上,从而推动这股热潮达到一个新的高度!

以太郁金香网站也同样坦诚:

17世纪的郁金香狂热是一个经济泡沫,这期间郁金香的价格飙升到了荒谬的程度,一个球茎比一栋房子还贵!郁金香市场在1637年崩盘。因此,你出生得太晚了,无法参与其中。不过,请不必担心!我们正把郁金香狂热带入21世纪。

当他们最后把"能出什么问题呢?"当成笑点说出来时,我确信这些人确实是一群无聊的大学生。

图0.6 戴面具的异形加密朋克

(图片来源:Sotheby's and Larva Labs)

市场操纵

推动加密货币价格上涨的还有另一个重要因素,即"抬高再抛售"骗局。在这种策略中,一群骗子散布关于一项投资的不实谣言,同时以越来越高的价格在他们之间来回交易,吸引轻信的人入局。在价格被推高后,共谋者将所持股票抛售给入局的傻瓜(又名"接盘侠")。2019年,《纽约时报》报道称,唐纳德·特朗普(Donald Trump)在20世纪80年代末参与了几起抬高再抛售的骗局:

> 随着核心企业的亏损加剧,特朗普先生开始扮演新的公众角色,利用自己商业巨头的品牌形象,把自己塑造成一个企业掠夺者。他会用借来的钱购买一家公司的股份,并公开表明他正在考虑购买足够多的股份以成为大股东,然后在股价上涨时悄然卖出。
>
> 这种策略在短时间内迅速奏效——为特朗普先生赚了数百万美元的利润——直到投资者意识到他不会兑现承诺。

比特币价格的飙升常常看起来就像抬高再抛售的骗局。克鲁格曼写道:

> 比特币不受市场束缚的特性也使其极易受到市场的操纵。早在2013年,一名独立交易员的欺诈行为似乎导致比特币价格上涨了7倍。目前推动价格的是谁?没有人知道。

2019年,《华尔街日报》报道称,已报道的比特币交易中近95%都是操纵价格的虚假交易。2020年发表在《金融杂志》(Journal of Finance)上的一项研究得出结论,2017年比特币价格几乎所有的上涨都归因于一个身份不明的大型操盘手使用名为泰达币(Tether)的数字货币购买比特币。

在2021年的一份报告中，广受尊敬的投资管理公司锐联资产管理公司（Research Affiliates）得出结论：

> 也许比特币只是一个由狂热的散户和一些机构资金驱动的泡沫，这些资金渴望从中获利。另一种可能性是，这种"泡沫"实际上更像是欺诈而非疯狂。在我看来，这种可能性更为可信。

2021年8月3日，美国证券交易委员会（SEC）主席表示，加密货币市场"充斥着欺诈、骗局和滥用行为"。2022年6月，美国司法部指控6人涉嫌从事加密货币欺诈。在我写作本书时，很多人都在等待更多的消息。

图0.3展示了2017年比特币价格的上涨情况，峰值出现在12月16日，达到19 497美元，随后迅速下跌。除了投资者的投机和（或）市场操纵之外，并无明确理由能解释这种波动。类似情况再次发生于2019年4月1日星期一，当天比特币交易量增加了超过1倍，价格上涨了17%。而且上涨时段很集中：具体而言，在伦敦时间上午5:30至6:22的一个小时内，价格上涨了21%。谁在愚人节那天充当了一回"愚人"？一个合理的解释是，有一篇愚人节玩笑文章声称，美国证券交易委员会在上周木召开了紧急会议，并投票批准了两个基于比特币的交易所交易基金（ETF）。对于那些傻瓜来说，引发涨势的原因并不重要。只要价格上涨，就会有傻瓜去买，希望将其转手给更傻的接盘侠。

经过一段低潮期之后，比特币的价格和交易量在2020年10月下旬再次迅猛上涨。无法预测何时会结束，但结局不会乐观。总有一天，更大傻瓜的供应将会枯竭，操纵者将抛售他们手中的比特币，比特币泡沫会像所有泡沫的最终命运一样破裂。今天我们嘲笑荷兰人花一栋房子的钱买一个郁金香球茎,而未来几代人会嘲笑我们花一辆豪车的钱买毫无价值的东西。

歪曲数据来预测比特币价格

比特币价格的波动受到恐惧、贪婪和操纵等因素的驱使,然而这并未阻止人们试图揭示比特币价格背后的奥秘。比特币价格的经验模型是数据歪曲的一个绝佳例子,因为比特币没有内在价值,所以无法通过经济数据得到可信的解释。

面对这一现实,有人并没有气馁——美国国家经济研究局(NBER)的一篇论文报道了耶鲁大学经济学教授齐文斯基(Aleh Tsyvinski)和研究生刘昱坤为寻找比特币价格的经验模式所做的令人难以置信的努力。

齐文斯基目前是阿瑟·M.奥肯(Arthur M. Okun)讲席教授。1961—1969年,奥肯曾是耶鲁大学的教授,然而在这8年中他有6年不在耶鲁大学,而是在华盛顿的经济顾问委员会工作,先后担任专职经济学家、委员会成员和主席,就经济政策为肯尼迪(John F. Kennedy)总统和林登·约翰逊(Lyndon Johnson)总统提供建议。他最为人所熟知的是奥肯定律(Okun's law)。该定律指出,每降低1个百分点的失业率将使美国的产出增加约2%。这一论断促使肯尼迪总统相信,通过减税把失业率从7%降至4%将产生巨大的经济效益。

奥肯去世之后,一位匿名捐赠者向耶鲁大学捐赠了一个以奥肯的姓名命名的系列讲座,并解释说:

> 奥肯将他在分析经济学与理论经济学方面的特殊天赋与对同胞福祉的极度关注相结合,为国家公共政策作出了深思熟虑、务实而持久的贡献。

奥肯关注有意义的经济政策，齐文斯基进行不靠谱的比特币计算，两者之间的对比可谓十分鲜明。

刘昱坤和齐文斯基的报告提出了**比特币**一词在每周谷歌搜索中出现的频率（与过去 4 周的平均结果相比）与 1 到 7 周后比特币价格的百分比变动之间的相关性。他们还研究了每周**比特币黑客**的搜索量与**比特币**的搜索量之比与 1 到 7 周后比特币价格的百分比变动之间的相关性。值得注意的是，他们所报告的结果回顾了过去 4 周和未来 7 周内的**比特币**搜索数据，这可能意味着他们尝试了其他时间段的组合但效果不佳。同样，他们并未考虑过去 4 周内关于**比特币黑客**的搜索数据。在探索相关性的过程中，显然存在对数据进行歪曲的现象。

尽管如此，在他们开展的 14 项相关性研究中，似乎只有 7 项具备预测比特币价格的潜力。在研究结束后的一年里，罗斯贝克（Owen Rosebeck）和我对这些相关性所作的预测结果进行了研究，发现它们毫无实用价值。他们还不如用抛硬币的方式来预测比特币的价格。

刘昱坤和齐文斯基还计算了 Twitter（推特）上每周发布的**比特币**帖子数量与 1 到 7 周后的比特币回报之间的相关性。与谷歌趋势数据不同，他们未提及关于**比特币黑客**帖子的结果。在 7 个相关性指标中，有 3 个似乎具有实用价值，尽管其中 2 个为正相关，1 个为负相关。一旦用上新数据，就没有一个相关性具备实用价值了。

他们滥用数据所得出的唯一结果只是偶然的统计相关性。尽管这项研究由一位著名的耶鲁大学教授完成，并由著名的美国国家经济研究局发表，但认为比特币价格可以通过谷歌搜索结果和 Twitter 帖子进行可靠的预测，只是由数据歪曲产生的幻想。

具有讽刺意味的是，科学家开发了旨在确保科学研究可信度的统计工具，然而却产生了鼓励研究人员歪曲数据的相反效果——这导致他们的研究变得不可信，并损害了所有科学研究的可信度。

数据挖掘

传统上,实证研究从确定一个理论开始,然后收集适当的数据来检验该理论。现如今,许多人都走捷径,在不受理论影响的数据中寻找潜在的模式。这被称为**数据挖掘**,即研究人员在数据中深入挖掘,并且无法预知他们将会发现什么。早在 2009 年,拥有耶鲁大学和哈佛商学院学位的作家兼演讲家普伦斯基(Marc Prensky)就声称:

> 在许多情况下,科学家不再需要作出有根据的猜测、构建假设和模型,以及通过基于数据的实验和案例来验证它们。相反,他们可以挖掘完整的数据集,来发现揭示影响的模式,从而无须进一步实验即可得出科学结论。

我们天生就会寻找模式,然而数据洪流使得绝大多数有待发现的模式变得虚幻和无用。比特币又是一个很好的例子。由于缺乏合理的理论(除了贪婪和市场操纵)来解释比特币价格的波动,人们很容易就想寻找比特币价格与其他变量之间的相关性,而不仔细思考这些相关性是否具有实际意义。除了对数据进行歪曲外,刘昱坤和齐文斯基还对他们的数据进行了深入挖掘。

他们对比特币价格与其他 810 个变量之间的相关性进行了计算,其中包括一些异想天开的参量,比如:加拿大元兑美元的汇率,原油价格,以及汽车、图书和啤酒行业的股票收益。也许你会认为这是我自己编造出来的,但很遗憾,我没有。

他们报告称,比特币收益与消费品和医疗保健行业的股票收益呈正相关,而与制造品和金属采矿业的股票收益呈负相关。这些相关性毫无意义,刘昱坤和齐文斯基也承认尚不清楚这些数据为何存在相关性:"我们不作解释……我们只是记录这种行为。"怀疑论者可能会问:

记录偶然的相关性有何意义呢?

这就是他们发现的所有情况。数据挖掘的致命弱点是,大型数据集不可避免地包含大量的巧合相关性,而这些相关性只是愚人金*,因为它们并不比随机数之间的相关性更有实用价值。尽管某些相关性可能会因巧合持续一段时间,但大多数偶然的相关性在新数据中并不成立。在他们研究期间以及之后的一年里,持续存在着一种统计关系,即比特币收益与纸板容器及包装箱行业的股票收益呈负相关。显然,这种关系是偶然的且毫无意义的。

科学家已经创建了庞大的数据库,并创造了强大的计算机和算法来分析数据。具有讽刺意味的是,这些资源使人们可以非常容易地使用数据挖掘来发现那些稍纵即逝的偶然模式。结果被报道出来,继而受到质疑,并使我们对科学家可信度的怀疑日益加剧。

展望未来

在科学领域,造成信任危机的三个主要原因是虚假信息、数据歪曲和数据挖掘。为了阐述这一危机,我在引言中选择了与比特币相关的例子。比特币并不是唯一的例子,我之所以选择它,是因为比特币信徒很明显地对当局缺乏信任,而且歪曲和挖掘比特币数据是如此诱人。接下来的章节将进一步展开这些论点,并提供众多领域的实例。

虚假信息

科学家是统治阶层用来控制我们的工具,这种观点产生了实际影

---

*愚人金并不是真正的金子,而是一种看起来像金子的黄色矿物质,也就是黄铁矿(FeS_2),因其浅黄铜色和明亮的金属光泽,常被误认为是黄金,故又被称为"愚人金"。在文化语境中,愚人金常被用作比喻,指代那些看似有价值但实际上并无实用价值或虚假的事物。——译者

响。脊髓灰质炎、麻疹、腮腺炎、水痘和其他传染性疾病的疫苗拯救了数百万人的生命,然而有些人却认为这些疫苗可能是邪恶政府阴谋的一部分,目的在于伤害或监视我们。英国人韦克菲尔德(Andrew Wakefield)提出的麻腮风疫苗会导致孤独症的说法已经被揭穿。他的研究论文被期刊撤回,他被禁止在英国行医,然而名人们仍在互联网上继续传播他极不负责任的虚构信息。

关于新冠疫苗的危险谣言同样如此。极其可悲的是,相信这些谣言的人不仅是在拿自己的生命冒险,还会给他人带来危险。以下是2021年3月美国消费者新闻与商业频道(CNBC)关于新冠疫苗接种的新闻报道在互联网上收到的一些评论:

> 已证实注射流感疫苗会让你感染其他呼吸道病毒(如新冠病毒)的可能性增加38%。
>
> 这是一场骗局大流行(SCAMDEMIC)。
>
> 我想做什么就做什么。我永远是自由的。我不抱歉。
>
> 这是针对老年人的简单方法,不要被人愚弄。
>
> 我不会打疫苗,不会戴口罩,不会遵循命令或指南,我有武器。

医学期刊《柳叶刀》(*The Lancet*)的编辑霍顿(Richard Horton)指出了美国的科学成就与公众对科学家的不信任之间的悖论:

> 世界上没有其他国家拥有美国所拥有的科学技能、技术知识和生产能力。它是世界上首屈一指的科学超级大国。然而,这个科学巨人完全未能将其专业知识成功地运用到国家应对疫情的政策和政治中。

数据歪曲

一些数据歪曲者在《英国医学杂志》(*British Medical Journal*)上发

表文章宣称,如果某个月的 13 日正好是星期五,那么在这一天开车将会非常危险;在每个月的第 4 天,亚裔美国人更容易心脏病发作;如果手术在外科医生生日那天进行,死亡风险会更高。一些顶级期刊还刊登了备受尊敬的科学家们的研究成果:孕妇每天早餐摄入麦片会增加怀上男性胎儿的概率;人们可以通过远程治疗的方式有效治愈各种致命疾病;如果人们在考试**后**学习,他们的考试成绩会更好。此类荒谬的结论只会破坏人们对科学的尊重。

数据挖掘

许多人认为,计算机在国际象棋、围棋、美国电视智力竞赛节目《危险边缘》(*Jeopardy*)和其他游戏中战胜人类,表明计算机已经进步到远远超过了人类的能力,我们应该依靠它们超人的数据挖掘能力来为我们作出重要的决定。

不。计算机算法是出色的数据挖掘工具,但从任何意义上来说都不具备智能。实际上,它们无法理解单词,包括"**智能**"这个词。计算机算法就像理查兹(Nigel Richards)一样,他在不了解自己所拼写单词含义的情况下赢得了几次法语拼字游戏冠军。

如果一个数据挖掘算法挖掘特朗普的推文,发现特朗普在推特上发"with"这个词与 4 天后中国茶叶的价格之间存在统计关系(确实存在),它将无法评估这种相关性是有意义还是无意义。算法也没有办法知道,依据数据挖掘发现的相关性来雇佣一个人、批准一笔贷款或预测犯罪行为是否合理。然而,它们已被用于所有这些领域,它们的失败削弱了科学研究的可信度。

启示

对科学的攻击的这三个组成部分是由科学本身创造和推动的。那些不相信科学的人所宣扬的虚假信息,通过科学创造的互联网广为传播。数据歪曲是科学家对实证证据需求作出的理性反应,但它正在破坏科学诚信。数据挖掘的诱惑很难抗拒,因为科学家创造的海量数据和强大的计算机使其变得如此容易。

要抵御这些对科学的攻击是相当困难的,但这是一场值得去打的战斗。

第一部分

虚假信息

第一章

超自然现象实属正常

几年前,我在撰写一篇关于临床心理学家的评论文章时想起了我的兄弟鲍勃(Bob),他是心理学博士。他告诉我,自己曾经在一次全国大会上参加过一个很受欢迎的演讲,内容是如何终身留住客户。这就像律师说的,胜诉或败诉并不重要,重要的是客户是否乐意买单。

正在想这些的时候,我的电话响了,是鲍勃打来的。我住在加利福尼亚,他住在得克萨斯,相距1 400英里。我们很少见面,只在生日和节假日才会打电话。然而,此时此刻,在我想着他的时候,他的电话打来了!

难道是我的思绪穿越了1 400英里,促使鲍勃给我打电话?这可能看起来很荒谬(对我来说确实如此),但几位有名的科学家曾在著名期刊上发表过一篇文章,报告说艾滋病患者受益于远在千里之外的治疗师发出的祈祷。对我来说,这似乎也很荒谬。

我们每天都有很多很多的思念。当我想起一些人而他们没有打来电话时,我什么也不会多想。然后,有一天,鲍勃在我想他的时候打来了电话,那通电话我记了好几年。

如果我相信思念可以从一个人传达到另一个人,并且认为鲍勃的电话就是证据,那么这就是**证实偏差**的一个例子——人们总是倾向于记得支持我们观点的事件。我记住鲍勃的电话还有另一个原因,就是这个例子说明了巧合如何被误解为心灵感应的证据——心灵感应是一种不用视觉、听觉、味觉、嗅觉和触觉这5种生理感官就能将信息从一个人传递到另一个人的能力。

莱因的超感官知觉实验

20世纪30年代和40年代，一个名叫约瑟夫·班克斯·莱因（Joseph Banks Rhine）的植物学家进行了数百万次实验，旨在为各种超自然现象的说法提供科学依据，其中包括超感官知觉（ESP）实验。ESP包括心灵感应（读取他人的思想）和透视眼（辨识看不见的物体），还包括预知（接收尚未发生的事情的信息）。

齐纳牌猜谜

莱因最著名的实验是猜牌，"发牌者"看着一张牌，"收牌者"猜测牌上印的符号。他一开始用一副标准的52张扑克牌进行猜牌实验，但结果令他失望，他得出结论，"收牌者"不是在猜测发牌，而是在背诵他们喜欢的牌。

他改用杜克大学心理学家齐纳（Karl Zener）设计的一副25张牌。每组齐纳牌由5张牌组成，牌上分别有圆形、十字形、波浪形、方形和星形等5种符号。莱因使用齐纳牌组报告了一些非常显著的结果。在他1935年出版的《超感官知觉》（*Extra-Sensory Perception*）一书中，莱因说

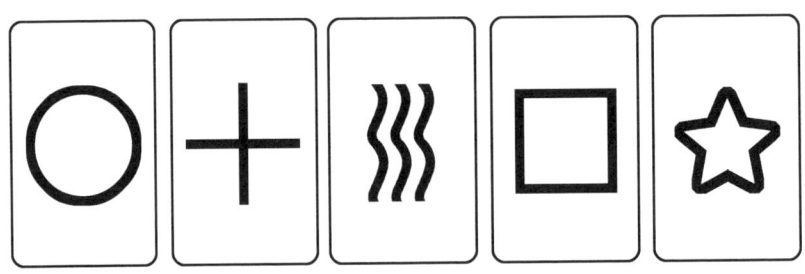

图1.1　齐纳牌上的符号

他做了10万次实验,"仅以这项实验为基础就能独立证实超感官知觉是一种真实的、可证实的事件"。

莱因的书受到了著名评论家的热烈好评。哥伦比亚大学的一位著名英语教授在《哈泼斯杂志》(Harper's Magazine)上发表了两篇长文,盛赞道:"可以毫不夸张地说,我们可能正在走向一场思想领域的革命,其效果或多或少可以与哥白尼(Nicolaus Copernicus)带来的革命相媲美。""每月读书"俱乐部的创始人之一将莱因与达尔文(Charles Darwin)相提并论。《纽约时报》的科学编辑写道:"毫无疑问,他的工作很有价值……莱因博士因其独创性、一丝不苟的客观性和对科学方法的严格遵守而声名鹊起。"

1950年,英国著名的密码破译专家、人工智能先驱图灵(Alan Turing)写道:

> 我假定读者熟悉"超感官知觉"这一概念以及其中4个要素的含义,这4个要素是心灵感应、透视眼、预知和心灵致动。这些令人不安的现象似乎否定了我们所有惯常的科学观念。我们多么想让它们名誉扫地啊!不幸的是,至少就心灵感应来讲,其统计证据是压倒性的。

当时,公众正在接受一些真正不可思议的科学发明,也许超感官知觉是另一个重要的发现。唱片机、收音机和电话难道不比超感官知觉更令人称奇吗?许多专业的心灵魔术师在舞台上进行令人信服的表演,假装自己拥有超能力,这更增加了超感官知觉的吸引力。

莱因利用他与日俱增的名气,写了9本关于其实验的书,并出售一副副"正式的"齐纳牌,供人们在家里自己做超感官知觉实验。

质疑

对科学家来说,莱因所报告的结果的最大问题之一是,他对测试的具体操作过程含糊其词,这一点令人沮丧。随着细节最终浮出水面,质疑声也随之而来。

其中一个问题是,莱因在计算各种结果的概率时出现了一些数学错误。他假设猜牌者对齐纳牌组中的每一张纸牌都有20%的概率能猜对。然而,如果考虑到每种符号正好有5张牌,特别是如果发牌者在每次猜牌后都明牌,那么猜对的概率就会提高。就像玩桥牌、21点和其他纸牌游戏的聪明人会记录已经出过的牌一样,收牌者也可以在头脑中记录哪些牌已经被选中,哪些牌还在牌组中。

一个简单的算牌策略就是猜牌组中所剩最多的符号。例如,如果牌组中还剩下5张星星,而其他符号的剩余牌数都少于5张,那么就猜是**星星**。当只剩下1张牌时,算牌者肯定会猜对。当剩下2张牌时,如果2张牌相同,算牌者肯定能全部猜对,如果2张牌不同,算牌者全部猜对的概率为50%。

算牌有很大的回报。根据莱因的计算,最可能的结果是5次正确,超过8次正确的概率是0.047。对于算牌者,最可能的结果是8次正确,超过8次正确的概率是0.507。

另一个问题是,莱因做了数百万次实验,其中只有一部分被报告出来。这就是所谓的**文件抽屉问题**,即成功的实验被报告,失败的实验则被塞进文件抽屉里并被遗忘。莱因确实有几个文件柜,里面塞满了他没有报告的实验结果。

例如,假设不存在超感官知觉,但有人正确地猜中了10次抛硬币的结果。仅凭运气,这种情况发生的概率只有1/1 024。但是,如果我们对1 024个人进行测试,则至少有一个人会那么幸运的概率是63%。

除了有选择性地报告自己的实验之外,莱因还报告其他人寄给他的实验结果。除了对这些业余实验缺乏控制之外,还存在一个严重的文件抽屉问题,即那些向莱因寄送成功实验报告的人知道这些报告可能会在他的书中被提及,他们便不想向莱因寄送不成功实验的真实报告。

莱因的执着

当最初的结果令人失望时,莱因和他的助手们绝对会不遗余力地想出一些无中生有的办法。例如,他们可能会发现一条"U 形曲线",在这条曲线上,一个人的准确率在试验的前期和后期高于平均水平,而在中期低于平均水平;或者发现一条"倒 U 形曲线",在这条曲线上,一个人的分数在中期高于平均水平,而在前期和后期低于平均水平。

有时,他们会发现错综复杂的命中和失手模式,并指出"这些复杂的发现往往是实验者完全没有预料到的"。意外模式出现的根本问题在于,**每个**大型数据集都有大量的意外模式。发现它们只能证明人们曾探寻过它们。

除了寻找正确的猜测,莱因还计算了错误猜测的数量,他称之为**超现象失踪**(psi-missing)或**目标回避**。他把失误算作超感官知觉证据的理由之一是,他猜测收牌者知道牌,但为了让他难堪而故意答错。

莱因还在超感官知觉记录表(图 1.2)上寻找**位置效应**,方法是将记录页分成两半、四分之一,甚至更细的部分,然后在记录页的不同部分寻找较高或较低猜中概率的那一小片。他曾写道:

> 这些位置效应中最常见的是得分率的下降(从左到右、从上到下或对角线方向)或在记录页的一个单元(组、序列或序列段)内的成功的 U 形曲线。

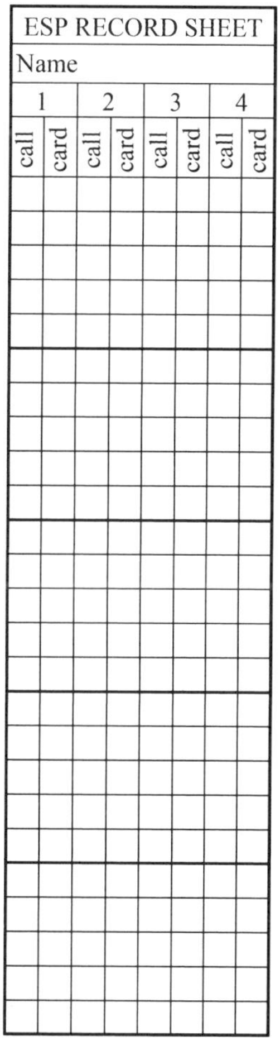

图 1.2 一张 ESP 记录表

有时,莱因只报告实验的一部分,事后声称收牌者没有集中注意力。在其他情况下,他会对结果进行研究,发现猜测结果虽然与当时的齐纳牌不符,但可能与下一张牌或前面两张牌的匹配概率更高,如图1.3所示。虽然图1.3中的所有猜测都与猜测时所选的牌不匹配,但前三个猜测确实与两张牌后所选的牌匹配(**向前位移**)。对莱因来说,相信一些收牌者看到了未来,而不是接受巧合模式的必然性,要更容易一些。

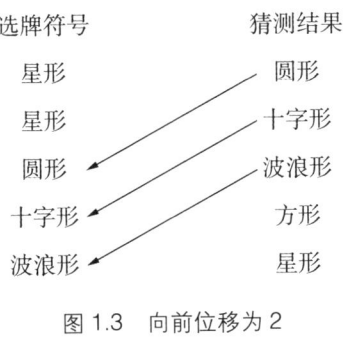

图 1.3　向前位移为 2

莱因还注意到了**后移现象**(猜测之前被选中的牌)。他可能会发现,尽管总体结果与偶然一致,但在结果的某些部分出现了前移的正确猜测,而在其他部分出现了后移的错误猜测。(不,这不是我瞎编的!)他的执着令人印象深刻,但他的结论并没有这种效果。

莱因否定了巧合是一种解释,他讲述的一则逸事与我兄弟鲍勃给我打电话相似,这很能说明问题:

> 一位著名的联邦法官(新教徒)曾经梦见一场精心策划的天主教葬礼,这场葬礼有许多与众不同的特点,包括举行葬礼的确切日期。梦中的尸体是富兰克林·罗斯福总统的。但30天后,当指定的日子到来时,梦中的细节因为这位做梦人自己的母亲意外死亡而实现了。

再说一件事

还有其他问题。莱因报告说,利用他获得专利的齐纳牌进行的实验获得了最佳结果。我们可能会将此视为无耻的自我宣传,但他可能是对的。事实证明,当光线以一定角度照射牌时,人可以透过牌的背面看到正面的图案。此外,在一些实验中,收牌者可能看到了牌的正面在发牌者的眼镜上反射出来。在另外一些情形中,发牌者将牌正面朝上放在桌子上的一道木栅栏后面,收牌者可能会偷看到牌。

莱因最成功的猜牌者中,有一些人在有观察者在场的情况下,或者在测试前不允许他们洗牌的情况下,都失败了。这两种限制表明,他们在成功的测试中作弊了。莱因对这种失败的解释是,超感官知觉是一种"脆弱而微妙"的技能,当怀疑者和质疑者靠近时,它就会"逐渐消失"。

成功的超感官知觉试验被广泛宣传报道,一些参加者后来承认他们曾以各种方式作弊。1974年3月,莱因透露,他个人知道,在20世纪40年代和50年代,至少有十几起测试作弊事件。不过,他拒绝透露这些人的姓名,也拒绝指明报告这些虚假结果的已发表论文。莱因说,这些事件已经成为过去,并夸口说:"今天,在组织严密的超现象实验室内,不可能出现不诚实的行为。"

三个月后,莱因的一名得力研究人员利维(Walter J. Levy)因被发现在实验中造假而被迫辞职。利维时年26岁,是莱因职位的继任者,刚刚被任命为莱因超心理学研究所所长。利维当时正在进行惊人的实验,似乎是证明沙鼠、老鼠和未出生的小鸡可以影响计算机的随机数生成器。对此,利维的一些同事表示怀疑。他们偷偷连接了第二台计算机来记录结果,并躲在壁橱里观察利维。他们看到利维在摆弄主电脑,而他们藏起来的电脑显示实验结果只是随机凑巧。利维立即坦白,解释说为了公布超感官知觉的证据,他承受着巨大的压力,并向莱因递交了辞呈。

值得称赞的是，莱因报告了利维的不当行为，并对此表示遗憾：

> 当我为3月份的期刊撰写论文时，我没想到会在刊物上再次提到这个问题……仅仅几个月后，我就震惊地发现了同样问题的一个明显例子，这不仅发生在超心理学研究所，甚至还涉及一位能干的、受人尊敬的同事和值得信赖的朋友。

对莱因实验最严厉的指控是，有几位研究人员重新做了他的实验，却没有发现超感官知觉的证据。曾与超心理学基金会合作的心理学家克伦博(James Charles Crumbaugh)讲述了他的挫败感：

> 在[1938年]进行相关实验时，我满以为这些实验会轻而易举地得出所有最终答案。没想到28年过去了，我仍然像刚开始做实验时那样疑虑重重。我重复了许多次当时的[莱因]技术，但是，对ESP牌进行的3 024次测试[每次涉及25次猜测]——同莱因在他的第一本书中报告的工作量一样多——的结果都是否定的。1940年，我对高中学生进一步使用了各种[莱因]方法，结果也是否定的。

克伦博*在1959年发起挑战，并在1966年报告说，包括莱因在内没有人接受挑战：

> 我向所有超心理学家发出挑战，要求他们正视可重复性问题。我建议他们选择一种实验设计，其具有可重复性，同时允许完全控制所有条件……对于这一切，莱因都不同意，一如既往地否认了满足可重复性标准的必要性。

---

* 原文为Combaugh，疑为Crumbaugh拼写之误。——译者

阿尔法项目

兰迪（James Randi）是一名职业魔术师，同时也是超感官知觉怀疑论者。1979年，他组织了现在已经臭名昭著的阿尔法项目，该项目涉及华盛顿大学新成立的麦克唐奈心理研究实验室。麦克唐奈-道格拉斯（McDonnell-Douglas）飞机公司董事会主席向该实验室提供了50万美元资助，他是一个超自然现象信徒。当麦克唐奈实验室开张时，兰迪给实验室负责人发了一份备忘录，列出了他们应该采取的几项预防措施，以避免上当受骗。例如，一次只操作一个物体，并使用永久性标识确保骗子无法调换物体。兰迪还主动提出自费前往实验室观察实验，理由是职业魔术师会知道该寻找哪些把戏。负责人拒绝了这一提议。

与此同时，两名少年魔术师肖（Steve Shaw）和爱德华兹（Mike Edwards）联系了兰迪，表示愿意为实验室的实验控制装置提供测试服务。肖和爱德华兹单独联系了实验室，并在三年的时间里成了心灵感应明星，因为他们使用了几个魔术师的小把戏，骗过了研究人员，让研究人员以为他们拥有真正的超自然能力。

例如，在一组实验中，男孩们假装用他们的精神力量弯曲勺子或改变勺子的物理特性。实验室并没有听从兰迪的建议，没有使用有永久性标识的单个勺子，而是使用了几个系有纸标签的勺子，标签用绳子绑在勺子上。在这两名少年抱怨标签干扰了他们的智力后，研究人员暂时去掉了标签。少年们用了一点巧妙的手法，标签在重新附上时被换了位置，让人以为勺子的物理特性发生了变化。在另一些实验中，魔术师会在研究人员眼前用一只手在桌子上轻触勺子，同时把另一个勺子放在自己腿上，在桌子下用另一只手把勺子掰弯。然后，再通过一些巧妙的手法交换勺子，让研究人员大为震惊。

在另一个实验中，两位魔术师被要求猜测密封信封里的图片。令人难以置信的是,信封是用订书钉密封的,他们拿到信封的时候周围没有其他人。他们小心翼翼地拆下订书钉,偷看了图片,然后把订书钉放回订书孔里。有一次,爱德华兹弄丢了订书钉,但他在实验员回来时亲自打开了信封,所以没有露馅。

还有一个实验,实验物品被放在实验室的密封水族箱中过夜。实验室的门被牢牢锁住,实验室负责人将门钥匙挂在脖子上。魔术师们直接留了一扇窗户没有上锁,这样他们就能在晚上潜入实验室,在水族箱中做手脚。

在魔术师们揭穿了他们的骗局之后,一些观察家谴责了兰迪故意干扰科学研究的不专业行为——尽管有人可能会说,如此容易被引入歧途的研究并不是真正的科学研究。一些研究人员仍然坚信,男孩们的心灵感应能力是真实的,而他们宣称这是骗局才是真正的骗局。实验室随后被关闭了,而肖后来以职业魔术师和具有心灵感应能力者巴纳切克(Banachek)的身份进行表演。

1964—2015 年,詹姆斯·兰迪教育基金会设立了一个奖项,任何能够"在适当的观察条件下,证明任何不符合科学法则的、超自然的神秘力量或事件"的人都可获得奖金,奖金额度最初为 1 000 美元,1996 年提高到 100 万美元。有 1 000 多人试图赢得兰迪奖,但无一成功。

这些关于超自然现象研究的问题并不能证明超感官知觉不存在,这就是所谓的"黑天鹅"问题。英国人过去认为黑天鹅不存在,因为他们所见过或读到过的天鹅都是白色的。然而,无论我们看到多少只白天鹅,这些白天鹅都不能证明所有的天鹅都是白色的。果然,1697 年一位荷兰探险家在澳大利亚发现了黑天鹅。

同样,在 1987 年 10 月 19 日之前,股价的标准普尔 500 指数的单日涨跌幅从未超过 9%,但这并不能证明它不可能做到这一点。然后它确实做到了,1987 年 10 月 19 日下跌了 20.3%,接着两天后又上涨了 9.7%。

我们可以比较有把握地得出结论：大部分支持超感官知觉的证据并不令人信服；如果超感官知觉确实存在的话，它似乎过于罕见和微弱，没有任何实际意义。

尽管如此，仍有三分之二到四分之三的美国人相信某种心灵感应现象。2011年《经济学人》/舆观调查网（Economist/YouGov）民意调查发现，48%的人相信有超感官知觉，29%的人不相信，23%的人不确定。

科学家与公众观点的脱节只会增加人们对科学家的不信任。正如我的一位亲戚对我说的："如果科学家认为超感官知觉不是真实的，那么他们就不知道自己在说什么。"

莱因寻找超感官知觉证据这件事给我们的另一个启示是，有些研究人员看到的只是他们想看到的东西，对不利的证据则视而不见。这并不是科学。

你要打电话给谁？

1926年，在开始超感官知觉实验之前，莱因和他的妻子路易莎·埃拉·莱因（Louisa Ella Rhine）参加了一场由著名灵媒"马热丽"（Mina "Margery" Crandon）主持的降神会。福尔摩斯侦探小说的作者阿瑟·柯南·道尔爵士（Sir Arthur Conan Doyle）曾对马热丽大加赞扬。马热丽声称她可以通灵逝者，并同意用"灵柜"为莱因夫妇做一次演示。"灵柜"是一个隔开灵媒和观众的大木箱或有帷幕的区域（图1.4）。

在传统的灵柜表演中，灵媒被牢牢地绑在柜中的椅子上，地上散落着一些道具。当门关上或幕布拉上时，据说会有一个灵魂来拜访灵媒，观众会听到巨大的声响，类似于铃声和金属平底锅碰撞发出的叮当声。一些道具可能会被扔出柜子。然后，柜子被打开，灵媒仍然被绑在椅子上。这个把戏的实现方式似乎相当明显，但它却是一种非常流行的幻术。

图 1.4 灵柜幻术

有一次，我参加了几个魔术师的慈善演出，其中一个节目是由两位传奇魔术师弗朗西丝·威拉德（Frances Willard）和她的丈夫格伦·法尔肯施泰因（Glenn Falkenstein）表演的灵柜幻术。在简短的灵异独白之后，法尔肯施泰因向观众征招志愿者，并选中了我！观众志愿者有时就是托儿，他们假装是单纯的观众，但实际上是帮助魔术成功的同谋。就我而言，我确实是单纯的观众。

威拉德和法尔肯施泰因把这一幻术当作喜剧表演。威拉德的双手被布条反绑在背后，她坐在由 4 块 6 英尺高的幕布围成的空间里的一张普通椅子上。前面的幕布可以打开或合上，灵柜内的地板上放着一个铃铛、一个手鼓和几只金属平底锅。威拉德被催眠了，这样她就可以跟逝者通灵了。就在前幕被拉上后，幕布内立即传来一阵可怕的喧闹声，几只平底锅被扔过幕布，落到舞台上。幕布拉开后，人们看到威拉德仍然处于催眠状态，被绑在她的椅子上。

然后，我被指示坐在威拉德旁边的椅子上，这样我就可以证实她一直被绑在椅子上。我一坐下,威拉德就低声请求我配合表演。我点了点头。按要求,我的一只手放在她的头上,另一只手放在她的膝盖上。然后,我被蒙上了眼睛,前面的幕布被拉上,紧接着又是一阵喧闹,平底锅飞到了舞台上。幕布被猛地拉开,威拉德仍然处于催眠状态,被绑在椅子上,但我的裤子被拉到了膝盖处,头上还顶着一个桶!

虽然我的眼睛被蒙住了,但我能感觉到是她用手拉起我的裤腿。她要求我配合表演,并且让我把手放在她的头上和膝盖上,这样我就不会干扰她的动作(或者在她伸手拉我的裤子时,我不会本能地作出反应,抓住她的手)。很明显,绑着威拉德的绳结被做了手脚,她的手可以在布里滑进滑出。表演结束后,有几个人找到我,告诉我他们非常喜欢这场表演,并问我是怎么做到的。我当时只说了一句,魔术师从不泄露她的秘密。

在马热丽为莱因夫妇呈现的表演中,没有人被允许与马热丽一起进入灵柜,表演极其严肃认真,目的是让观众相信确实有一个灵魂进入了灵柜,并对发生的一切负责。莱因夫妇清楚地意识到,马热丽的行动并没有被完全限制,即使没有灵魂的帮助,她也可以轻而易举地完成所发生的一切。莱因夫妇后来写了一篇揭露文章,声称"整个游戏就是一个卑鄙无耻的骗局,打着灵魂显灵的幌子巧妙地完成的"。

大多数所谓与逝者交流的场景布局本质上都相当可疑。为什么灵媒要躲在柜子里?为什么降神会要在黑暗中进行?要知道,在黑暗中人们可能做各种把戏。然而,降神会和其他通灵行为曾经非常流行,而且被非常认真地对待。现在,我们从一些表演者的自白和霍迪尼(Harry Houdini)等人的揭露中知道,通灵行为的骗术包括脚趾敲击、指关节咔咔作响、桌子移动,以及在黑暗掩护下进行的各种物理操纵。

虽然莱因将灵柜视为厚颜无耻的诡计,但他后来辩称,虽然灵媒没有与逝者交流,但他们通过心灵感应读取了参与者的思想。那些愿意相信的人总能找到支持他们信念的证据。

鬼魂预言家

如今，灵柜幻术已成为一种延续了威拉德和法尔肯施泰因传统的喜剧表演。不过，仍然有很多人相信有鬼，也有很多人相信可以与逝者交流。

灵异电视节目

1992年万圣节前夜，一贯严肃的英国广播公司（BBC）播出了一档名为《灵异守夜》(Ghostwatch)的节目，时长90分钟。节目似乎是对"英国闹鬼最多的房子"进行现场调查，BBC 主持人萨拉·格林（Sarah Greene）和查尔斯（Craig Charles）在房子里进行报道，帕金森（Michael Parkinson）和格林的丈夫迈克·史密斯（Mike Smith）在 BBC 演播室进行报道。

事实上，这个节目是几周前录制的，但真实的 BBC 主持人、在房子里使用手持摄像机、邀请观众拨打 BBC 常规热线电话讲述自己遇见鬼魂的经历，这些都强化了这部伪现场纪录片的真实感。

故事的(虚构)背景是，一位母亲和她的两个女儿住在一栋房子里，有一个鬼魂在这栋房子里出没，她们把他叫作"管道"，因为他会敲击并摇动房子里的旧水管。现场记者采访了这家人和邻居，并使用热成像摄像机、运动探测器、温度传感器和其他高技术设备在房子里走了一圈，寻找幽灵作祟的证据。他们找到了自己要找的东西（还有很多很多），但我不会向那些想看节目的人剧透悬念。

这部伪纪录片的初衷是让观众通过一些轻微的惊吓——鬼怪的景象和声音会让人"咯咯"笑，也会让人起鸡皮疙瘩——感受一下万圣节的乐趣。尽管 BBC 担心会对观众造成影响，差点在最后一刻取消了该节目,但是,他们还是将其作为BBC电视连续剧《第一银幕》(*Screen One*)的一部分播出了,并在片头字幕中显示了剧本撰写者的名字,认为这样可以提醒观众这是一部虚构的电视剧,而不是真实的纪录片。唉,大多数观众都以为这个节目是真实的。

事后,一个受剧情困扰的人自杀了,几名儿童被诊断出患上创伤后应激障碍(PTSD)。虽然没有人受到处罚,但广播标准委员会裁定:"BBC有责任做更多而不是仅仅暗示这不是一部真实的纪录片。在《灵异守夜》节目中,有一种故意制造威胁感的企图。"BBC再也没有播放过《灵异守夜》,但英国电影学院于2002年将其制作成了录像带和数字影碟(DVD)发行。

《灵异守夜》还带来了一个长久的影响:数以百计自称是纪录片的超自然节目以其为灵感诞生了,但实际上都是经过编排的舞台剧。显然,有很多观众似乎对捉鬼故事欲罢不能。

脚本化的真人秀节目

超自然现象的吸引力反映在这类电视节目的增长上,耸人听闻的描述被当作事实来呈现。这甚至影响了历史频道和旅游频道的节目,这两个频道之前播出的是直截了当的历史和旅行纪录片,但现在越来越多地播放"真人秀"节目,如《冰路前行》(*Ice Road Truckers*)、《典当之星》(*Pawn Stars*)以及超自然电视节目。

这些节目的剧本千篇一律,效果也很廉价,但似乎起作用了。具有讽刺意味的是,这些节目之所以看似逼真,部分原因在于粗糙的摄像和业余的表演。它看起来或感觉上都不像好莱坞电影,而像是普通人在做真实的事情。

一位敏锐的观察家写道:

> 真人秀电视是21世纪的主要娱乐形式,因为它让我们从观众变成了窥视者……我们支持弱者,支持牵动我们心弦的故事,但我们也陶醉于充满戏剧性、争斗和羞辱的情节。

如果这听起来像职业摔角中的正派和反派的戏剧性场面,那确实如此。一般来说,真人秀节目很像职业摔角,有大量的情节编排,纯粹是为了娱乐。即使明知是假的,人们也会带着内疚的快感享受观看。

2018年,一位真人秀节目制作人透露:"上真人秀节目的人中99%的人都不用自己掏钱,也许每天还有二三十美元的津贴,但也仅此而已。"但是,嘿,名声——无论多么短暂——比金钱更重要。一项针对英国青少年的调查发现,近十分之一的青少年会为了参加真人秀节目而放弃学业。

这位制片人还证实,在所谓的竞赛类节目中,制片人对谁留在节目中、谁回家拥有最终决定权,而且被挑中的人才能扮演某些戏剧性角色:

> 有一次,我让一位女士扮演一个反派角色,结果她是有史以来最善良的女士。作为制片人,我让她坐下来,对她说:"听着,你被选中扮演这个角色。如果你想拍好电视节目,如果你想让这部系列剧明年继续播出并赚更多的钱,那么你就必须配合。如果你不这么做,你就会被彻底淘汰。"这奏效了。

对我来说,最意想不到的事情之一是,他们经常剪辑音频,让人们看起来好像在说一些实际上没有说过的话:

> 我们经常把不同的片段剪辑在一起,让它们听起来像一段对话,有时还会完全改变意思。我们甚至可以从零开始创造完整的句子。这种现象非常普遍,我们给它起了个名字:拼接剪辑(frankenbiting)。如果你看到某个人在说话,然后镜头切换到其他地方,但你仍然能听到他的声音,这可能就是拼接剪辑。

尽管存在或明显或不太明显的骗局，但数以百万计的人似乎对垃圾电视节目上瘾，对虚假的真人秀节目感到无尽的乐趣。

2011年4月1日，《今日美国》(USA Today)报道了一则看似是愚人节玩笑的消息，其实不然。罗格斯大学曾向音乐电视网(MTV)真人秀节目《泽西海岸》(Jersey Shore)的明星"斯努基"(Nicole "Snooki" Polizzi)支付3.2万美元，请她为学生们提供关于GTL(健身房、日光浴、洗衣房)生活方式的建议，这比支付给诺贝尔奖获得者莫里森(Toni Morrison)的3万美元毕业典礼演讲费还要多。斯努基的永恒建议是："努力学习，但更要努力狂欢。"

鬼魂节目是综艺节目的一种变体，它将虚假真人秀节目的诱惑与对鬼魂的迷恋结合在一起。在捉鬼节目中，观众会听到有关闹鬼的房子、酒店、监狱、疯人院或废弃建筑的传说，然后摄制组会记录下捉鬼人一夜的调查过程。光线昏暗，搜寻者精神紧张，影片颗粒感很强。剧组配备了录音机、录像机和测量鬼魂活动迹象的小工具。

我们听到一声闷响，演员们都在颤抖。我们看到窗帘沙沙作响，演员们面面相觑，惊恐万分。我们听到镜头外传来猛地关门声，一些演员跳起来尖叫。一张模糊的脸出现在窗户上。有人感到一阵冷风。有敲门声，似乎有人想进来或想让演员们离开。一名演员回到房间，发誓说他的帽子被人从原处拿走了。还会有一些静电噪声，如果你仔细听，似乎是在说话。有人说，那是在说"出去"或"走开"。我们再听一遍，确实听起来像是这样。室外经常出现森林景象，并伴有从未听过的动物叫声。清晨，寻鬼者惊魂未定地离开，坚信鬼魂的传言是真的。

尽管有些人可能会想起史酷比(Scooby-Doo)动画片*，但很多人都会认真对待这些节目，每看完一集，都会有点害怕，并更加相信鬼魂是

---

* 讲述了名叫"史酷比"的狗与人类一起调查各种超自然案件的故事。——译者

真实存在的。

成千上万的人成立了数百个捉鬼俱乐部,想亲眼看到鬼魂的存在。一些著名的闹鬼地点会收取参观费用。例如,西弗吉尼亚州的跨阿勒格尼精神病院现在归私人所有,提供历史之旅、超自然之旅和夜间捉鬼活动。除了参观和夜间捉鬼之外,西弗吉尼亚州的芒兹维尔监狱还设有一间逃生室。

捉鬼人一般都是中产阶级白人,男性和女性人数大致相当。他们摒弃使用技术手段来收集确凿证据的"科学"方法,而更倾向于依靠"感官"的方法来解读来自死者的思想、情感和心灵感应信息。

2021年《经济学人》/舆观调查网的民意调查发现,41%的美国人相信有鬼,39%的人不相信,20%的人不确定。近75%的美国人说他们相信超自然现象。持怀疑态度的科学家说,那些认为自己见过鬼的人可能是被疲劳、酒精、毒品或不寻常的光线所迷惑。鬼魂信徒说,持怀疑态度的科学家要么是傻瓜,要么是试图对公众隐瞒真相的骗子。

启示

有时,我们的大脑会捉弄我们。有时,魔术师会捉弄我们。更常见的情况是,想象不可能的事情有助于我们应对无法解释的事情。不祥之兆可以帮助我们推卸责任。好的预兆可以促使我们更加自信。读懂别人的心思可以把我们联系在一起。与逝者交流可以帮助我们应对亲人的离世,还可以让我们欣慰地想到死后还存在生命。

相信的欲望可能会非常强烈,以至于对证据的科学要求非但没有消除迷信,反而败坏了科学的名声。如果科学家否定人们的普遍信仰,那么信徒们很可能会得出结论:科学是不可信的。

第二章

飞碟与太空游客

几千年来,人们不断看到天上出现神奇的东西,地球人通常将其解释为宗教征兆或来自其他星球的访客。近年来,目击不明飞行物(UFO)已成为一种流行的爱好。美国国家 UFO 报告中心成立于 1974 年,该中心编制的一份清单记录了近 10 万次 UFO 目击事件,平均每天超过 5 次。大多数目击事件发生在美国,但这可能是因为该中心位于美国。加利福尼亚州报告的 UFO 目击事件比其他任何州都多,实际上比纽约州、得克萨斯州和马萨诸塞州加起来还要多。也许外星人更喜欢加利福尼亚,也许加利福尼亚真的是梦幻之地。据报道,美国在 7 月 4 日*这一周报道的 UFO 目击事件也比一年中其他任何一周都要多,这表明外星人和美国人一样喜欢看烟花。(开玩笑)

多喝了几杯

1966 年 1 月一个大雾弥漫的早晨,一个名叫佩德利(George Pedley)的澳大利亚农民听到了"嘶嘶"的声音,看到一个飞碟"在一团蓝色蒸汽中"从附近被当地人称为马蹄礁湖的沼泽中升起。走近观察后,他发现一个 30 英尺的圆形杂草圈,这些杂草按顺时针方向被压平,就像被来

---

* 美国独立日,是美国的主要法定节假日之一。——译者

自飞碟的旋转空气压平了一样。当地报纸刊登了佩德利发现飞碟的报道，很快他的邻居又发现了5个"飞碟巢"。这些飞碟巢都在塔利镇附近，后来被称为塔利巢（图2.1）。

图2.1　原样的塔利巢

（图片来源：UFO Research Queensland）

当地居民告诉澳大利亚皇家空军，每年这个时候都会出现圆形杂草图案。一名当地警官和数位昆士兰大学教授调查后得出结论，这些圆圈很可能是由短时旋风造成的，这种旋风在澳大利亚被称为"伟力-威力士"（willy-willies）。

尽管如此，外星人在塔利镇巡游的说法还是引起了UFO狂热者的共鸣——当地人乐于为前来观赏马蹄礁湖并眯着眼看飞碟巢褪色照片的游客提供住宿和故事，这与亚利桑那州塞多纳市的居民乐于宣传新纪元能量旋涡非常相似：

> 塞多纳一直被认为是一个既神圣又强大的地方。它是一座没有围墙的大教堂。它是一座尚未建成的巨石阵。人们从

世界各地来到这里,体验据说是从红色岩石中散发出来的神秘宇宙力量。他们来这里寻找旋涡……人们认为这是能量的旋涡中心,有利于治疗、冥想和自我探索。

1987年,塞多纳迎来了新纪元的曙光,这一年是"和谐汇聚"(一种全球性的和平冥想)之年,当时有5 000人来到附近一个名为"钟岩"的岩层,期待着岩层顶端打开,出现一个UFO。钟岩的岩顶并没有打开,但塞多纳的自然美景被游客们口口相传,很快塞多纳就成了一个繁荣的小镇。

在塔利巢被报道十几年后,英格兰南部农民的田地里开始出现由被压扁的油菜、大麦、小麦或其他谷物形成的图案。有人认为,这些麦田怪圈可能是性活跃的刺猬创造的。(不,我不是在开玩笑!)更不靠谱的是,一个名叫德鲁(Horace Drew)的分子生物学家提出,这是来自未来的时间旅行者留下的标记,帮助他们在我们的星球上(或者,至少是在英格兰)导航。他压根不考虑麦田怪圈会在庄稼收割后消失。

1980年,一个名叫米登(Terence Meaden)的物理学教授认为,旋风与当地山坡的相互作用会产生麦田怪圈,就像澳大利亚的"伟力-威力士"怪圈一样。随着麦田怪圈变得越来越复杂,米登的理论也变得越来越复杂——现在的说法是由旋风产生并被太阳风暴增强的电磁流体力学"等离子体旋涡"。日本一个著名的等离子体物理学教授对此表示赞同:"麦田怪圈是一种自然现象。它们是由等离子体旋涡造成的。"但随后,直线式麦田怪圈开始出现。用旋风解释一下!

沙尘暴和怪异的风型或许可以解释像塔利巢那样的简单圆圈,但无法解释在英格兰发现的越来越精细、复杂的图案。外星人和时间旅行者是流行的替代解释版本。许多麦田怪圈都出现在威尔特郡,那里是巨石阵和埃夫伯里史前遗迹的所在地,也是盛产鬼屋、恶犬和神圣几何图形传说的地区。麦田怪圈爱好者（croppies）开始编纂麦田怪圈目击的详细记录，并不远万里赶去当地，抱着麦秆或躺在油菜圈里吸收精神能量。

有些人显然闲得发慌，他们声称已经破译了一些秘密信息，比如"相信""外面是美好的"和"我们反对欺骗"。他们没有解释为什么外星人会浪费时间来到地球制造乏味的密码信息。另一个所谓的信息是"我们并不孤独"，外星人会对地球人说这样的话也太奇怪了。另一种说法是，这些圆圈是某种与前哥伦布时期玛雅历法的"长计数"和第一个"大周期"有关的密码。这是一个长达 5 125 年的时期，最终将结束于 2012 年 12 月 21 日世界末日。（剧透一下：没有发生什么特别的事情。）

有人表示怀疑，也有人提出了一些显而易见的问题。为什么麦田怪圈会在晚上出现在靠近公路的偏远地区？为什么外星人如此喜欢英格兰南部的农场？为什么外星人会不远万里来到地球，只是为了在空旷的田野上创造几何图案？如果他们有话要告诉我们，为什么还要使用密码？

1991 年，两名英国人鲍尔（Doug Bower）和乔利（Dave Chorley）承认，他们用带绳柄的木板把庄稼压扁，制造了数百个麦田怪圈。

1978 年的一天晚上，他们坐在一家酒吧里，喝着热乎乎的英国啤酒，谈论着塔利巢，然后他们决定制作压平的麦田怪圈，让人觉得是飞碟降落在英国的田野上——这一定很有趣。他们长达数十年的恶作剧由此开始，并被那些麦田怪圈爱好者全盘接受。

当他们揭穿了自己的骗局后，鲍尔和乔利召开了一次新闻发布会，并演示了他们是如何制作麦田怪圈的。之后，一个没有看到那个演示的名叫德尔加多（Pat Delgado）的麦田怪圈爱好者宣称，他们刚刚制作的麦田怪圈是"真实的"，后来才知道这其实是一场恶作剧。

麦田怪圈已经演变成一个精心策划的游戏，恶作剧者和当地人都渴望让麦田怪圈的故事延续下去。恶作剧者喜欢捉弄麦田怪圈爱好者，喜欢创造有竞争力的麦田怪圈艺术，更喜欢没被抓住的刺激感。麦田怪圈有一些潜规则：怪圈应在夜间匿名创作，不留下人类参与的罪证。它们不必非得是圆圈，但设计应该有趣。麦田怪圈的创作者现在把自己当作艺术家，经常使用复杂的工具来帮助他们完成越来越复杂的设计。最佳设计的照片会被刊登在书籍、目录和日历上。

首先是恶作剧者，然后是擅自闯入的游客，使部分农作物遭到了破坏，这让农民很恼火。但每年麦田怪圈季节到来时，许多当地人非常乐意向新纪元游客有偿提供住宿、旅游和纪念品。一些怪圈爱好者每年都会去朝圣，以体验麦田怪圈的精神能量，并与其他旅行者交流。

人们用直升机、小型飞机和无人机拍摄最新的麦田怪圈图案，然后上传到麦田怪圈网站。有些城镇每天都有飞行员在田野上空飞行，拍摄最新图案的照片，然后上传到互联网上，以吸引更多的游客。

许多怪圈爱好者承认这些是恶作剧，但坚持认为有些图案过于复杂，不是人类在黑暗中工作几个小时就能完成的。一位怪圈爱好者报告说："一位建筑师估算了使用现代技术制作其中一些较复杂图案所需的时间。大概需要两周！"有些人依赖于精神上的反科学论据：

> 超自然现象是当前主流科学所厌恶的，因为这部分内容是对我们当前有共识的现实的侮辱……我们需要时刻牢记这样一个事实，即这些实体的非物理方面才是真正有趣的地方，我们绝不能为了"科学可信度"和"物理证据"的徒劳希望而抛弃它们。

另一种观点认为："麦田怪圈向我们展示了一门新的科学。遗憾的是我们已经失去了这门科学，但它曾在古代文化中存在过。"

一个麦田怪圈定期朝圣者对科学证据不屑一顾："我有自己的标准。我知道麦田怪圈是真的，因为我的脸会变得通红。有时我会有点

头晕或恶心。这取决于频率,取决于它如何与我的频率相互作用。"还有另一种说法:

> 当然,有些是真的,有些是骗局,但我可以通过进入麦田怪圈后感受到的能量来分辨真假。不同的麦田怪圈似乎会产生不同的能量共振,我通常会在我的脉轮中感受到这些能量……每个麦田怪圈都不一样,有些似乎能给我充电,让我真正兴奋起来,有些则让我想躺在其中,一动不动。

一些怪圈爱好者认为,恶作剧者的坦白才是真正的骗局。鲍尔现在说,他对自己的公开忏悔感到后悔,并希望能让麦田怪圈继续保持其神奇的魔力,给人们带来乐趣和神秘感。

图 2.2 所示的壮观的麦田怪圈出现在 1996 年 7 月的巨石阵附近。该图案是一种名为"茹利亚集"的分形图案,据说是在白天不到一个小

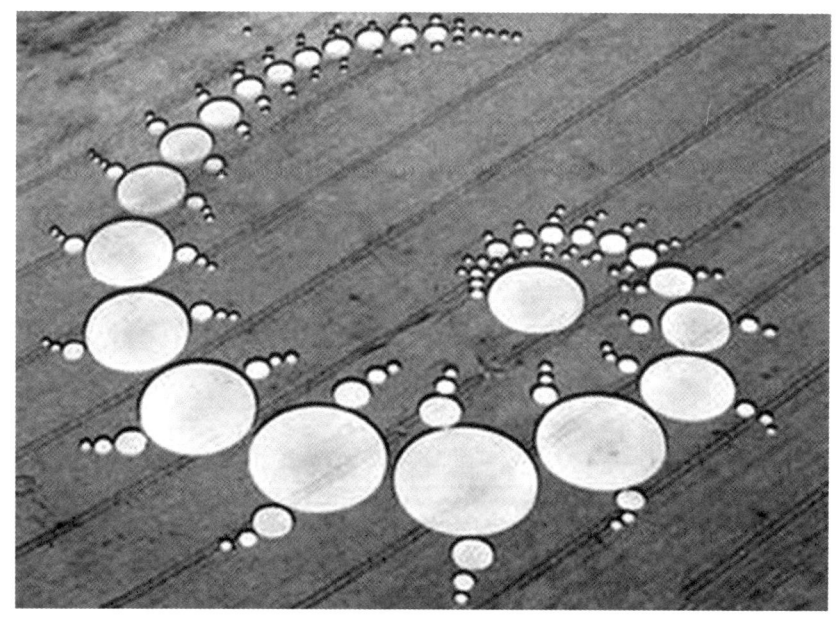

图 2.2 茹利亚集麦田怪圈

(图片来源:Handy Marks | public domain)

时的时间里出现的,似乎排除了人类恶作剧的可能性。据报道,这块呈现此图案的田地的主人通过收取入场费赚了大约 3 万英镑。

3 名恶作剧者后来承认,他们是在一架飞机注意到这个图案的前一天清晨,用大约 3 个小时的时间制作出这个图案的。图 2.3 显示了一个更为复杂的双三重茹利亚集图案(恶作剧者不详)。

图 2.3 2001 年英格兰威尔特郡的麦田怪圈,包含 409 个圆圈

(图片来源:Handy Marks丨public domain)

在麦田怪圈的传奇故事中出现了一个离奇的完整圆圈。2009 年,BBC 一篇题为《飘飘欲仙的沙袋鼠制造麦田怪圈》的文章称,澳大利亚塔斯马尼亚州的一名政府官员报告说:"我们遇到了一个问题,沙袋鼠进入罂粟田,兴奋得像风筝一样并绕着圈打转。"

登月否认者

相信外星人访问过地球这种观点的另一面是:坚信人类登月是一

场骗局。

1957年10月，苏联发射了一颗名为"斯普特尼克1号"（*Sputnik 1*）的卫星，它发送了3周的无线电信号，直到电池耗尽。接着，继续静静地围绕地球运行了2个月后，它在大气层中被烧毁。同年11月，苏联发射了"斯普特尼克2号"（*Sputnik 2*）卫星，搭载了一只名叫莱卡（Laika）的狗。这只狗在第四轨道上因空调故障而死亡，但"斯普特尼克2号"又在轨道上运行了5个月，然后重新进入地球大气层并被烧毁。

太空竞赛开始了。

美国和苏联都认为太空霸主地位对国家安全具有潜在的重要意义，当然对炫耀自己的权力也很重要。苏联人又把两只狗送上了太空，而美国人则偏爱黑猩猩，但最终目标是将人类送入轨道并安全返回。

1961年4月12日，苏联做到了这一点。尤里·加加林（Yuri Gagarin）乘坐"东方1号"（*Vostok 1*）飞船绕地球飞行了一圈后返回，他在23 000英尺的高空弹射出飞船，然后跳伞返回苏联。当时苏联举行了大规模的庆祝活动，4月12日被正式宣布为宇航员日，俄罗斯和其他一些前苏联国家至今仍在庆祝这一节日。

当时，时任美国总统肯尼迪上任3个月，他对灾难性的古巴猪湾入侵事件仍耿耿于怀，决心在公共关系上取得巨大胜利。1961年5月，肯尼迪向国会发表了特别致辞：

> 如果我们要赢得目前正在世界各地进行的自由与暴政之间的斗争，那么最近几周在太空取得的巨大成就应该已经向我们所有人清楚地表明了（正如1957年的"斯普特尼克号"卫星一样）这次太空冒险对全世界人民的思想产生的影响，他们正试图决定自己应该走哪条路……

我认为，这个国家应该致力于在这个十年结束之前实现人类登陆月球并安全返回地球的目标。这一时期的任何一个太空项目都不会比这更让人类印象深刻，或者对太空的远程探索更重要，而且没有一个太空项目的完成会如此困难或昂贵。

1969年7月16日，在距离这个十年结束还有6个月的时候，"阿波罗11号"（Apollo 11）搭载宇航员阿姆斯特朗（Neil Armstrong）、奥尔德林（Buzz Aldrin）和柯林斯（Michael Collins），从佛罗里达州的肯尼迪航天中心发射升空。肯尼迪的目标实现了，美国赢得了登月竞赛。全球有5亿电视观众目睹了宇航员在月球上着陆和行走，并于7月24日在夏威夷附近的海域安全溅落返回。

他们真的做到了吗？登月阴谋论者认为，首次登月和随后的5次登月共涉及12名宇航员，这一切都是美国国家航空航天局（NASA）和其他政府官员对世人的一个巨大骗局。

怀疑论者从一开始就有，但1976年一本名为《我们从未登上月球——美国的300亿美元骗局》（We Never Went to the Moon: America's Thirty Billion Dollar Swindle）的小册子加深了他们的怀疑。这本小册子的作者凯辛（Bill Kaysing）曾经为航空航天承包商洛克达因公司工作过，但只是一名技术撰稿人（将工程术语翻译成普通英语）。他拥有英语专业的大学学位，但他认为，不需要成为科学家或工程师也能知道登月是个骗局。

在"阿波罗11号"发射前，他有"一种预感，一种直觉……一种真正的信念"，认为这次发射会失败。事后，他写道，洛克达因公司估计成功登月和返回的概率仅为0.0017%。凯辛的结论是，伪造登月比实际登月更容易。他没有提到，这一估计是在20世纪50年代末作出的，而在这之后的10年里，登月技术的进步使登月成为可能。

凯辛的理论是，NASA发射了一枚空火箭，在脱离公众视线后坠毁，然后用一架高空军用飞机将空空如也的太空舱扔进大海，伪造了返回的假象。休斯敦任务控制中心的镜头都是伪造的，而据称在月球上拍摄的镜头是在内华达州声名狼藉的空军设施51区的一个布景上拍摄的。阴谋论者认为那里是UFO、外星人和其他绝密项目的所在地。宇航员呢？他们被洗脑了，这样他们就会合作，永远不会揭穿这个骗局。

地平说学会（这个名字让人充满"信心"）声称，登月实际上是在迪士尼的一个摄影棚里拍摄的，使用的剧本由克拉克（Arthur C. Clarke）撰写，库布利克（Stanley Kubrick）执导。也许所有参与这部电影的人也都被洗脑了，从而保持了50年的沉默？

骗局坚信者最常引用的证据包括：

1. 如果宇航员穿过地球周围的范艾伦辐射带，他们就会死亡。实际情况是，宇航员起飞时恰好是辐射带强度最低的时候，而且航天器还进行了特殊的隔热处理，以保护宇航员。他们所受的辐射量相当于做胸部X线检查时的辐射量。

2. 月球漫步一定是在摄影棚里拍摄的，因为阿波罗照片上没有星星。实际上，这些照片是在月球的白天拍摄的。同样，地球上白天拍摄的照片也没有星星。在其他情况下，航天飞机宇航员拍摄的长时间曝光的夜景照片能看到很多星星。

3. 月球上没有空气，但插在月球上的美国国旗却似乎随风飘扬。实际情况是，NASA知道月球上没有空气，所以在制造旗杆时，将国旗的顶端连接到一根水平杆上，使国旗保持在打开的状态。当宇航员将旗杆插在地上时，他们来回扭动旗杆，使旗杆钻入月球土壤，从而使国旗呈现波纹状。国旗插好后的视频清楚地显示，国旗并不是在风中飘扬。

反驳登月否认者的一大论据是，难以相信数以万计的相关人员在

50多年的时间里一直把一个骗局当成秘密保守着。另一个反驳的论据是,宇航员们带回了他们着陆的确凿证据:月岩。作为一种善意的姿态,月岩样品被赠送给135个国家,其中许多国家对这些岩石进行了检测,证实它们并非来自地球。

例如,几块月岩中含有玻璃球粒(图2.4),这可能是通过陨石撞击使岩石熔化和蒸发而形成的。与在地球上发现的玻璃球粒不同,月球上的玻璃球粒处于原始状态,因为那里没有大气或水导致的风化作用。

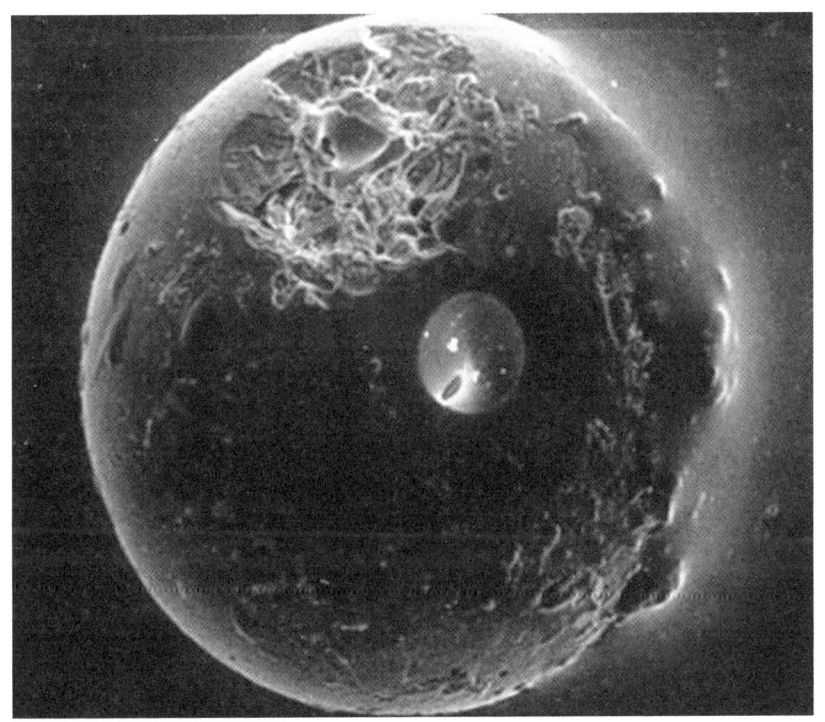

图2.4 一颗来自月球的玻璃球粒

(图片来源:NASA)

2001年,福克斯电视台两次在黄金时段播出标题为《阴谋论——我们登陆月球了吗?》(*Conspiracy Theory: Did We Land on the Moon?*)的特别报道,大大助推了这一骗局理论。节目由皮莱吉(Mitch Pileggi)主持,他曾是福克斯电视连续剧《X 档案》(The X-Files)的演员,该剧讲述了一个掩盖 UFO 和外星人真相的政府阴谋。节目开头有一段半真半假的免责声明:

> 以下节目涉及有争议的话题。
> 所表达的理论并非唯一可能的解释。
> 请观众根据所有可用信息作出判断。

节目本身介绍了凯辛和其他"专家"的说法,以及 NASA 毫无说服力的否认。遗憾的是,这个完全误导观众的节目仍然可以在流媒体服务平台上观看,并且被贴上了纪录片的标签,尽管它并不比捉鬼节目更具备纪录片的性质。

一个有趣的插曲是,据报道,福克斯公司的一名节目专家西布雷尔(Bart Sibrel)曾公开地骚扰过一些宇航员。2002 年,西布雷尔假称奥尔德林要接受一档日本儿童电视节目的采访,将他骗到贝弗利山庄的一家酒店。当奥尔德林出现时,他面前是整个摄制组,以及向他挥舞着一本《圣经》的西布雷尔,西布雷尔要求他对着《圣经》发誓说自己登上过月球。奥尔德林试图躲开,但西布雷尔纠缠不懈,称奥尔德林是"懦夫、骗子和小偷"。这时,72 岁的奥尔德林一拳打在了 37 岁、体重 250 磅*的西布雷尔脸上。西布雷尔立即转向他的摄影团队,问道:"你们拍下来了吗?"显然,他希望奥尔德林会惹上法律纠纷。地方检察官办公室没有提出指控,因为奥尔德林没有犯罪记录,西布雷尔也没有受到明显的伤害,而且有目击者作证说西布雷尔是挑起事端的人。

当阿姆斯特朗踏上月球表面时,他说过一句名言:"这是个人的一小步,却是人类的一大步。"一则关于奥尔德林与西布雷尔对峙的新闻

---

*1 磅约等于 0.45 千克。——译者

则将"对一个人的一小拳,却是对阴谋论者的巨大打击"作为副标题。

2018年,一个名叫肯尼(Martin Kenny)的英国人认为,登月显然是伪造的,因为月球是由光构成的,所以登月是不可能的。他总结道:"在过去,你看到了登月,但没有办法对这件事进行任何检查。现在,在科技时代,很多年轻人自己开始对此展开调查。"年轻人究竟该如何去查证50年前的登月是真是假呢?通过上网搜索吗?

互联网是问题,而不是解决办法。NASA的一位前首席历史学家指出:"现实情况是,与过去相比,互联网让人们可以对更多人随心所欲地发表自己的看法。"

2019年,舆观调查网对英国成年人进行的一项民意调查发现,4%的人完全同意"登月是伪造的"这一说法,另有16%的人认为这一说法可能是真的,而有9%的人表示不知道是真是假。在美国和俄罗斯进行的类似民意调查也得出了相近的结果,20%到30%的人认为登月很可能或肯定是伪造的。

将凯辛的论点颠倒过来看,对某些人来说,相信科学家能够精心地设计骗局显然比相信科学家能够取得真正的成就更容易。

我们对网络视频的沉迷和对阴谋论的迷恋并没有起到好的作用。在互联网上搜索"登月""月球漫步"或"阿波罗",很快你就会被大量的登月骗局"纪录片"淹没。只要看一部,你的电脑就会推荐十几部。

YouTube网站名人道森(Shane Dawson)播出了多部针对青少年和儿童的阴谋论视频,其中就包括"登月阴谋论"。该视频以一种滑稽的、令人痛苦的方式对登月否认者所引用的"证据"进行了业余的复述。道森总结道:"这并不令人震惊,因为政府伪造的东西太多了。我的意思是,我们讨论过'9·11事件',我们讨论过危机演员。为什么登月不会是假的呢?"为了稳妥起见,他还补充道:"如果月球是一幅全息图呢?

如果它不是真实的呢?"然而,这则无稽之谈的浏览量超过了 700 万次,有近 30 万人点赞,只有不到 5 000 人不喜欢。

启示

科学家创造互联网和社交媒体并不是为了诋毁科学,但事实就是现在这样。UFO 和伪造的登月事件是同一枚硬币的两面——认为政府和科学家在欺骗我们,不可信任。这些谎言的所谓证据就在互联网上,供不信任的人观看,并通过社交媒体分享——包括用了不起的编辑工具制作的照片和视频,这些编辑工具由科学家开发,却可以被任何人用来歪曲事实。

第三章

精英阴谋

2016年,在一次现场直播的市政厅问答活动中,Facebook(脸书)首席执行官马克·扎克伯格(Mark Zuckerberg)被问道:"马克,有人指控你暗地里是一只蜥蜴,这是真的吗?"扎克伯格回答说:"我不得不说'不',"不过,他说这话时确实舔了舔嘴唇,"我不是蜥蜴。"

扎克伯格并不是唯一一个被指控为爬行动物的公众人物。2014年,一个新西兰人提交了一份《官方信息法案》(Official Information Act)申请,要求总理约翰·基(John Key)提供"任何能反驳以下理论的证据,即约翰·基先生实际上是艾克(David Icke)式的会变形的爬行动物外星人,正在将人类引向奴役"。艾克(这现在也是一种爬行动物的名字)是一个专业的阴谋论者,他声称地球上的许多领导人[包括(已去世的)伊丽莎白女王(Queen Elizabeth)、布什(George W. Bush)、克林顿夫妇(Clintons)和光明会]都是来自天龙座的变形爬行动物。

在一次电视采访中,基总理尽职尽责地声明:

> 尽我所知,我不是。在被直接问到这个问题后,我采取了一个不寻常的思路,不仅去看了医生,还去看了兽医,他们都证实我不是爬行动物……我只是一个普通的新西兰男人。

2020年,艾克在YouTube和Facebook上发布视频,声称新冠疫情由5G*技术传播,新冠疫苗将在人们体内植入"纳米技术微芯片"来控制他们,此后他被永久禁止登录YouTube和Facebook。

尽管人们可能会怀疑艾克是一个寻求公众关注的骗子,但他的狂言还是引起了一些人的共鸣。2016年的一项公共政策调查发现,4%的美国人(1 250万人)相信美国政府是由外星蜥蜴人控制的。数百万人认为,5G被用来传播新冠病毒(他们已经烧毁了信号塔来阻止它),以及新冠疫苗是一个邪恶的阴谋(他们拒绝接种疫苗)。最近的一项调查发现,44%的共和党人、24%的独立人士和19%的民主党人认为,比尔·盖茨(Bill Gates)正在开发一种新冠疫苗,这种疫苗会在我们体内植入微芯片,从而监控我们的一举一动。

我们的生活充满了不可预见的事件。我们不愿接受不可预知的事件会对我们造成冲击这一事实,而是试图通过将自身的不幸归咎于他人——最常见的是归咎于精英阶层——来建立秩序。人们一般认为,是精英阶层密谋操纵并控制我们,并以我们为代价为他们自己敛财。

光明会

1969年4月号《花花公子》(*Playboy*)杂志的建议专栏刊登了关于女人、啤酒和秃顶的常见问题,随后是一封异常冗长(300字)的信,开头是:

> 我最近听到一位持右翼观点的老人——我祖父母的朋友——断言,美国当前的暗杀浪潮是一个名为"光明会"的秘密社团所为。他说,光明会在历史上一直存在,控制着一些大型国际银行组织,其所有成员都是32级共济会会员。而且,弗莱明(Ian Fleming)也知道他们,他在自己写的邦德(James

---

* 5G是第五代移动通信技术的简称,具有高速率、低时延和大连接特点。——译者

Bond)系列小说中把他们描绘成幽灵党(SPECTRE)——为此光明会除掉了弗莱明先生。

信的最后提出了两个问题：

他们真的拥有所有的银行和电视台吗？他们最近杀了谁？

《花花公子》杂志给出了350字的回复，追溯了光明会的历史，似乎在打消写信人的疑虑：

人们相信光明会……要为我们的大部分罪恶负责，这是现存的第四大最常见的有组织的偏执狂形式（另外三个更受欢迎的则是锡安长老阴谋、耶稣会阴谋，以及认为我们已经被外太空入侵、我们的政府掌握在火星人手中的观点）。

在这次交流之后，后来几期中又有更多的信件和答复，对之前的信件和答复进行了争论和反驳。

为什么要花这么多宝贵的篇幅来讨论这样一个与《花花公子》的读者几乎无关的话题呢？难道是编辑们没有性感照片可登了吗？

原来，这些信是时任《花花公子》编辑威尔逊(Robert Anton Wilson)和《无序原理》(*Principia Discordia*)一书的作者之一索恩利[Kerry Thornley，又名奥马尔·海亚姆·雷文赫斯特勋爵(Lord Omar Khayyam Ravenhurst)]精心策划的恶作剧。《无序原理》呼吁读者通过非暴力反抗和恶作剧来崇拜希腊神话中的不和女神厄里斯(Eris)。威尔逊嘲笑教条，常说"信仰是智慧的死亡"。

至于光明会，这是由反对巴伐利亚君主和罗马天主教会权力的知识分子于1776年在德国巴伐利亚成立的一个秘密社团。不到10年，它就被巴伐利亚政府渗透并取缔了。

快进到20世纪60年代，威尔逊和索恩利这对快乐捣蛋鬼决定，让人们对这个已不复存在的秘密组织感到愤怒会很有趣。他们给《花花公子》写了几封虚构的关于光明会的信,起初是询问,后来是争论,而威尔逊保证这些信一定会被刊登出来。《花花公子》一般不太可能刊登这些内容,但威尔逊就是在那里工作的。

一传十,十传百。很快,威尔逊和他的好朋友,同时也是《花花公子》编辑的谢伊(Robert Shea)出版了《光明会三部曲》(The Illuminatus! Trilogy),这是一本充斥着异想天开的阴谋论的大杂烩,包括声称乔治·华盛顿(George Washington)实际上是光明会创始人魏斯豪普特(Adam Weishaupt)的转世化身。他们后来写道,他们的工作设想是,"所有这些疯子都是对的,他们所抱怨的每一个阴谋都确实存在"。

这本胡言乱语的书获得了出人意料的成功,很快就有了关于光明会的戏剧、关于光明会的纸牌游戏,以及大量归咎于光明会的阴谋,包括暗杀肯尼迪和"9·11"恐怖袭击。想象中的光明会继续在戏剧、电影、小说和漫画书中客串,奇怪的是,他们所谓的目标不再是反对统治精英,而是要建立一种新的世界秩序。2019年的一项调查发现,21%的人相信"光明会秘密地控制着世界"。

当拜登(Joe Biden)宣誓就任第46任美国总统时,社交媒体上充斥着大量关于他使用共济会/光明会《圣经》的说法。一个在Facebook上被广泛分享的帖子沉思道:

> 那么,还有人意识到这个吗????或者,拜登昨天宣誓用的共济会/光明会《圣经》……我确实相信很多奇怪和可怕的事情会在某个时候发生。

尽管拜登手里拿的是1893年版的杜埃-兰斯版《圣经》(Douay-Rheims Bible),在20世纪之前,这是罗马天主教唯一授权的英文本《圣经》。这本《圣经》是拜登的传家宝,他在之前的9次宣誓就职仪式上都使用过（7次作为美国参议员，2次作为副总统）。肯尼迪是此前唯一一位天主教总统，他在1961年宣誓就任时使用的也是杜埃-兰斯版《圣经》。这个版本的《圣经》是光明会《圣经》的说法十分荒谬，因为光明会反对罗马天主教会，但对于那些心怀偏见的人来说，逻辑并不重要。

在我写了一篇关于光明会阴谋论的专栏文章之后不久，我就开始收到阴谋论狂热分子的电子邮件。其中一封邮件的标题是"如果我们把光明会改名为'暗深势力'如何？"，并且列举了我应调查的13件事，以便让自己更好地理解阴谋，其中大部分都与特朗普在2020年总统大选中的"压倒性胜利"被窃取的说法有关：

> 道明尼公司（Dominion）会计系统的主管怎么会属于激进势力组织 Antifa？

> 乔治·索罗斯（George Soros）的董事会成员是如何控制摇摆州计票软件的？

> 道明尼公司系统的数据是如何与伊朗、俄罗斯的 IP 地址来回传输的？

我当时很纠结：(a) 为我的通信方花这么多时间寻找阴谋证据而感到难过；(b) 承认他有一个自己的爱好，而且显然这个爱好让他有事可做。我确信，就像避免与疯狂的瘾君子对视一样，我不会通过回复他的电子邮件来鼓励他。

除去恶作剧者，阴谋论的吸引力何在呢？2006—2011 年的一系列调查发现，大约一半的美国人至少相信一种阴谋论。例如，在 2011 年的调查中，19% 的人认为：

> 某些美国政府官员策划了 2001 年 9 月 11 日的袭击，因为他们希望美国在中东开战。

而 25% 的人认为：

当前的金融危机是由一小撮华尔街银行家秘密策划的，目的是扩大美联储的权力，并进一步控制世界经济。

一种新的世界秩序

光明会阴谋论不过是一种普遍存在的信念的众多变种之一。这种信念认为，一群精英已经（或正在）控制商业、银行、政府和媒体，目的是创建一种新的世界秩序。在这种秩序中，冷酷无情的精英们利用功能强大的计算机控制世界各地的人们。据说，许多不相干的事情都是这一阴谋的一部分：索罗斯、克林顿夫妇、美联储、三边委员会、美国外交关系协会、《锡安长老会纪要》、波希米亚丛林、彼尔德伯格集团、骷髅会、丹佛机场，等等，不胜枚举。

这些故事离奇而有趣，但显然能引起许多人的共鸣——也许是因为那些在个人困境中挣扎的人发现，将麻烦归咎于他人比承担责任更容易。对于阴谋论信徒来说，坏事之所以发生，是因为坏人使之发生。如果我买了一只股票，但价格下跌了，那是因为内部人士在操纵市场。如果我丢了工作，那是因为美联储在操纵经济。如果我的生活不能如我所愿，那是因为精英们为了他们自己的利益控制着政府。

脊髓灰质炎、水痘、麻疹、流行性腮腺炎和其他儿童疾病的疫苗非常有效，以至于只有老年人才记得这些传染病曾是致命的，但有些人却认为疫苗可能是政府阴谋的一部分，目的是伤害或监视我们。相信这些不实之词的人不仅在拿自己的健康冒险，也在危害他人。具有讽刺意味的是，科学发现了疫苗，同时也创造了互联网，这让阴谋论像不可阻挡的病毒一样传播开来。

富有的犹太傀儡大师

从理论上讲，如果人们可以在附近的商店以 2 美元的价格买到同样的一罐鸡汤,他们就不会花 3 美元购买。从国际上看,相同(或几乎相同)的商品在世界任何地方的价格都应该大致相同。例如,假设英镑和美元之间的汇率为 1.50 美元兑换 1 英镑。如果一件毛衣在英国的售价为 20 英镑,那么基本相同的毛衣在美国的售价应为 30 美元。如果美国的价格高于 30 美元,美国人就会进口英国毛衣,而不是购买价格过高的美国毛衣。如果美国的价格低于 30 美元,英国人就会进口美国毛衣。这就是**一价定律**。

一价定律最适用于那些相对同质、进口成本相对较低的产品。当消费者认为产品不同(例如,宝马和雪佛兰)或存在高昂的运输成本、税收和其他贸易壁垒时,一价定律就不太奏效。如果法国对进口葡萄酒征收重税,那么葡萄酒的价格在法国就会相对昂贵。在日本理发和打一轮高尔夫球的费用可能比在美国高,因为对于日本人来说,在艾奥瓦州理发、在佐治亚州打高尔夫球是不切实际的。

当一价定律适用于所有国家时,它预测汇率将取决于相对通货膨胀率。如果英国的物价上涨 5%,而美国的物价只上涨 3%,那么英国的商品就会变得更加昂贵,除非英镑相对于美元贬值 2%。一般来说,通胀率相对较高的国家应该会经受货币贬值。

这一理论被一些货币交易员用来预测汇率的变动。如果英国的通胀率为 5%,美国的通胀率为 3%,但美元/英镑的汇率没有变动,投机者可能会用英镑买入美元,期望在美元升值后卖出去。

货币投机是一种零和游戏。如果一个投机者(预期美元会升值)用英镑从另一个投机者(预期英镑会升值)手中买入美元,那么任何一方的利润都会被另一方的损失完全抵消。

一个引人注目的例子发生在 20 世纪 90 年代,当时索罗斯在英镑相对于德国马克的汇率上做了巨额押注。索罗斯于 1930 年出生在布达佩斯,那时他名叫捷尔吉·施瓦茨(György Schwartz)。他的父母是犹太人,后来索罗斯形容他们本质上是反犹太主义者。由于匈牙利本身越来越反犹太,索罗斯一家将姓氏从施瓦茨改为索罗斯。二战后,他移居英国,并获得了伦敦经济学院的哲学学士和硕士学位。

在做过各种各样的零工之后,索罗斯在金融业站稳了脚跟,并最终成功建立了几家投资基金。让他声名——无论好坏——鹊起的是他在1992年对英镑的投机行为。

8个欧洲国家(比利时、丹麦、法国、德国、爱尔兰、意大利、卢森堡和荷兰)于1979年建立了欧洲货币体系,并达成了汇率机制(ERM)协议,将各国货币相对于德国马克的汇率稳定在特定的目标汇率6%上下的范围内。如果汇率有可能超出这一范围,成员国将根据需要买入或卖出货币,从而使汇率保持在该范围内。

英国于1990年10月8日加入,目标汇率为2.95德国马克兑换1英镑。图3.1显示,在英国于1990年10月加入之前,其汇率一直在2.95这一数值上下波动。然而,与德国2.6%的通胀率相比,英国在过去3年的平均通胀率为6.7%,包括索罗斯在内的许多货币交易员认为,英镑相对于德国马克的贬值是不可避免的。

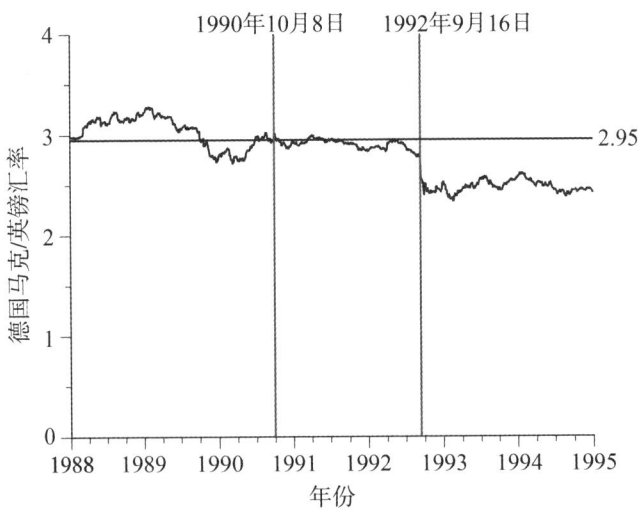

图3.1 德国马克对英镑的汇率(1988—1995)

英国财政部的一位初级经济学家后来写道,"根本问题在于,我们以错误的汇率加入了 ERM;英镑被高估了,这意味着我们陷入了结构性[贸易]赤字",因为被高估的英镑使得英国商品过于昂贵,无法与外国商品竞争。索罗斯的与众不同之处在于,他相信英镑会贬值并愿意为之押上一切。正如他后来所写的:"信心十足但仓位很小是没有意义的。"

索罗斯借了价值 100 亿美元的英镑,用这些钱以 2.95 左右的汇率购买了德国马克。(他还在法国法郎、英国股票以及德国和法国债券上下了较小的赌注。)如果英镑相对于马克的汇率下跌 10%,他就可以用自己的马克购买价值 110 亿美元的英镑,扣除贷款利息,获利 10 亿美元。由于他的贷款有大约 10 亿美元的抵押担保,如果英镑贬值 10%,他的资金基本上会翻倍。另一方面,如果英镑升值 10%,他就会破产。正如凯恩斯讽刺地指出的那样:"市场保持非理性的时间比你保持偿付能力的时间更长。"

索罗斯后来写道:"市场可以影响他们所预期的事件。"当索罗斯和志同道合的货币投机者用借来的英镑购买马克时,他们正迫使马克相对于英镑升值。为了防止英镑贬值,英格兰银行和其他持同情态度的欧洲中央银行被迫购买英镑。由于货币投机是一场零和游戏,投机者从出售英镑中获得的任何利润都将与中央银行买入英镑受到的损失相当。据报道,英国财政部购买了价值 270 亿美元的英镑,如果英镑贬值 10%,将蒙受 27 亿美元的损失。

1992 年 9 月 16 日("黑色星期三")晚上,英国财政大臣宣布英国将放弃 ERM,让市场力量决定英镑的汇率。市场价格很快稳定在 2.50 德国马克/英镑左右,比 2.95 的目标低了约 15%。

索罗斯的基金从各种押注中获利 70 亿美元,索罗斯本人赚了近 15 亿美元。他永远被称为"打垮英格兰银行的男人"。

后来，有传言说索罗斯参与了芬兰马克和各种亚洲货币的投机活动。他的一些巨额押注造成了巨大损失。1994年，他押注日元相对于美元会贬值，结果损失了数亿美元。据报道，他还在假设特朗普将在2016年美国总统大选中落败的基础上进行了投资，结果损失了10亿美元。然后，当特朗普获胜时，他又打赌美国股市会崩溃。当然，与仅拥有10亿美元时净赚10亿美元相比，拥有300亿美元时损失10亿美元就不那么重要了。当我写到这儿时，索罗斯已经92岁了，净资产估计为86亿美元，此前已捐赠了320亿美元。

从自己制造的金融危机中获利是不光彩的。1999年，克鲁格曼写道："确实有一些投资者不仅在预期货币危机时转移资金，而且实际上为了娱乐和利润而尽最大努力引发危机，这些新出现的投资者还没有一个标准的名字，我建议用'Soroi'（Soros的复数）。"

更险恶的是，阴谋论信徒们认为，索罗斯捐出的数十亿美元并非用于人道主义事业，而是控制世界企业和政府的邪恶总计划的一部分。2010年，福克斯新闻播出了一个关于"傀儡大师乔治·索罗斯"的三集系列节目，把他描绘成控制全球政客的典型犹太金融家。

2011年的一项调查发现，19%的美国人认为"亿万富翁索罗斯是一个阴谋的幕后黑手，旨在破坏美国政府的稳定，控制媒体，并将世界置于他的控制之下"。

独裁者在看着呢

从1955年11月一直到1975年4月，越南战争持续了近20年。1967年，美国国防部长麦克纳马拉（Robert McNamara）成立了一个特别工作组，负责撰写截至当时的越南战争史。这份长达3 000页的研究报告（附带4 000页的支撑文件）于1969年1月完成，就在当选总统尼克松（Richard Nixon）上任前不久。该报告被列为"绝密"，只制作了15份副本。

该报告对战争进行了坦率的评估,包括重述美国政府误导美国人民的几种方式。例如,从1948年到1954年,美国曾秘密协助法国与越南革命者对抗,而且在正式宣战之前,美国自己也曾与越南共产主义者秘密作战。

该报告还指出,在肯尼迪政府执政期间,美国密切参与了1963年刺杀南越总统吴庭艳的军事政变:

> 从1963年8月开始,我们以各种方式授权、批准和鼓励越南将军们的政变努力,并全力支持继任政府。

当林登·约翰逊总统宣称战争的目标是保卫一个"独立的、非共产主义的南越"时,麦克纳马拉却私下告诉约翰逊,这场战争是政府遏制中国的长期政策的一部分。

埃尔斯伯格(Daniel Ellsberg)是一名在兰德公司工作的经济学家和军事分析师,他获得了一份报告副本,并制作了几份影印件,转交给《纽约时报》《华盛顿邮报》(Washington Post)和其他报纸,希望它们的发表有助于结束"一场错误的战争"。

1971年4月,《纽约时报》开始以这些影印件为基础在头版发表一系列文章,这些文章后来被称为"五角大楼文件"。这些内容具有爆炸性,因为它们是政府的官方文件,揭露了美国政府在日益不得人心的越南战争的起源问题上系统性地欺骗了美国公民。

尼克松总统最初的反应可能是对肯尼迪和约翰逊的声誉受损感到满意,因为他非常不喜欢他们。然而,尼克松的顾问基辛格(Henry Kissinger)劝他,如果允许公开政府的绝密文件,将会树立一个不好的先例。政府指控埃尔斯伯格犯有间谍罪、盗窃罪和阴谋罪,并获得了联邦法院禁令,命令《纽约时报》停止刊登"五角大楼文件"。

由于政府行为不当,对埃尔斯伯格的指控最终被驳回。亨特(E. Howard Hunt)和利迪(G. Gordon Liddy)(绰号"水管工",因为他们的任务是修复漏洞)闯入了埃尔斯伯格的精神病医生的办公室,试图获取可以败坏埃尔斯伯格名声的尴尬信息,但没有成功。这是一个奇怪的预兆。次年,他们参与了导致尼克松辞职的"水门事件"。

《纽约时报》和《华盛顿邮报》对停止发表禁令提出上诉,此案很快被移交到最高法院,法院以 6 比 3 的投票结果判决报纸胜诉。大法官布莱克(Hugo Black)在一份激情洋溢的意见书中写道:

> 针对《纽约时报》的禁令本应在案件首次提交时就被撤销,无须进行口头辩论……禁令每延续一分钟……等同于公然地、不可辩解地、持续地违反宪法第一修正案……新闻界是为被统治者服务的,而不是为统治者服务的。

新闻自由之所以被载入宪法第一修正案,是因为人们相信,一个国家的公民应该知道他们的政府为他们做了什么,对他们做了什么,而且希望,如果政府知道它们会被问责,它们就会更好地为公民服务。

技术有能力加强新闻自由。今天的埃尔斯伯格们不需要随身携带长达 7 000 页的文件,也不需要依靠报纸来公布政府不当行为的证据。他们只需在闪存盘或云端拥有一份数字备份,只需在互联网上发布 PDF 文件,并使用社交媒体宣布它们的存在。

不幸的是,技术也有能力让专制政府更有效地监视其公民和压制不同意见。技术往往被用来为统治者服务,而不是为被统治者服务。

2013 年,斯诺登(Edward Snowden)还是一名在夏威夷为美国国家安全局(NSA)工作的计算机情报顾问。当时他看到国家情报总监克拉珀(James Clapper)在回答参议员怀登(Ron Wyden)关于 NSA 是否在收集"数百万乃至数亿美国人的任何类型的数据"的问题。克拉珀在宣誓后回答说："没有,先生,没有有意收集。"斯诺登知道,NSA 实际上正在利用 Facebook、谷歌和微软的服务器追踪在线活动,并强迫美国电信公司向 NSA 提供几乎每一个美国电话和短信的信息,还与澳大利亚、加拿大、英国和新西兰共享全球监控信息,作为"五眼联盟"的一部分。

三天后,斯诺登飞抵香港,将数千份 NSA 机密文件的副本交给了几名记者,这些记者随后在《华盛顿邮报》、《卫报》(*Guardian*)和其他报刊上报道了政府进行监视的故事。与埃尔斯伯格一样,美国政府指控斯诺登犯有间谍罪和阴谋罪。

由于害怕从香港被引渡,斯诺登试图飞往拉丁美洲,中途在莫斯科和哈瓦那停留。他的航班起飞后不久,美国政府就吊销了他的护照,他最终被困在莫斯科。在俄罗斯生活近 10 年后,他于 2022 年获得俄罗斯公民身份。

2020 年 9 月 2 日,美国联邦上诉法院一致裁定,斯诺登披露的批量收集电话数据的行为违反了《外国情报监视法》,并可能违反了宪法第四修正案中关于禁止不合理搜查和扣押的规定。NSA 的批量数据收集计划据报道已经结束,虽然你永远不会知晓——这正是问题的关键所在。如果人们认为政府可能在监控自己所说或所写的每一个字,他们就会进行自我审查,言论自由就会荡然无存。

斯诺登揭露 NSA 的网络监控行为后,"圣战"和"化学武器"等关键词的搜索量骤然下降——毫无疑问,这是因为人们担心自己可能会引起 NSA 的怀疑,从而使自己的所有活动都会受到更严密的监控。

广受好评的电视剧《傲骨贤妻》(*The Good Wife*)中最受欢迎的故事情节之一,就是 NSA 的技术人员窃听女主角的私生活,并以此为乐。这显然引起了观众的共鸣,并加深了他们对 NSA 可能在监听自己对话的恐惧心理。

"鸟儿不是真的！传下去！……"

许多种动物都曾被用于军事行动。一个优点是，人们可能不会想到一只鸟会携带隐藏的摄像头，或者一只猫会被植入监听装置。另一个优点是，动物可以到达人类无法到达的地方。例如，昆虫可以爬过狭小的空间，鲸可以潜入深海。此外，损失一只蝗虫或秃鹫可能没有损失一条人命那么悲惨。

事实上，众所周知，美国军方正在研究用于嗅探爆炸物、携带微型摄像机和窃听装置的赛博格昆虫，不过，当这些传到偏执狂那里时，事实往往敌不过虚构。

2017年，一个大学生发起了"鸟儿不是真的"阴谋论。该理论声称，真正的鸟类被美国政府消灭，取而代之的是伪装成鸟类的无人机，它们从空中监视我们——这赋予了"观鸟"一种全新的内涵。

这一阴谋论还是有一些事实作为支撑的。一个多世纪以来，绑上相机的鸽子一直被用来进行航拍（图3.2）。这一阴谋论认为，政府现在肯定可以制造出体内藏有摄像头的机器鸟。

"鸟儿不是真的"起初是个玩笑，后来逐渐演变成了T恤和帽子的

图3.2　鸽子摄影师

（图片来源：Deutsches Spionagemuseum Berlin/German Spy Museum Berlin）

营销机会。如今，有些人真的相信这一点。即使你意识到"鸟儿不是真的"只是一种讽刺，但如果你花费超过 1 秒钟来思考这件事情，那也说明你可能存在偏执倾向。

全天候监视

互联网没有通过推动有意义的政治讨论来加强新闻自由，而是经常被政府用来对公民进行更严密的监控，并有效地压制言论自由。互联网没有被用来传播真实的新闻和讨论重要的思想，而是经常被用来宣扬奇谈怪论，用无聊的流言蜚语取悦用户。

根据报道，至少从 2013 年起，多国政府（包括美国、印度、阿联酋和几乎所有的欧洲国家）就已从以色列公司 NSO* 集团获得了"飞马"智能手机间谍软件的许可。一旦植入手机（而且，做到这一点出奇地容易；在许多情况下，是"零点击"，不依赖于手机用户做任何事情），"飞马"软件几乎可以监控手机上的所有操作，包括复制文本信息和照片并录下所有的电话通话。此外，它还能激活手机的麦克风和摄像头来录音和拍摄手机所有者的行为。

NSO 声称，根据合约，获得"飞马"软件授权的政府不得将该间谍软件用于除打击"严重犯罪和恐怖主义"之外的任何用途。然而，该软件被一些国家用来监视持不同政见者，甚至被贩毒集团用来监视记者和警察。2021 年，《卫报》报道称，一份泄露的"飞马"软件监视目标名单包括 180 多名为《金融时报》(*Financial Times*)、《纽约时报》、《华尔街日报》、《经济学人》、美国有线电视新闻网（CNN）、彭博社、路透社等媒体工作的编辑、记者和通讯员。

---

*NSO 是一家以色列网络情报公司。NSO 代表 Niv、Shalev 和 Omri，分别是公司联合创始人 Niv Karmi、Shalev Hulio 和 Omri Lavie 的名字。——译者

监控资本主义

不只是政府在监视我们。政府非常了解我们,但是谷歌和Facebook更了解我们。

1961年,时任美国总统艾森豪威尔(Dwight Eisenhower)在全国电视转播的告别演讲中警告了不断壮大的军工联合体——国家武装力量与国防承包商结盟,致力于建造一个昂贵武器的军火库,以使军队更强大、公司更富有、战争更诱人。

2018年,苹果首席执行官库克(Tim Cook)像艾森豪威尔那样警告了不断壮大的数据产业复合体——政府和私营企业结盟,以收集和利用个人数据:

> 从日常信息到极其私人的信息,我们的个人信息正以军事效率变成对付我们的武器。我们不应该粉饰其后果。这就是监视。

大政府和大企业监视我们去哪里、做什么、买什么,以及在电脑、电子邮件和社交媒体上写什么。商家利用这些数据操控我们去买东西。政客们利用这些数据操控我们去支持他们。政府通过让它们的独裁者耳目监控我们来限制我们的行为。

其代价不仅是没必要的消费、不明智的投票和令人窒息的偏执,还包括将资源从真正重要的事情上转移。正如一位前Facebook数据科学家所感叹的那样:"我们这一代最聪明的头脑都在思考如何让人们点击广告。"

谷歌

20世纪90年代初,万维网(WWW)作为科学家们分享信息的便捷方式出现了。很快,每个人都想参与到这个数字沙盒中。随着网络变得越来越大、越来越复杂,人们找到自己想要的东西也变得越来越难。

两位斯坦福大学的研究生佩奇(Larry Page)和布林(Sergey Brin)创造了一种名为网页排名(PageRank)的搜索算法,该算法在网上搜索网页,然后通过计算有多少其他网页链接到这个网页来评估每个网页的重要性。他们将自己的搜索引擎命名为谷歌(Google),这个名字是他们特意把 googol(数字 10 的 100 次方)拼错得来的,因为这个名字"非常符合我们构建超大规模搜索引擎的目标"。

他们的见解既聪明又经济。佩奇和布林决定从斯坦福大学辍学,并筹集了 100 万美元来创办谷歌公司。如今,谷歌是一家市值上万亿美元的公司。

谷歌的搜索算法已经演变得更为复杂,使得谷歌能够在搜索市场中占据主导地位。据估计,在 2022 年,谷歌每秒处理超过 99 000 次搜索请求,即每天有 85 亿次搜索量。这么庞大的用户和搜索结果数据库使得谷歌能够不断改进其算法,并远远领先于潜在的竞争对手。"富人越富"就是这个道理。

谷歌并非以公共服务的形式开展此项工作,而是将个性化信息用于定向广告,将公司与他们希望接触和影响到的人相匹配。正如他们所说,当你使用搜索引擎时,你**不**是客户,你是产品。

有趣的是,作为理想主义的研究生,佩奇和布林撰写了一篇描述谷歌算法的论文,主张搜索引擎应当是无广告、非营利的:

> 当然,这破坏了现有搜索引擎的广告支持商业模式。然而,总会有来自广告商的资金注入,他们希望顾客更换产品或者拥有真正创新的产品。但我们认为,广告问题已经引发了足够多的混合激励,因此,拥有一个透明的、处于学术领域的有竞争力的搜索引擎至关重要。

年轻人的理想主义到此为止。谷歌拥有丰富的产品和服务,虽然我们不清楚其商业模式的具体细节,但可以确信,任何免费提供的东西都被用于数据收集,以增加广告收入。例如:

谷歌邮箱	你发送和接收的每封邮件
谷歌浏览器	你访问的每个网站和在那里做的事情
谷歌文档	你写的每一个字
谷歌表格	你处理的每一个数字
谷歌幻灯片	你准备的每一次展示
谷歌网站	你放在网站上的所有东西
谷歌地图	你去的每一个地方

总而言之,谷歌在2022年提供了近300种产品,估计有18亿人使用谷歌邮箱,超过30亿人使用谷歌浏览器和谷歌地图。

一些数据收集并不广为人知。谷歌建议"Chrome定期扫描你的计算机,唯一目的是检测潜在的不需要的软件",但没有公开的事实是,这意味着谷歌浏览器正在访问你文件里的内容。当谷歌Nest产品中的秘密麦克风被发现时,谷歌半心半意地辩称:"设备上的麦克风从来都不是秘密,应该已被列入技术规格中。"

谷歌秘密收购了万事达卡(MasterCard)的交易数据,以实现广告与销售之间的关联。此外,谷歌还通过发送至谷歌邮箱账户的销售收据来跟踪销售情况。如果你访问这个网页,https://myaccount.google.com/purchases,你可以看到谷歌将你的交易都记录了下来,还有一则不太令人放心的说明:"我们整理了你使用搜索、地图和谷歌助手进行的购物记录,以帮助你把事情处理好,比如追踪包裹或重新订购食物。"谷歌通过收购菲特比特(Fitbit)获得了个人健身数据,并通过一个名为"夜莺"(Nightingale)的秘密项目从21个州的医疗服务提供商那里获取了数百万份医疗记录(包括实验室结果、药物和医生诊断结果)。

大约10年前,谷歌执行主席施密特(Eric Schmidt)就预见到这样一个令人担忧的未来:

> 未来将会有一种包含网上所有活动和关联的记录,而且添加到互联网的一切都将成为永久信息库的一部分……人们将对他们自己过去和现在的虚拟关联负责,这几乎给所有人都增添了风险,因为人们的在线网络往往比他们的现实网络更广泛、更分散。

你会习惯的

在伍迪·艾伦(Woody Allen)执导并主演的电影《安妮·霍尔》(*Annie Hall*)中,他回忆起童年时在科尼岛大型过山车"雷霆"下生活的经历。这一虚构回忆的灵感来自现实,那就是在"雷霆"过山车下确实有一座房子。

这座房子是先有的,建于1895年,当时命名为肯辛顿酒店。1925年,乔治·莫兰(George Moran)买下了这家酒店,考虑到海滨土地稀缺且价格昂贵,他决定在酒店上方修建一座过山车。正如图3.3所示,酒

图3.3 "雷霆"过山车

店二楼被拆除,支撑过山车的钢梁直接穿过了房子,乔治和他的妻子莫莉(Molly)就住在这座房子里。

乔治去世后,他的儿子与一位来自科尼岛的女服务员搬进了这座房子,他们在"雷霆"过山车下生活了40年。亲戚们还记得墙上固定着的装饰瓷器,一盏摇曳却从未破裂的枝形吊灯,人们在享用蛋糕和咖啡之际,坐过山车的人在他们头顶几英尺高的地方尖叫。他们表示:"过一段时间,你就会习惯的。"

为什么人们会选择住在"雷霆"过山车下呢?为什么人们会同意让科技公司侵犯他们的隐私呢?很多时候,答案是"你会习惯的"。习惯它可能比改变它更容易——但这不是一种快乐的生活方式。

启示

科学的显著成就极大地改善了我们的生活,而科学家的社会经济地位也理所当然地得到了提升——这可能引发嫉妒,甚至蔑视。这样的成功使科学家成为攻击的目标。

对科学的不信任是更普遍的民粹主义针对政治、经济和技术官僚精英进行的反击的一部分。科学家接受良好的教育,获得好的工作,并过上优越的生活。他们通常为政府工作或由政府资助。对许多人来说,对科学的不信任是对政府的不信任的一部分,这些人认为政府有太多的规章制度,包括高额的汽油税、繁琐的建筑规范以及强制性的疫苗接种。在某种程度上,科学研究被政府用来为人们不喜欢的政策辩护,于是科学被视为问题的一部分。

科学创造了企业和政府用来监视(没有更好的词语来形容了)我们的工具。他们还创造了互联网和社交媒体,最偏执的人利用它们传播阴谋论,诋毁科学家,并散播不信任的种子。

第四章

后真相世界

在1974年"水门事件"听证会期间,印第安纳州众议员兰格雷布(Earl Landgrebe)夸耀称,无论是录音带还是任何其他牵涉尼克松总统的证据都无法说服他:"请不要用事实来迷惑我。我的思维已经定型了。"为了强调这并非随意的言辞或口误,他向记者和《今日》(Today)电视节目重申了这一声明。兰格雷布并非首个(也不会是最后一个)说出这番话(或者与之密切相关的类似表达)的人:"请不要用事实来迷惑我,我意已决。"实际上,你可以购买到印有这些愚蠢言论的T恤、咖啡杯,以及其他商品。

遗憾的是,这种漠视事实的态度已经不再是孤立或有趣的现象。拥有柏林科学院物理化学博士学位的默克尔(Angela Merkel)在担任德国总理期间曾警告称,以证据为基础的政府政策正面临着意识形态优先于科学知识的"后真相世界"的威胁。

世界上唯一可靠的新闻

英国小报《太阳报》(The Sun)经常刊载各种没有事实依据的胡说八道,并长期在免责声明中指出:"《太阳报》的故事旨在娱乐,涉及奇幻、怪异和超自然……读者应为了享受而暂时放弃信仰。"表述得十分明确。

接下来是美国的《世界新闻周刊》(Weekly World News)。其与众不同的一个特点是，完全采用黑白相间的版面设计，因为如果故事内容足够丰富多彩，就无须依赖色彩来吸引读者。另一个与众不同的特点是，把刊头吹嘘的"世界上唯一可靠的新闻"和耸人听闻的故事结合在一起。当一位编辑被问及此问题时，他回答道："人们对我说，你是否真心相信这些报道？……老天在上，我们是在**娱乐**大众。"正如马克·吐温（Mark Twain）所言："永远不要让真相妨碍一个好故事。"

在1990年接受采访时，这位编辑解释说："对于很多人来说，《世界新闻周刊》是他们唯一的娱乐……就像一个居住在西弗吉尼亚州农村的乡下人，每年只看一部电影，只拥有一台黑白电视。他从这份每周55美分的报纸中获得了真正的乐趣。这个国家有很多人从未听过那些严肃报纸上所报道的国家，如尼加拉瓜或爱沙尼亚——但**每个人**都能读懂一个幽灵附身的烤面包机的故事。"

其中一个供人娱乐的故事题为《外星正牙医生安全回家！》，该文章讲述了南达科他州的一位正牙医生被叫作古坦人的外星人绑架的故事，他在成功矫正了外星人的牙齿后顺利返回地球：

> 古坦人决定把考利（Cawley）送回家。他安全抵达并与家人和朋友团聚。然而，他深信自己很快会再次遭到绑架。一旦其他古坦人看到我所做的工作，我相信他们都会想要戴牙套的。

另一篇文章提供了"如何判断你的邻居是不是僵尸"的有用建议：

> 华盛顿特区的研究人员罗斯基尔（Joh Roskier）指出："人们普遍认为，远离美国南部或新墨西哥州的某些地区就不用太担心会出现僵尸。不幸的是，这个想法行不通了。"

识别僵尸邻居的首要准则是："即使你正在讲述一个精彩绝伦的故

事或笑话,你也会经常发现他们茫然地凝视着远方。"

《世界新闻周刊》似乎是类似于《疯狂》(*Mad*)、《国家讽刺》(*National Lampoon*)或《洋葱》(*The Onion*)的讽刺报纸,然而有些人却以认真的态度对待它。2010 年,《世界新闻周刊》关于洛杉矶警察局计划花费 10 亿美元购买 1 万个喷气背包(钢铁侠要小心了!)的故事被早间新闻节目《福克斯和朋友们》(*Fox & Friends*)报道。2011 年,《世界新闻周刊》的一个故事称,扎克伯格要关闭 Facebook,原因是他面临巨大的管理压力:"如果用户想再次看到他们的照片,我建议把照片从互联网上撤下来。一旦 Facebook 倒闭,他们就无法再拿回这些照片了。"某些媒体将这个故事作为真实事件进行报道,并在 2012 年《世界新闻周刊》重刊这个故事时又报道了一次。

假新闻存在市场需求。不幸的是,当人们无法区分真假或更倾向于假新闻时,情况就会变得混乱不堪。

造假元勋:本杰明·富兰克林

人们评价本杰明·富兰克林(Benjamin Franklin)时,常说他"具备清教徒的美德,却未沾染清教徒的缺陷,拥有启蒙运动的光辉,却不过分狂热"。他取得了众多成就,包括发明避雷针、双光眼镜和富兰克林炉。此外,他还编造过一则故事,讲的是与英国结盟的印第安人剥下了数百名美国殖民者的头皮。

英军在约克镇投降后,美国代表富兰克林、杰伊(John Jay)、亨利·劳伦斯(Henry Laurens)和亚当斯(John Adams)于 1782 年 4 月在巴黎展开和平条约的谈判。为了获得有利条件,富兰克林秘密地在《波士顿独立纪事报》(*Boston Independent Chronicle*)上发布了一份假的单页"增刊"(全是虚假广告)。

增刊中的一篇文章是一封伪造的美国军官写给他的指挥官的信

函,信中描述他截获了向加拿大的英国总督运送数百人头皮的货船:

> 惊恐地发现,在这些包裹中,有8个大包裹,里面装着我们不幸的郡民的头皮。这些头皮是塞内卡印第安人在过去三年从纽约、新泽西、宾夕法尼亚和弗吉尼亚的边境居民身上割下来的,作为礼物送给加拿大总督哈尔迪曼德(Haldimand)上校,以便由他转交给英格兰……在某个漆黑的夜晚,将它们全部悬挂在圣詹姆斯公园的树上,早晨即可从国王和王后的宫殿中看到。

信中还描述了数以百计的士兵、农民、妇女、儿童和未出生胎儿的头皮的恐怖细节。例如,说第4个包裹

> 装了102个农民的头皮……18个标有黄色的小火苗,表示他们在被剥去头皮、被连根拔去指甲以及遭受其他折磨后,被活活烧死……

富兰克林将这份伪造的增刊邮寄给了多位收件人,并成功地使其在欧洲和美国的数十家报纸上发表。

事实上,美国谈判代表确实从英国人那里获得了极其有利的条款,但无法确定这些条款在多大程度上受到富兰克林恶作剧的影响。

可以肯定的是,如今,用假新闻触及广泛的受众更加容易了。

@美国

互联网为真正的言论自由带来了可能性和希望,让全世界的人都能听到不受政府官员审查的真相——毕竟,信息就是力量。那些受极权主义政府压迫的人将能够看到其他人的生活方式,并受到启发,从而提出更多的要求。那些被骗的人将会看到真相。

然而,事实并非就是如此。相反,互联网促进了虚假信息的快速而

广泛的传播,既通过恶作剧者,也通过意图不轨者。

虚假信息媒体

热斯坦·科勒(Jestin Coler)在印第安纳州长大,后来与妻子和两个孩子以及一辆小型货车定居于洛杉矶郊区。他一直对讽刺写作充满兴趣,2013年,他意识到虚假新闻故事在互联网上广泛流行:

> 这些网站会将真相的核心扭曲成完全虚假的故事,来激发人们的兴奋之情。对此我非常感兴趣,并花时间进行研究……最终,我决定也加入其中。

用自己编造的名字艾伦·蒙哥马利(Allen Montgomery)以及一个看起来可信的网站"国家报道"(NationalReport.net),科勒和其他一些讽刺作品爱好者创作了一系列吸引另类右翼观众的虚假故事,并看着他们上钩:

> 我们的初衷是建立一个网站,它能够渗透到另类右翼群体中,并发布明显虚假或虚构的故事,然后能够公开谴责这些故事并指出它们是虚构的。

不久,他意识到不仅可以恶搞另类右翼,还能通过广告销售赚钱。他创办了一家名为"虚假信息媒体"(Disinfomedia)的公司,在2016年美国总统大选之前,他已有25个写手为20多个网站制作虚假新闻,每月广告收入约为3万美元。这些网站的名称听起来合法——NationalReport.net、USAToday.com.co、WashingtonPost.com.co,以及Denver Guardian("丹佛市最古老的新闻来源和美国历史最悠久的日报之一")——它们的页面浏览量接近1亿。

科勒的网站不讲《世界新闻周刊》讲的外星人入侵故事,但它们的故事同样稀奇古怪:

穆斯林面包店拒绝为退伍军人制作美国国旗蛋糕

白宫计划招募非法移民来保卫国家边境！

奥巴马（Obama）总统在7月4日的演讲中提倡吃狗肉

科勒发表了一份免责声明："'国家报道'网站中的所有新闻文章都是虚构的，而且大概都是假新闻。"读者要么没有注意到，要么不在乎。与《世界新闻周刊》的情况一样，主流媒体将科勒的一些假故事当作真事进行传播。一篇报道称，亚利桑那州要求学校开设同性恋向异性恋转变的课程。另一则报道称，奥巴马总统将亲自出资维持穆斯林博物馆的开放。

2016年大选前两天，科勒的一个网站发表了一篇文章，标题是"涉嫌希拉里邮件泄露事件的联邦调查局特工被发现死于明显的谋杀后自杀"。这个故事在Facebook上被分享了约50万次，有160万人看过，这促使美国国家公共电台（NPR）发起了一项调查，追查这篇文章的作者艾伦·蒙哥马利。选举结束两周后，他们报道说，发现科勒（艾伦·蒙哥马利）住在洛杉矶郊区一所朴素的房子里，房子外有一块没有浇水的草坪和一面巨大的美国国旗。他家"在一个中产阶级聚居区，周围都是色调柔和的单层海滩平房"。

身份曝光后，科勒遭到严重的骚扰，以至于不得不更换电话号码并搬迁住所。他关闭了他的所有网站，除了"国家报道"，该网站现在发表的讽刺文章更加纯粹简洁：

克里斯蒂（Chris Christie）当选最高食品法院法官

数百万人哀悼的71岁摇滚歌手兼活动家纽金特（Ted Nugent）仍然健在

35岁男子被母亲从她的房子的地下室赶出后起诉母亲

他将"国家报道"的口号从"美国第一独立新闻团队"改为"美国**最**

不可靠的独立新闻来源"。

当科勒为哈佛大学尼曼新闻基金会撰写评论文章时,他被描述为"一个正在恢复中的虚假新闻出版商"。

事实证明,有很多像科勒这样的人,他们利用公众对虚假新闻无法抑制的渴望来赚钱。最成功的故事是耸人听闻的,但可能是真实的,并能加强许多人的信念。联邦调查局特工谋杀/自杀故事证实了许多人的信念,即希拉里·克林顿(Hillary Clinton)的电子邮件泄露事件是一起被掩盖的重大罪行,而且多年来,几起谋杀和自杀事件都与克林顿夫妇有关。

大选之后被分享的最热门的假新闻之一是:

美国有线电视新闻网(CNN):"喝醉的希拉里"在选举之夜把比尔·克林顿(Bill Clinton)打得屁滚尿流

它有一个虚假来源(被普遍视为自由派媒体的 CNN),以及希拉里在意外落败后情绪崩溃并殴打她那花心丈夫的逗人形象。谁不想阅读并分享这个故事呢?

恶作剧艺术家:保罗·霍纳

《华盛顿邮报》将保罗·霍纳(Paul Horner)戏称为"恶作剧艺术家"。他自称在 2016 年大选期间凭借编写虚假故事月赚 1 万美元。尽管他的虚假故事本意是讽刺极右翼,但往往被人认真对待,并在互联网上广泛传播,使其恶作剧被推至谷歌搜索结果的首位。

霍纳的主要网站是 https://abcnews.com.co,该网站看起来与真实的美国广播公司(ABC)网站相似,但末尾加了一个".co"。他的报道经常使用虚假署名"Jimmy Rustling, ABC"(美国广播公司吉米·拉斯特林),并且总会在故事中提到霍纳的名字。

总统大选前一周，霍纳发表了一篇文章，标题是"美国的阿米什人投票给唐纳德·特朗普，从数学上保证他赢得总统大选"。所谓的作者还是 ABC 新闻部门的吉米·拉斯特林。

阿米什人通常不投票，但这则新闻报道了这一点：

"在过去的 8 年里，民主党对圣经的美德发起了系统性的攻击，"[美国阿米什兄弟会]主席门诺·西蒙斯（Menno Simons）说，……"现在，他们想让一位女性担任国家的最高领导职务，这直接违反了《提摩太前书》（2：12）。我们需要阻止这种攻击，为圣经原则挺身而出。特朗普已经在行动和作为上表明，他致力于将这个国家恢复到上帝的道路上……"

根据 fivethirtyeight.com 网站统计学家西尔弗（Nate Silver）的说法，在特朗普获得阿米什人选票的情况下，希拉里·克林顿不可能获胜……

37 岁的保罗·霍纳自称"从第一天起就是特朗普的支持者"，他对哥伦布市当地新闻台 WBNS-10TV 的记者埃尔南德斯（Leilani Hernandez）说，他很高兴的是，特朗普将成为下一任总统。

"……11 月 8 日那天我要上班，请假对我来说很困难……但是现在，多亏这个国家伟大的阿米什人，他们为特朗普战胜狡诈的希拉里锁定了胜局，我就不用请假了！上帝真好！"

……[阿米什兄弟会]每周为那些希望支持他们的人选择慈善活动。10 月 30 日这一周，[阿米什兄弟会]的慈善活动是"传递袜子"，这是一个为无家可归者提供全新袜子的慈善项目。如果您有兴趣了解更多关于阿米什社区和兄弟会的信息，您可以联系宾夕法尼亚州阿米什遗产博物馆，电话：(785)273-0325。

这是霍纳最喜欢的电话号码之一,通向堪萨斯州托皮卡市的韦斯特波罗浸信会(Westboro Baptist Church)。该浸信会由一个名叫费尔普斯(Fred Phelps)的派头十足的律师领导,大约有70名成员,几乎都是费尔普斯的亲戚。浸信会成员经常在葬礼、音乐会和堪萨斯城酋长队的橄榄球比赛中举行抗议活动,被称为"美国最令人讨厌、最狂热的仇恨团体"。该浸信会在葬礼上的抗议非常令人讨厌,以至于几个州通过了法律,专门禁止在葬礼附近示威游行。然而,美国最高法院以8∶1的投票结果裁定"韦斯特波罗……根据宪法第一修正案,有权得到'特别保护',而且这种保护不能因陪审团认定抗议行为过分而被推翻"。

你相信谁?

一项研究利用6个独立的真相核查机构对Twitter上从2006年开始到2017年发布的新闻故事进行了调查,以确定这些故事的真假。他们得出结论:"虚假信息明显比真相传播得更远、更快、更深、更广。"真实的故事很少传播给1 000人以上,但排名前1%的虚假故事通常会传播给1 000至10万人。

新闻聚合网站BuzzFeed将2016年Facebook上20条最热门的虚假选举新闻与20条最热门的主流选举新闻进行了对比。图4.1显示,截至11月8日大选当天,用户对虚假新闻的参与度(分享、反应和评论)超过了主流新闻,分别为870万次和730万次。

对传统新闻来源日益增长的不信任是虚假新闻成功的原因之一。盖洛普(Gallup)组织几十年来一直在问这个问题:

> 一般来说,当涉及全面、准确且公平地报道新闻时,你对大众媒体(如报纸、电视和广播)有多少信任和信心:非常多,相当多,不太多,或根本没有?

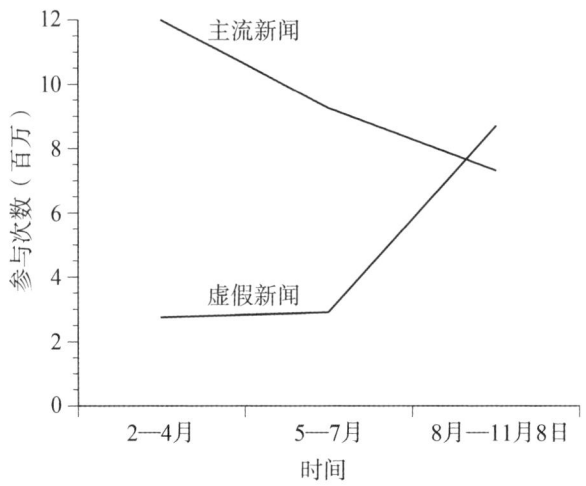

图 4.1　2016 年，Facebook 用户的选举新闻报道参与度

图 4.2 显示，在 20 世纪 70 年代早期，回答"非常多"的比例为 18%，回答"根本没有"的比例仅为 6%。50 年之后，"根本没有"的比例上升至 33%，而"非常多"的比例下降至 9%。关于电视新闻，2020 年的调查结果显示，只有 18% 的人持正面态度，76% 的人持负面态度（还有 6% 的人无意见）。与此相反，另一项调查发现，45% 的 Facebook 用户相信他

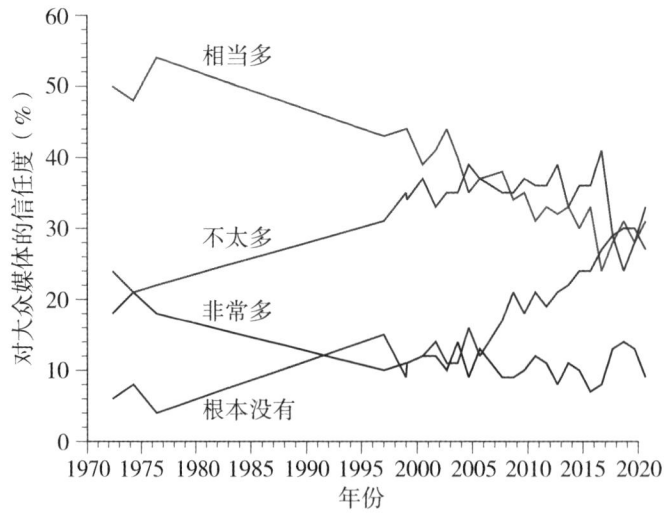

图 4.2　对大众媒体的信任度

们在 Facebook 上看到的至少一半的新闻报道，并且 76% 的人认为自己能够区分真实新闻和虚假新闻。

外国演员

2016 年总统大选结束三周后，《纽约时报》刊登了一篇名为《虚假新闻香肠工厂内幕》的报道，讲述了格鲁吉亚 22 岁的大学生拉特萨比泽（Beqa Latsabidze）的故事。2016 年初，随着美国总统竞选活动愈演愈烈，拉特萨比泽创建了一个网站，希望通过赞扬希拉里的虚假报道获得广告收入。这个计划以失败告终。于是，他反其道而行之，发布了赞扬特朗普并攻击希拉里的虚假新闻。他的许多故事都是对加拿大人伊根（John Egan）创建的一个在线幽默新闻网站"伯拉德街日报"（The Burrard Street Journal）上的讽刺文章稍加改编后的作品，《纽约时报》由此写道：

> 在互联网盗版经济中，我们可以观察到假香肠中的肉是如何被细致地磨碎的。其中，加拿大的讽刺作品能够被一个来自格鲁吉亚的大学生当作真实新闻使用，以吸引那些轻信的美国读者的点击。

拉特萨比泽的网站蓬勃发展。一篇恶作剧报道称："墨西哥政府宣布，如果特朗普当选美国总统，他们将对美国人关闭边境。"这是 2016 年 5 月至 7 月分享量排名第三的故事。

拉特萨比泽告诉《纽约时报》："对我来说，这一切都是为了收入，仅此而已。"他通过反复试验了解到，特朗普的支持者"很愤怒"且"渴望读离谱的故事"，所以他给了他们想要的东西。拉特萨比泽并不是唯一一个利用美国人对假新闻的贪婪胃口牟利的企业家。

有 100 多家支持特朗普的假新闻网站设在韦莱斯，这个位于巴尔干半岛的马其顿小镇有 4.5 万居民。韦莱斯的失业率为 24%（年轻人中接近 50%），而且即使是那些有工作的人，平均月收入也不到 400 美元。对许多人来说，通过推广虚假新闻故事每月赚 1 000 美元甚至更多的诱惑是无法抗拒的。

一个年轻女性为他们的行为辩解："我们无力购买任何物品，如果美国人不能分辨［真假新闻之间的］差别，那是他们的错。"另一个年轻的马其顿人说："我们城市的青少年并不关心美国人如何投票。他们只对赚钱和可以购买昂贵的衣服、饮料感到满足！"

伦敦记者苏布拉马尼亚（Samanth Subramanian）在《连线》（Wired）杂志上撰文感叹道：

> 这就是这件事令人不安的核心：互联网让这些年轻人搞到钱满足其物质欲望变得如此轻而易举，而他们的行为对产生如此重大的后果起了推波助澜的作用。

现在看来，这个故事可能比前文所述更复杂。BuzzFeed 新闻和其他媒体的调查发现，韦莱斯的假新闻产业背后有一些"秘密玩家"，其中包括一些俄罗斯人和美国人，他们不是为了钱，而是为了帮助特朗普击败希拉里。

当特朗普在 2020 年竞选连任时，马其顿人回来了，尽管他们努力把自己伪装成普通的美国人。例如，"抵制主流媒体"网站的"关于"页面给出了一个得克萨斯州奥斯汀市的邮寄地址并说：

> "抵制主流媒体"是一个为那些对主流媒体完全失去信任的人服务的网站。我们的使命是报道主流媒体不会报道的新闻。
>
> RTM 项目是在其创始人经历了大型科技公司的严格审查后创建的。

斯坦福大学的研究人员将该网站追溯到韦莱斯,它由两个马其顿人运营。

因为金钱

美国人似乎对纪念品有着永不满足的需求,不管它制作得多么廉价,或者看起来多么俗气。一些人是在为他们的怀旧岁月做准备;一些人则认为,通过购买可能会升值的收藏品,他们正在做一项明智的投资。

问题在于,正如本书引言中所讨论的那样,一项投资的内在价值取决于它能产生多少收益。股票、债券、房产和盈利的企业都有内在价值。纪念品则没有,它们依赖于"更大傻瓜理论"。如果没有傻瓜出现,纪念品收藏者就只能被这些廉价俗气的小玩意儿困住。

在互联网的帮助下,骗人的纪念品小贩可以出现在世界任何地方。一个突出的例子是许多印有特朗普肖像的硬币状小饰品。图 4.3 中的特朗普硬币显然是在模仿图 4.4 中的肯尼迪半美元硬币。肯尼迪硬币是法定货币,由 90% 的银制成;特朗普硬币是纪念币,据说是表面镀金的。

特朗普硬币在一些谴责 2020 年大选、警告疫苗的危险、将硬币吹捧为"真正总统的连任纪念币"的网站上销售。一些网站认为,特朗普硬币可能会成为一种加密货币,尤其是如果特朗普再次成为总统的话。在我写到这儿时,亚马逊上的价格是 7.95 美元。在另一个网站上,这种硬币是免费的(外加 9.99 美元的运费和手续费)。

一则广告吹嘘道:

> 高质量的工艺:每枚硬币都是镀金的,并按照严格的标准制作,以确保你的硬币能够持久保存很多年。

然而,在顾客的评论中,有这样一条3星推荐语:

> 如果你决定购买这些,我建议多买几个,并留下瑕疵最少的那一个。我买了4个,其中一个在他的脸上有气泡,另一个的边缘看着像是有锈迹,还有一个背面有清晰可见的划痕,签名附近有一团黏糊糊的东西。

(我想知道,得到3星以下评价的硬币会是什么样。)

图4.3 特朗普硬币

《纽约时报》的一项调查追踪了一系列错综复杂的线索:"逐渐清楚的不仅是该硬币不同寻常的来源,还有整个虚假信息供应链,其中几乎每一步都依赖于谎言和假消息。"这些虚假信息包括虚假的名人账号,其中有一个名为RealDenzelWashington的账号,自称是演员丹泽尔·华盛顿(Denzel Washington),他在抨击民主党人:

民主党人都是骗子！我无法忍受他们的议程和不断的谎言，所以我决定帮助特朗普团队！我把自己的注意力转向了正确的方向！献给那个最值得拥有它的人，那个照顾我们的人民和国家的人。真相会让我们获得自由，真相是特朗普总统是我们国家最好的领导者。

图4.4 肯尼迪半美元硬币

在激烈抨击之后，该账号预测特朗普硬币将很快取代政府的货币。《纽约时报》给出了另一个反映虚假信息深度情况的例子：

在一篇帖子中，一个假账号伪装成与特朗普关系密切的佐治亚州共和党众议员马乔里·泰勒·格林（Marjorie Taylor Greene），在一个假的福克斯新闻网站上分享了一则虚假故事，内容是假马斯克发的一条假推文，谎称特斯拉的首席执行官很快就会接受特朗普硬币作为支付方式。

顺着一条又一条线索,《纽约时报》追踪到这种硬币的源头是一家罗马尼亚网络营销公司——石力媒体(Stone Force Media)。尽管充斥着各种政治上的叫嚣和狂言,但这家公司显然只是为了钱。

《纽约时报》还找到了一位硬币专家,他使用设备检测了硬币中的贵金属:

> 他没有找到金或银。这种硬币还具有磁性,表明它主要是由铁制成的。[另一位专家]用硝酸溶液测试了硬币。他在特朗普的金色头像上滴了一滴液体后,该区域变暗、起泡,然后变成绿色。
>
> "这是油漆。"他得出结论。
>
> 那么它值多少钱?
>
> "一文不值。"他说。

引领趋势

网络战士并非为金钱而活动。除了入侵系统窃取信息或破坏网络之外,网络战越来越侧重于利用社交媒体塑造人们的政治观点,破坏他们对整个社会尤其是政府的信任。

Twitter、Facebook、Instagram 和其他社交媒体平台通过监控单词、短语和话题标签来维护会吸引用户关注的热门("趋势")话题列表。接下来,政府或非政府用户可以利用自己的忠实粉丝、网络战士和机器人账号(模仿人类的算法)来"引领趋势",以便迅速向广大受众传播宣传。

空军军官普里尔(Jarred Prier)2017 年发表在《战略研究季刊》(*Strategic Studies Quarterly*)上的一篇文章深入研究了网络战。他认为,"谁控制了趋势,谁就控制了叙事——最终,叙事控制了人民的意志。"

2017 年的一项研究估计，有 4 800 万个 Twitter 账号（占所有账号的 15%）是机器人账号。一些机器人账号被广告商使用，很多都被用于恶意宣传虚假的叙事。2020 年，卡内基梅隆大学的研究人员研究了 2 亿条关于新冠疫情的推文，估计其中有 45% 至 60% 来自机器人账号，最有影响力的新冠疫情信息转发者中有 82% 是机器人账号。关于新冠疫苗的错误信息铺天盖地，以至于媒体真相网站 NewsGuard 有一个栏目专门用来驳斥关于新冠的谬论。在我写到这儿时，已经有 47 个谬论，包括以下两个弥天大谎：

> 新冠疫苗导致 97% 的接种者不孕不育。
> 死于新冠疫苗的人数超过死于病毒本身的人数。

在 2016 年总统竞选期间，希拉里有自己的机器人账号大军试图引领趋势，但牛津大学的研究人员估计，支持特朗普的机器人账号数量是支持希拉里的机器人账号数量的 5 倍。

抹黑运动

自政治开始出现以来，抹黑运动就一直存在。在 1800 年杰斐逊（Thomas Jefferson）和在任总统亚当斯的总统竞选中，亚当斯的一个支持者这样评价杰斐逊：

> 他只不过是一个卑鄙、卑贱的家伙，是一个混血印第安女奴的儿子。父亲是弗吉尼亚的黑白混血儿，这一点在他长大的地方是众所周知的。他只吃玉米饼（用磨碎的南方玉米做的）、培根和玉米粥，偶尔也吃炒牛蛙换换口味，因为他在巴黎与法国人住在一起时，对这种令人讨厌的爬行动物很有兴趣。毫无疑问，如果他当选总统，他会在别人向他支付首期现金之后就把国家卖了。

杰斐逊的支持者卡伦德(James T. Callender)出版了一本小册子,把亚当斯总统描述为一个"又瞎、又秃、又瘸、又没牙的人,是一个丑陋的雌雄同体角色,既没有男人的力量和坚定,也没有女人的温柔和感性"。卡伦德随后因违反《外国人法》和《煽动叛乱法》而入狱。杰斐逊当选总统后,将卡伦德赦免。由于杰斐逊拒绝了他担任里士满邮政局局长的要求,卡伦德又把矛头指向了杰斐逊,并透露杰斐逊曾为他攻击亚当斯的行为买单。

在互联网出现之前,抹黑运动很难获得关注并影响到广泛的受众。现在不再是这样了。

希拉里在 2016 年的一次演讲中将特朗普的一些支持者形容为"可悲之人",之后这个词成为互联网上的一个战斗口号,用户把"**可悲的**"当作自己网名的一部分。据估计,以"可悲的"作为网名的铁粉、虚假账号以及机器人账号约有 20 万。

比萨门

特朗普在《走进好莱坞》(Access Hollywood)录像带的一段录音中发表了针对女性的粗鲁言论,为了掩盖其曝光后的负面反应,最有效的虚假宣传运动之一被发起。利用维基解密,网络喷子公布了从希拉里竞选主席波德斯塔(John Podesta)那里窃取的电子邮件,这些电子邮件经过了歪曲处理,以暗示各种丑闻或腐败活动。其中最著名的是一封被盗的电子邮件,邮件邀请家人去一个朋友家参加派对,派对的比萨来自一家名为"彗星乒乓"的商店。这封无辜的电子邮件被故意曲解为邀请参加恋童癖性派对的密码,并通过热门话题标签 #PodestaEmail 和一个新话题标签#PizzaGate 传播。很快,假消息就流传开来,包括"来自联邦调查局的一个消息来源表明……一个庞大的贩卖儿童和恋童癖性交易团伙在华盛顿特区活动……以克林顿基金会为幌子"。

在希拉里竞选失败一个月后，一个来自北卡罗来纳州有两个孩子的28岁父亲决定亲自解放那些在"彗星乒乓"比萨店地下室里被虐待的孩子们。他带着一把AR-15半自动步枪、一把"点三八"手枪和一把折叠刀，开车前往餐厅，准备成为英雄或拼死一试。进入餐厅后，他开枪打开了一扇上锁的门，并对着一张桌子和一面墙壁开了两枪。上锁的门后面是烹饪用具。他找不到地下室，因为根本就没有地下室。

在他被捕后，他承认"有关此事的情报并非百分之百准确"，但他并没有排除恋童癖性交易团伙存在的可能性，因为他所证明的只是，当他闯入时，那里没有孩子。一些同情者表示，他的行为实际上是民主党精英们安排的一次"伪旗行动"，目的是抹黑他们的主张。（"伪旗"这个标签来自掩饰自己隶属关系的诡计。例如，悬挂中立国国旗的海军军舰。）

"比萨门"事件很快演变成QAnon*，它将阴谋延伸到克林顿夫妇之外，并找到了乐于接受的受众。2021年美国公共宗教研究所（PRRI）的一项调查发现，16%的人完全或在很大程度上同意："美国的政府、媒体和金融界被一群崇拜撒旦的恋童癖控制，他们在全球范围内进行儿童性交易活动。"

后真相世界

乐观主义者曾经相信，在舆论的法庭上，好的信息会战胜坏的信息。现在看来，情况正好相反——我们生活在一个人们相信虚假故事、

---

* QAnon 由 Q 和 Anon 组成。Anon 是 anonymous（匿名者）的缩写，Q 则代表一个神秘的匿名者。QAnon 起源于2017年，是一种极右翼阴谋论框架。其核心理念是，美国政府内部存在一个由撒旦信徒、食人魔和恋童癖组成的邪恶组织。——译者

忽视真实故事的后真相世界。事实上,《牛津英语词典》(Oxford English Dictionary)将"后真相"选为2016年度国际词。

Facebook、Twitter、Instagram和其他社交媒体平台的承诺是,它们可以让朋友和家人通过分享他们生活中的事件(一条新狗、一次生日聚会,甚至是午餐吃了什么)来拉近彼此之间的距离,维持和培养社会关系。当Facebook上市时,扎克伯格发表了一份意向声明,反复强调分享的公共力量:

> 在Facebook,我们开发工具来帮助人们与他们想要联系的人建立连接,并分享他们想要分享的东西,通过这样做,我们正扩展人们建立和维持关系的能力。

这肯定是企业的一派胡言,而且也极度天真。

一个很容易预见的结果是摆拍带来的诱惑——为了使自己看起来比实际上更快乐、更成功,我们会根据需要夸大或缩小自己的形象,这会促使其他人也这样做。我比你更开心,我比你更成功,我比你更幸福。

当Facebook推出"点赞"然后是"分享"按钮而Twitter推出"转发"按钮时,这种虚荣竞争变得更加激烈。人们的目标从在家人和朋友之间分享和炫耀,变成通过"走红"来成为社交媒体名人,并通过发布说服陌生人点击按钮的内容来积累粉丝。昂贵的聚会或度假的照片已经不够了,他们甚至会去引发网络暴民的激烈反应。

夸张、噱头和不诚实反而会得到奖励。

我们看到的是有趣并且支持我们信仰的标题党内容。我们点击、阅读,对我们的信仰得到确认感到满意,并与志同道合的人分享链接。持有不同信仰的人会被引导到不同的链接,他们将其与同意他们观点的人分享。社交媒体并不是在培养共同的情感,而是在趋向部落化,世界变得日益分裂为一个个坚信自己对而他人错的群体。

在社交媒体上遏制虚假信息的传播是非常困难的。Twitter 几乎不可能暂停那些流行且合法的标签。它也不想关闭机器人账号,因为广告商还要依赖机器人账号为自己造势呢。虽然可以取消"趋势"功能,但数以百万计的用户还是希望每天看到发送的数亿条推文中的热门内容。

大多数大型社交媒体和互联网平台最看重的是用户参与度。用户参与的时间越长,公司可以收集和销售的数据就越多。不幸的是,让人们持续参与的最可靠的方法之一就是向他们灌输耸人听闻的谎言。Facebook 前高管古德拉特(Bobby Goodlatte)在对 2016 年总统大选的事后分析中哀叹道:"正如我们在这次选举中所了解的那样,胡说八道极具吸引力……我们的新闻环境鼓励胡说八道。"

虚假信息的洪流过去还略受炮制假新闻的人数的限制。但现在,计算机算法可以生成几乎无限量的虚假信息。

2021 年,苹果首席执行官库克直言不讳:

> 在这个由算法驱动的虚假信息和阴谋论猖獗的时代,我们再也不能对一种技术理论视而不见,这种技术理论认为,所有参与都是好的——参与时间越长越好——其目的是尽可能多地收集数据。
>
> 看到成千上万的用户加入极端组织,然后维持一个推荐给你更多内容的算法,会有什么后果呢?这种传播方式会以两极分化、失去信任,当然还有暴力作为代价,我们早就不该假装毫无代价了。

在社交媒体之外,虚假故事通过 Netflix、亚马逊 Prime、Hulu、YouTube 视频和其他流媒体服务平台得以传播,这些平台提供夸大事实和半真半假的假纪录片。如果你观看了其中一部，平台会推荐你看更多。一直看就一直推荐。看得足够多了，就会开始觉得这些废话是真的。谎言一遍又一遍地说，最终会被当成事实。为了进一步推销谎言，假纪录片还配有虚假评论，这些评论赞扬视频的内容并抨击那些据称试图压制真相的精英。

特朗普与新冠疫情

特朗普担任第 45 任美国总统时期是政治与科学发生冲突的一个研究案例，这种冲突损害了科学家的信誉并危及普通公民。

2020 年 2 月，当新冠疫情袭击美国时，股市暴跌 32%，显然预期这将对经济造成严重破坏。在研制出有效的疫苗之前，最好的策略似乎是三管齐下：检测、戴口罩和保持社交距离。特朗普政府不喜欢这些措施。如果检测增加，可能会揭示出感染者的数量。特朗普甚至辩称，如果检测数量减少，报告的病例也会减少——好像这是一件好事一样。特朗普不喜欢口罩，因为它们传达出一个国家被围困的形象。特朗普在公开场合不戴口罩，并坚持让他的工作人员也这样做，以给人建立一种一切正常的理想印象。特朗普不希望保持社交距离，因为这将迫使许多企业关闭，削弱经济——而选民会把经济衰弱归咎于时任领导人，这是一个政治事实。

美国疾病控制与预防中心（CDC）成立于 1946 年，帮助战胜了脊髓灰质炎、天花、麻疹和其他传染病。它被广泛认为是世界上最值得信赖的公共卫生机构，因为它的工作人员都是各个专业领域的科学家，而且不受政治影响。这一切都随着新冠疫情和 CDC 半心半意地努力维护其独立性而发生了改变。

一名 CDC 医生后来谈到了他的挫败感，因为特朗普淡化新冠疫情的严重性，嘲笑戴口罩的人，并推广羟氯喹和其他未经证实的灵丹妙药。有一次,这位医生看到一则报道讲,亚利桑那州的一对夫妇喝了一种含有类似羟氯喹成分的水族箱清洁剂后,丈夫死亡,妻子生命垂危,这令他无比愤怒:

> 我对着电视大喊:"闭嘴,你这个该死的白痴。天啊,别闹了!你根本不知道你在说什么!"

2020年12月,一封前CDC主任写的信被泄露:

> 白宫未能让CDC负责,这与过去75年来得到的每一个教训相悖,正是这些教训使CDC成为世界公共卫生的黄金标准。在6个月的时间里,[白宫]让CDC从黄金变成了暗淡无光的黄铜。

在整个大流行期间,特朗普的官员告诉CDC的官员他们可以说什么,并编辑CDC的新闻稿和在线消息,以免冒犯特朗普。

当CDC在网上发布了重新开放学校的指南(包括戴口罩、保持距离和错峰时间表)时,特朗普在推特上表示反对,并威胁要停止对遵循该指南的学校进行资助。CDC没有坚持科学诚信,而是改变了指南。任何了解恶霸的人都知道,满足恶霸的要求只会鼓励恶霸提出更多的要求。

CDC的一位官员说,特朗普的官员不断检查CDC的网站:"如果对文件进行了微小的修改,旨在以任何方式强化建议,使其更具科学性,那么他们将收到通知并被要求恢复原样。"

科学与政治之间的紧张关系在2020年总统大选前不久达到了巅峰,当时特朗普的官员担心,经济停滞和死亡人数的上升将使特朗普无法连任。9月13日,特朗普任命的卫生与公众服务部发言人卡普托(Michael Caputo)沮丧地表示,CDC有一个由决心击败特朗普的科学家组成的"抵抗部门",并认为CDC官员犯有"煽动叛乱罪"。

CDC当时的负责人是特朗普任命的雷德菲尔德（Robert R. Redfield）。他在成为CDC主任后宣称，CDC是"以科学为基础、以数据为导向的，这就是为什么CDC在世界范围内都有信誉"。然而，雷德菲尔德的任期主要因其不愿抵制政治压力而引人注目。

例如，2020年9月15日，雷德菲尔德在向国会委员会作证时表示，疫苗要到11月总统大选后的几个月才能广泛使用，口罩可能和疫苗一样有效。特朗普十分生气，他在同一天的新闻发布会上告诉记者，雷德菲尔德"很糊涂"，"犯了一个错误"，他已经打电话给雷德菲尔德，让他知道自己错了。雷德菲尔德立即收回了自己的言论。

前CDC主任威廉·福奇（William Foege）被认为是帮助根除天花的功臣，他在几天后给雷德菲尔德写了一封直言不讳的信：

> 这件事将作为这个国家公共卫生系统的一次巨大失败而载入史册。这是一个世纪以来的最大挑战，而我们让这个国家失望了。未来的公共卫生教科书将把这作为一堂课，教人们如何不去应对传染病大流行。

威廉·福奇认为，辞职还不够：

> 你可以给所有CDC员工发一封信……你可以坦率地承认自己应对不力的悲剧，为所发生的事情和你默然接受的角色道歉……这给我们的国家造成了不可接受的损失，不要回避这个事实。这是屠杀，而不仅仅是政治争端。

特朗普离任后，白宫冠状病毒应对协调员伯克斯（Deborah Birx）博士表示，如果特朗普政府采取更强有力的应对措施，可能会挽救数十万人的生命。特朗普回击说，伯克斯和担任里根（Ronald Reagan）以来历任总统首席医疗顾问的安东尼·S.福奇（Anthony S. Fauci）是"两个自我推销者，他们试图重塑历史，以掩盖自己糟糕的直觉和错误的建议。

幸运的是,我几乎总是推翻了这些建议"。

毫无疑问,伯克斯和其他人想要恢复自己在特朗普担任总统期间因不愿反驳他而受损的声誉。另一方面,也很明显,特朗普主要关注的是经济停滞对他连任竞选造成的损害。特朗普淡化这种疾病的严重性和戴口罩的必要性,并推广未经证实的治疗方法,包括在一次奇怪的新闻发布会上,他似乎向人们建议通过往体内注射漂白剂来对抗新冠病毒。

世界顶级医学期刊《柳叶刀》在2021年2月的一篇报告中得出结论:"特朗普在担任总统期间,将科学政治化并否认科学,使美国措手不及,暴露在新冠疫情大流行之中。"与其他发达国家相比,美国的死亡率表明:

> 全球新冠疫情大流行给美国造成了尤其严重的影响。截至2021年2月初,美国确诊病例超过2 600万例,死亡人数超过45万。如果美国的死亡率与七国集团其他国家的加权平均值持平,其中约40%的死亡本是可以避免的。

启示

佩奇和布林1998年描述谷歌算法的研究生论文预料到搜索引擎无法区分事实和虚构,而且很容易被兜售产品的公司操纵:

> 实际上,人们能在网上发布什么是不受控制的。将这种可发布任何东西的灵活性与搜索引擎对路由流量的巨大影响结合起来,那些故意操纵搜索引擎以获取利润的公司将会成为一个严重的问题。

他们没有预料到出于政治原因的操纵。

互联网访问容易、覆盖面广,社交媒体尤其如此,使得几乎任何人都可以谈论几乎任何话题，并有可能找到愿意接受的听众。这些话题包括诸如此类毫无证据的断言：地球是平的；校园枪击事件是伪旗行动；比尔·盖茨策划了新冠危机，以便他可以用疫苗在我们体内植入微芯片。

具有讽刺意味的是，这种牵强附会的无稽之谈正是科学想要消灭的巨龙，但现在，由于科学创造和发展的互联网和社交媒体，那些幻想的错觉所造就的巨龙比以往任何时候都更加强大。就像一个失去控制的科学怪人一样，互联网推动了反科学运动。科学家在开发安全有效的新冠疫苗方面取得了巨大成功，但很多人的反应是不信任，认为这是虚假信息，并且拒绝接种疫苗。

拒绝科学的代价是巨大的，不仅对科学家和反科学人士来说是这样，而且对整个社会也是如此。

第二部分

数据歪曲

第五章

铁树开花

2020年10月2日,星期五,特朗普总统透露他的新冠病毒检测结果呈阳性。当晚,他乘坐直升机前往沃尔特·里德国家军事医疗中心,接受了一系列实验性治疗。他于周一返回白宫,一周后,白宫医生表示特朗普已经连续几天检测结果为阴性,"不会传染给他人"。

特朗普痊愈是因为吃了瑞德西韦、地塞米松、法莫替丁、再生元抗体混合物或者双层芝士汉堡吗?任何这样的结论都是所谓的"后此,故因此"(因为B发生在A之后,所以A是B的原因)谬误的一个例子。一个事件紧随另一个事件发生,并不意味着是前一事件导致后一事件发生。将特朗普的治愈归功于他所做的任何事情或对他做过的任何事情就是后此谬误。

这种理解偏差现象很普遍,而且也很诱人。一个健康的人被误诊为患病,在接受针对莫须有疾病的毫无价值的治疗后"康复",人们很容易得出治疗有效的结论。当一个生病的人靠自身的力量战胜了疾病时,人们可能还是会将痊愈归功于无功可记的毫无价值的治疗。

如果病人没有恢复健康,后此谬误同样也会出现。2021年4月,在新冠疫苗获准供公众使用后,美国威斯康星州参议员罗恩·约翰逊(Ron Johnson)对政府的疫苗接种运动表示"高度怀疑",他认为政府"没有理由让人们接种疫苗"。2021年5月,他辩称疫苗可能不安全:

"在接种疫苗后的30天内,发生了3 000多例死亡事件。"

这又是一个后此谬误的例子。当时已有超过1亿美国人接种了疫苗,而通常情况下,美国的年死亡率在0.8%至0.9%之间。将这个死亡率应用于1亿人,我们预计每月大约有7万人死亡。更精确的估计会去除车祸等导致的死亡人数,但也会考虑到老年人是第一批接种疫苗的人。

仅凭人们死亡这一事实,并不能证明其死亡是由他们死前发生的任一特定事件导致的。所以,在专家确定疫苗是否可能起某种作用之前,我们无法知道死亡是不是由接种疫苗造成的。CDC表示:

> CDC和FDA(美国食品药品监督管理局)的医生会对收到的每个死亡病例报告立即进行审查,CDC要求提供医疗记录以进一步评估报告。对获得的临床信息(包括死亡证明、尸检和医疗记录)的审查并未发现新冠疫苗与死亡病例之间存在因果关系。

随机对照试验

科学革命的一个重要组成部分就是拒绝后此推理。通俗地说,就是不接受未经实验检验的理论。在医学研究中,最有说服力的证据是由**随机对照试验**——将受试者随机分为接受药物治疗的治疗组和不接受药物治疗的对照组——提供的。没有对照组,我们就不知道患者身体状况的变化是不是由治疗导致的。没有选择的随机性,我们就不知道,与选择不接受治疗的人相比,选择接受治疗的人是否更年轻或更健康,或在其他方面有所不同。

最佳的医学研究也是双盲的,即患者和医生都不知道哪些患者在治疗组——否则,患者和医生的主观因素可能会影响研究结果,导致成功率比实际高。

统计显著性

随机对照试验有其固有的随机性。也许,运气使然,治疗组中恰巧有更多身体恢复得更快的健康受试者,使得药物看起来比实际更有疗效,反之亦然。

统计学家处理这个问题的方法是,计算患者的随机分配在组间造成的差异与观察到的差异一样大(或更大)的概率。例如,1972 年 12 月 1 日至 1973 年 2 月 28 日,多伦多大学的研究人员在冬季的这 3 个月期间,开展了一项关于维生素 C 对普通感冒发病率影响的研究。随机选择的治疗组包括 277 名受试者,他们每天服用 1 克维生素 C,而从感到身体不适的第一天起每天服用 4 克。对照组包括 285 名受试者,他们遵循了相同的方案,但服用的是无药效的安慰剂(受试者自己并不知情)。总体上,治疗组中的 65 人(占 23%)和对照组中的 52 人(占 18%)报告在这 3 个月内没有生病。

现在摆在面前的统计学问题是,由运气因素导致上述两组结果出现这么大差异的概率是多少。上述研究共有 562 名受试者,其中 117 人没有感冒。如果这 562 名受试者被随机分为一组 277 人和另一组 285 人,那么结果出现如此大的差异的概率是多少?统计学家可以计算出答案,即所谓的"p 值"。在这里,p 值的计算结果为 0.08。

0.08 的 p 值是否低到足以成为证明维生素 C 有效性的有说服力的证据呢?几十年前,一位伟大的英国统计学家费希尔(Ronald Fisher)将标准定在 5%:

> 在我们可以这样说的水平上画线是很方便的:"要么治疗中存在某些问题,要么发生了巧合"……就个人而言,笔者更倾向于将显著性的低标准设定为 5%,并完全忽略所有达不到

这一水平的结果。

费希尔被誉为"几乎凭一己之力创立了现代统计科学基石的天才"。当他选择 0.05 作为 p 值的阈值时，这个阈值便成了绝对真理——尽管他后来承认，其他阈值有时可能更合适。

按照费希尔的 5% 标准，加拿大的这项研究的 p 值为 0.08，不具有统计显著性。

羟氯喹骗局

2020 年 3 月，正值新冠病毒肆虐之时，《华尔街日报》上一篇由美国国家农村卫生咨询委员会主席和堪萨斯大学医学中心传染病科主任共同撰写的专栏文章报告说，法国研究人员已经用抗疟疾药物羟氯喹和 Z-Pak（一种抗生素）的合并用药来治疗新冠患者，每位患者在 6 天内被治愈。相比之下，羟氯喹单药治疗的患者康复率为 57.1%，而未接受这两种药物治疗的患者康复率仅为 12.5%。需要更多的试验，但专栏文章认为我们应该先治疗，后试验。这样做会有什么害处呢？

其一，可能存在未知的副作用。此外，如果人们开始囤积羟氯喹，那么患有疟疾、类风湿性关节炎以及靠该药物治疗的其他严重疾病的患者能获得的羟氯喹就会减少。还有一个容易被忽视的问题是，错误的安全感可能会诱使一些人放松防控，造成感染人数大幅增加。

其二，有几个警示信号。第一，只对 6 名患者用羟氯喹和 Z-Pak 进行了治疗。正确的反应不应该是"哇，你找到治愈方法了！"而应该是"哇，那项研究中涉及的患者不多！"第二，接受羟氯喹治疗的人比未接受治疗的人平均小 14 岁。上述研究出现不同的结果很可能是由于年龄差异。

其三，这项法国研究的作者透露：

> 6名接受羟氯喹治疗的患者因提前结束治疗而在随访期间失联。原因如下：3名患者被转移到重症监护室……1名患者停止治疗……因为出现恶心……1名患者死亡。

等等，什么？研究的问题难道不应该是药物是否有助于病人活着出院吗？

其四，当一个领域很热门时，发表文章就会变成一场竞赛。很难想象在2020年有比新冠更热门的研究领域。事实上，那一年发表了20万篇关于新冠的论文。公民和政府都想要治愈疾病，而科学家想成为英雄。大量垃圾文章的出现是不可避免的。大量研究人员尝试各种各样的治疗方法并急于发表，几乎可以肯定的是，某个地方的某个人会发现一种具有统计显著性但毫无意义的巧合模式。唉，唯一的解决办法是进一步试验。

真正的科学胜过一厢情愿的想法

尽管如此，特朗普总统还是很快就开始宣扬羟氯喹是一种奇迹般的治愈药物，吹嘘这种药物"有机会成为医学史上最大的游戏规则改变者之一"。2020年5月，他告诉记者自己每天都在服用羟氯喹。在当年6月份的一次新闻发布会上，佛罗里达州州长德桑蒂斯（Ron DeSantis）宣布，他已经为佛罗里达州人民订购了一百万剂量的羟氯喹。为了证明该药物的有效性，他播放了一个服用过羟氯喹并康复的新冠患者的视频短片（一个明显的后此谬误）。

7月，特朗普在推特上转发了伊曼纽尔（Stella Immanuel）医生声称她用羟氯喹治愈数百名新冠患者的视频："你不需要戴口罩。现在有治愈方法了。"她的信誉度可能因她之前作出的其他一些声明（外星人的DNA可用于医疗，一些政府官员是爬行动物，以及一些健康问题是由在梦中与女巫和恶魔发生性关系引起的)而受到轻微影响。尽管如此,特朗普说她是"令人惊叹的","非常受人尊敬的",并且这是一个"重要的发声"。小唐纳德·特朗普(Donald Trump, Jr.)称这是一个"必看"的视频。

科学证据绝不仅仅是逸事、一厢情愿的想法和必看的视频。真正的科学使用随机对照试验。当下已经进行了良好的试验,而且结果已经出炉。以下是一位临床研究者的报告:

> 在过去的5个月里,我几乎一直在照顾患者……大多数患者都活下来了,但也有很多没能活下来。所有患者都接受了大量药物和其他干预治疗。我不可能知道某个特定的患者存活或死亡是由于羟氯喹,还是由于我给予的其他疗法,是因为他们更年轻/更年老或有更多的健康问题,还是仅仅因为他们的病情更好/更糟……弄清楚一种药物是否有效的唯一方法是临床试验,幸运的是我们这么做了……开展了很多试验……现在我们知道了,羟氯喹对新冠无效。

其他几项试验得出了相同的结论——羟氯喹无效,并且具有潜在的副作用,包括有可能引发心脏问题。

用诺贝尔奖得主费曼(Richard Feynman)的至理名言来说:"如果它与实验结果不一致,它就是错的。科学的关键就在这个简单的陈述中……如果它与实验结果不一致,它就是错的。仅此而已。"

称羟氯喹可以预防或治愈新冠的说法是错误的。仅此而已。

真正的科学

安全有效的新冠疫苗迅速得到研发是一项无比惊人的成就,但这并非源自草率的科学工作,而是归功于真正的科学实践。

世界卫生组织(WHO)于 2020 年 1 月 31 日发布全球卫生紧急警报,并在 2 月表示,预计新冠疫苗问世至少需要 18 个月。

然而,疫苗问世只花了 11 个月时间。

在政治家争论不休之时,科学家在做自己分内的事。他们在努力研发安全有效的疫苗。

对于制药公司来说,一个很大的障碍是财务风险。研究和大规模试验需要数亿甚至数十亿美元的投入,而且无法保证公司能从自身的投资中获得回报。开发和试验疫苗可能需要数年时间。如果在准备好疫苗之前通过戴口罩和其他措施就根除了病毒怎么办?如果一家公司没有找到有效的疫苗,或者被其他公司抢先上市怎么办?

为了在 11 月 3 日总统大选前让疫苗获得批准,美国政府投入了 140 亿美元支持制药公司的疫苗研发工作。辉瑞(Pfizer,一家有 170 年历史的制药公司)与成立 12 年的德国生物技术公司拜恩泰科(BioNTech)合作,拒绝接受联邦政府的资金。辉瑞不管疫苗是否仍然需要,冒险投入了 20 亿美元自有资金。联邦政府同意支付 19.5 亿美元购买 1 亿剂疫苗,前提是辉瑞开发的疫苗得到 FDA 的批准,这减轻了辉瑞的风险。这一数额后来增加到 58.7 亿美元,用于购买 3 亿剂疫苗。

另一方面,莫德纳(Moderna)是一家成立 10 年的美国生物技术公司,之前没有任何获批上市的产品,这家公司获得了 9.54 亿美元政府资金用于研发,联邦政府承诺将以 49.4 亿美元购买其 3 亿剂疫苗。另一家老牌大型制药公司强生(Johnson & Johnson)获得了 4.56 亿美元政府资金用于研发,联邦政府承诺将以 10 亿美元购买其 1 亿剂疫苗。还有其他 4 家公司也得到了联邦政府的支持,但截至 2022 年 7 月,其疫苗尚未获得批准。在全球范围内,虽然启动了 300 多个新冠疫苗研发项目,但截至 2022 年 6 月,只有 3 种疫苗在美国获得批准,其他 6 种疫苗在欧洲获得批准。

寻找安全有效的疫苗并非基于后此推定或一厢情愿。辉瑞和莫德纳决定采用一种有前景但未经证实的疫苗类型,称为信使 RNA(即 mRNA)疫苗,这种疫苗会教细胞如何制造一种无害的突起蛋白,这种突起蛋白能诱导机体产生对抗新冠病毒所需的抗体。mRNA 背后的理论已经存在了几十年,涉及数百名研究人员,但从未有 mRNA 药物或疫苗获得过 FDA 的批准。

看似无法解决的问题是,身体的自然免疫系统会检测到外来的 RNA 并在其完成使命之前将其摧毁。经过多年的屡败屡战,宾夕法尼亚大学的两名研究人员考里科(Katalin Karikó)和韦斯曼(Drew Weissman)——2023 年的诺贝尔生理学或医学奖得主——为 mRNA 找到了一种绕过我们身体的自然防御的方法。他们的工作启发了拜恩泰科和莫德纳的创始人。事实上,莫德纳(Moderna)这个名字就是 modified(修饰)和 RNA 的结合。

其他公司决定使用之前已被验证的方法,这些方法依赖于灭活病毒来产生免疫反应。在各种情况下,疫苗都有坚实的科学知识作支撑。未知的是疫苗的安全性和有效性如何。FDA 的目标是 50% 的有效性。

辉瑞在研发 mRNA 疫苗之后,进行了一项随机对照试验,共有 37 586 例受试者,其中 18 801 例在治疗组接种疫苗,18 785 例在对照组接受生理盐水安慰剂的注射。结果是,治疗组中感染新冠病毒的有 8 例(1 例严重),对照组中感染新冠病毒的有 162 例(3 例严重)。与期望的 50% 有效性相比,感染率降低 95%,从 162 例降至 8 例。可能的副作用包括暂时性的疼痛、头痛和疲劳。对莫德纳的 mRNA 疫苗进行的类似试验也取得了类似的结果。

FDA 于 2020 年 12 月 11 日批准了辉瑞的紧急使用授权请求。一周后,莫德纳的疫苗获得批准,然后是强生的疫苗。很快,数百万剂疫苗开始分发。

图 5.1 显示的是,截至 2022 年 12 月 12 日全球每周因感染新冠病毒而死亡的人数,总计为 665 万。这些官方统计数据不包括在死亡前未检测出新冠病毒阳性的个体——在新冠病毒检测很少的国家,这个数字可能相当大。

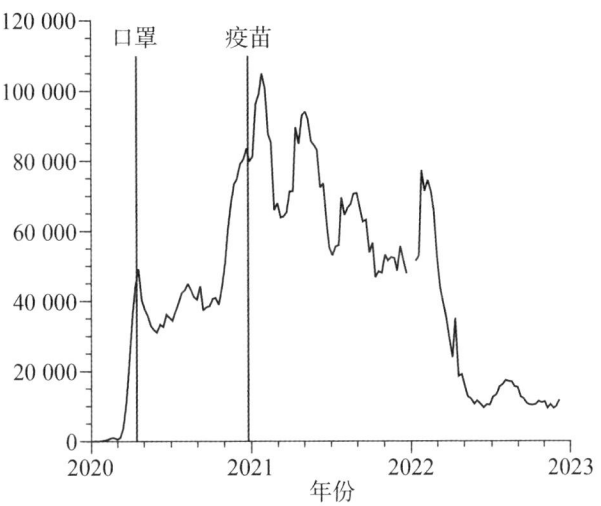

图 5.1 全球因感染新冠病毒而死亡的人数

与新冠病毒感染相关的死亡人数首次下降发生在 CDC 于 2020 年 4 月 3 日建议人们佩戴口罩之后。第二次下降是在有了疫苗之后。随后,由于新冠病毒变种的传播,死亡人数出现激增,然后随着越来越多的人接种疫苗,死亡人数开始下降。截至 2022 年 12 月,未接种疫苗的人因感染新冠病毒而死亡的概率是接种疫苗并接受加强针的人的 17 倍之多。

真正的科学确实有效。

p 值篡改

费希尔认为,我们需要评估经验结果是否可以用简单的偶然性来解释,这一论点令人信服。我们不想错误地将巧合解释为真实效应。

然而，任何统计显著性的门槛（包括费希尔的5%规则）都注定会成为研究人员努力突破的目标。记住费希尔的名言：

> 笔者更倾向于将显著性的低标准设定为5%，并完全忽略所有达不到这一水平的结果。

没有研究者希望他们的发现被完全忽视，所以许多人会努力使他们的 p 值低于0.05。"不发表就淘汰"是真的——晋升、资助和名誉与"论文发表"息息相关。如果期刊要求统计显著性，研究人员将提供它们统计显著性。

这被称为 p 值篡改——尝试不同的变量组合，查看数据的子集，舍弃矛盾的数据，竭尽所能，直到发现一个低 p 值的要素，然后假装这是你一开始就在寻找的东西。

p 值篡改者起初可能从整体上考虑数据，然后分别查看男性和女性，然后查看不同的种族。然后在儿童和成人之间作区分；然后在儿童、青少年和成人之间作区分；然后在儿童、青少年、成人和老年人之间作区分。然后尝试不同的年龄界限。将老年人定为65岁以上；如果不行，那就定为55岁以上，或60岁以上，或70岁以上，或75岁以上。最终，某些因素发生了作用，一个低的 p 值被发现了。正如诺贝尔经济学奖得主科斯（Ronald Coase）冷嘲热讽的评论："在饱受折磨之下，数据也会屈打成招。"著名统计学教授施蒂格勒（Stephen M. Stigler）加上了点睛之语："但是，在科学意见的法庭上，因胁迫而获得的供词可能不被采纳。"

p 值目标的破坏是古德哈特定律的一个例子，该定律以英国经济学家古德哈特（Charles Goodhart）的姓名命名，指出"当一个指标成为目标时，它就不再是一个好指标"。古德哈特曾是英格兰银行的经济顾问。他认为，设定货币目标会导致人们以破坏目标有效性的方式来改变自身的行为。我们现在知道,古德哈特定律在其他许多场合也适用。例如,当苏联的中央计划局告诉钉子工厂要生产指定数量的钉子时,这些工厂为了降低成本,生产了尽可能小的钉子——这些钉子也是最不实用的。设定目标会破坏目标的有效性。

具有讽刺意味的是,科学对统计显著性证据的要求破坏了科学家所报告的证据的有效性。

1983年,加州大学洛杉矶分校(UCLA)的管理学、经济学和统计学教授利默(Ed Leamer)撰写了一篇冠以挑衅性标题的前瞻性论文《让我们摆脱计量经济学的骗局》。他认为,经济学家和其他研究人员在选择他们报告的结果之前,几乎无一例外地都要进行试错式"规范搜索",其中会涉及大量看似合理的模型。他察觉到了这个问题,在 p 值篡改这个词甚至还没出现时就警告过 p 值篡改的危险。

一项对心理学期刊的研究发现,在所有发表的试验结果中,有97%具有统计显著性。对医学期刊的研究也发现了类似的结果。显然,研究人员进行的所有试验中,产生统计显著性结果的试验不可能达到97%的比例,但太多期刊编辑认为不具有统计显著性的结果不值得发表。一封来自权威医学期刊的拒稿信非常清楚地表明了这种态度:

> 很遗憾,我们无法发表这篇手稿。手稿写得非常好,所做的研究论据充分。遗憾的是,阴性结果对该领域的贡献微乎其微。

这种态度在学术界之外也普遍存在。企业或政府研究人员在试图展示某个策略、计划或政策的价值时,会觉得有必要提出具有统计显著性的实证证据。

有了这些不可抗拒的激励,研究人员会追求统计显著性。有了大量的数据和快速的计算机算法,这是一个很容易实现的追求。基本上,即使研究人员只是分析随机生成数据之间的相关性,平均每 20 个相关性中就有 1 个在 5% 的水平上具有统计显著性。

在产生统计显著性结果的压力下,研究人员(单独地或集体地)对数不清的理论进行检验,记录下低 p 值的结果,舍弃其他结果。对社会来说,问题在于,我们看到的是具有统计显著性的结果,看不到没有成功的检验。如果我们知道所报告的检验背后有无数未报告的检验,并且记得,平均来说对毫无意义的理论的检验每 20 个中就有 1 个具有统计显著性,我们肯定会以应有的怀疑态度来看待已报告的检验。

一些研究人员似乎丝毫没有意识到 p 值篡改的危害。著名的社会心理学家贝姆(Daryl Bem)鼓励研究人员折磨他们的数据:

> 从各个角度检查[数据]。按性别分别分析。编制新的综合指数。如果某个数据暗示了一个新的假设,想办法找到其他数据作为支持它的进一步证据。如果你看到了有趣模式的模糊痕迹,试一试重新组织数据,让其轮廓更加鲜明。如果有你不喜欢的参与者,或受试者、观察者,或给你提供了反常结果的采访者,暂时别理他们,看看是否有任何相干模式出现。好好通过试探性调查(fishing expedition)找到某种——任何一种——有趣的东西。

使用这种试探性调查方法,贝姆能够报告一些不可思议的说法的证据,比如"追溯性记忆":如果人们在完成记忆测试**之后**学习单词,那么他们更有可能在测试中记起单词。

2011 年,怀疑论大师兰迪将飞猪奖(Pigasus Award)授予了贝姆。**飞猪奖**的名称由**猪**(pig)和神话中的**飞马**(Pegasus)组合而成,这两个词合起来就是"当猪会飞时"这一调侃式表达。兰迪这样描述这个奖项:

> 该奖是通过心灵感应宣布的,获奖者可以预测自己的获

奖结果，飞猪奖的奖杯通过心灵致动发送。我们发送；如果他们没有收到，那可能是因为他们缺乏超自然才能。

当其他人重做贝姆的实验时，他们一无所获。至于贝姆是否预测到自己得奖或收到他的飞猪奖，我们无从得知。

比萨论文

2016 年，万辛克（Brian Wansink）是康奈尔大学市场营销学教授兼康奈尔大学食品和商标实验室主任。他撰写（或合著）了 200 多篇同行评审论文和两本广受欢迎的图书《随意饮食》（*Mindless Eating*）与《苗条源于设计》（*Slim by Design*），这两本书被翻译成超过 25 种语言。

万辛克因宣传诱人的信息而闻名——任何人都可以减肥，无须严格节食或力竭性运动，只需通过简单、轻松的小技巧："最好的减肥方法就是你不知道自己在减肥。"

在美国广播公司（ABC）的一个新闻节目上，万辛克说，如果用小盘子盛放食物，人们会吃得更少。在雷（Rachel Ray）主持的一档电视节目上，他说，如果厨房涂上中性的大地色调而不是明亮或昏暗的颜色，人们也会吃得更少。他还提出，餐具和桌布的颜色会影响人们的食量。这种乐观主义很有市场，接受者不仅包括懒惰的节食者，还有受人尊敬的学者。诺贝尔经济学奖得主塞勒（Richard Thaler）和哈佛大学法学院教授桑斯坦（Cass Sunstein）在他们合著的图书《助推》（*Nudge*）中，将万辛克的实验描述为"杰作"。

然后，万辛克写了一篇题为《从不说"不"的研究生》的博客文章，讲述了一名学生在处理从一家意大利自助餐厅收集的数据时，没有得到有统计显著性的结果。万辛克安慰她："我认为我还从未做过其数据在我第一次察看时就会'出来'的有趣研究。"他建议她将就餐者分为：

男性、女性、吃午餐者、吃晚餐者、独自用餐者、两人一组用餐者、两人以上用餐者、点酒者、点软饮料者、坐得离自助餐台近者、坐得远者……

然后,她可以察看这些子群体可能有所区别的不同行为方式:"吃了多少片比萨饼,去了多少次自助台,盘子装满程度,是否吃了甜点,是否点了饮料……"他总结说,她应该"加把劲,让铁树开花"。

万辛克和该学生从未对 p 值篡改说"不",他们共同撰写了 4 篇论文,它们现在被称为"比萨论文"。其中最著名的一篇报告称,在与女性共进晚餐时,男性吃的比萨饼数量会增加 93%。

由于公开吹嘘自己的 p 值篡改行为,万辛克受到了审查。布朗(Nick Brown)自告奋勇,成为万辛克论文的审查人。p 值篡改通常很难证明,布朗因此专注于在比萨论文中寻找更直接和明显的错误,包括矛盾的、不正确的、不合理的和不可能的统计结果。

对于人们一再提出的公开其数据以便布朗和其他人可以核查其计算结果的要求,万辛克一概拒绝。他毫无说服力地辩解道,有人可能会利用这些数据识别出比萨食客的身份——想象一下那会有多尴尬!哥伦比亚大学统计学和政治科学教授格尔曼(Andrew Gelman)回应说:

> 在我看来,这很简单明了:万辛克完全没有义务分享他的数据,我们也没有义务相信他论文中的任何内容。

布朗和其他人能够重建可能产生所报告的统计结果的数据。他们发现,不仅必然包含的数据常常是不合情理的,而且报告的统计结果也经常是相互矛盾的或根本不可能。

2017 年 1 月,布朗与两位合作者——弗吉尼亚大学的计算生物学家安纳亚(Jordan Anaya)和荷兰莱顿大学的研究生范德泽(Tim van der Zee)——在线发表了一篇题为《统计之痛——尝试消化康奈尔大学食

品和商标实验室的4篇比萨论文》的论文,详细列出了4篇比萨论文中的150个明显错误:

> 每个条件下就餐者数量的样本大小在4篇文章内和之间都不一致。在某些情况下,参与者之间检验统计量的自由度大于样本量,这是不可能的。计算出的 F 统计量和 t 统计量中有许多与报告的平均值和标准差不一致……我们联系过这4篇文章的作者,但他们迄今为止未同意分享他们的数据。

他们也开始在博客上公布他们的发现。布朗后来回忆说:"我一度在3周内写了3篇博文,有人评论说,'啊,我看万辛克好日子到头了'。"在当年的2月,《纽约杂志》(New York Magazine)发表了一篇题为《声名远扬的饮食科学实验室一直在发表粗制滥造的研究》的文章。其他的全国性媒体也报道了此事,万辛克和康奈尔大学不得不作出回应。

万辛克给数十位同事发送了标题为"比萨门事件该翻篇了"的电子邮件,抱怨"网络霸凌",并抗议说仅有的问题是一些"缺失的数据、四舍五入的错误,以及[一些数字]偏差个1或2"。

康奈尔大学行政部门匆匆进行了内部审查,得出结论:"虽然4篇已发表论文被指控存在大量不适当的数据处理和统计分析问题,但这些错误并不构成科学不端行为。"怀疑人士可能会认为,康奈尔大学的主要目的是保护大学和其媒体明星的声誉。毕竟,两名心理学研究生和一名计算生物学家对食品研究了解多少呢?

与此同时,布朗和其他人怀疑比萨论文可能只是草率研究的冰山一角,他们开始仔细审查万辛克的数十篇其他论文,并发现了一个又一个的错误。范德泽在网上建了一个"万辛克档案"网页,用于记录人们在万辛克论文中发现的错误。不久,他的45篇论文被发现了各种严重的错误。

布朗最初是因为万辛克鼓吹自己的 p 值篡改行为而注意到比萨论

文的，但他对查看过的论文中存在的大量基本错误感到惊讶："作者竟然能犯这么多的错误，其无能程度可见一斑。"要么很多数据都是编造的，要么有人在描述研究和记录统计结果时一而再再而三地马马虎虎。

一篇论文报告称，在水果上贴上《芝麻街》(Sesame Street)中艾摩(Elmo)*的贴纸，就可以诱导"年龄在8至11岁之间"的小学生吃水果而不是饼干。布朗对此深表怀疑。有多少个11岁的孩子会被艾摩贴纸引诱呢？布朗是对的，万辛克最终承认"我们弄错了，不是8至11岁的孩子，而实际上是3至5岁的孩子"。

另一项研究声称小学生更愿意吃贴有"X光透视眼胡萝卜"标签的胡萝卜，研究中的学生人数有时被说成113人，有时是115人，有时是147人。所报告的孩子们平均拿走的胡萝卜数量(17.1)与他们平均吃掉(11.3)和没吃掉(6.7)的胡萝卜数量之和并不相等。

关于 p 值篡改的电子邮件也浮出水面。在一封邮件中，一个合作者报告说："我附上了一些初步结果……不要绝望。看起来在水果上贴贴纸（再加上一点魔法）可能有效。"万辛克为一个0.06的 p 值烦恼："如果你能得到数据，它需要一些调整，最好能让那个值低于0.05。"对于另一篇论文，万辛克给他的合作者写信说"这个完美的数据集已经经受了多重折磨"。在另一封电子邮件中他补充说："我认为，如果能为了显著性和成为一个好故事而挖掘它，就太好了。"

格尔曼得出结论："不断发表数字对不上、数据与描述不符的论文，在我看来就是学术不端。"比起数字错误，其他人则更关注 p 值篡改。明尼苏达大学的生物统计学家苏珊·韦(Susan Wei)说："他实在是厚颜无耻，我无法判断他是恰好不擅长统计思维，还是明知道自己的所作

---

*《芝麻街》是美国一部经典的儿童电视教育节目，艾摩是该节目中最受欢迎的角色之一。——译者

所为在科学上行不通，但还是照做不误。"

康奈尔大学被迫重新开启调查，经过 10 个月后得出结论——万辛克确有学术不端行为。万辛克似乎很惊讶，声称"我和我的合作者相信，针对我们的数据集所做的独立分析能够证实我们所有已发表的发现"。尽管如此，他还是递交了辞呈。

万辛克承认存在"一些打字错误、移项错误和统计错误"，但他坚持认为"没有欺诈、没有故意误报、没有剽窃，也没有数据滥用"。他似乎仍然将 p 值篡改视为一种美德，而非不道德的行为。

2019 年 12 月，万辛克发布了一篇题为《改变饮食行为的研究机会》的文章，总结了 18 篇被撤回的论文，并为其他人重做这些研究提出了建议。为了方便重新研究，他对这 18 项研究潜在的实用性和所需的努力进行了 1 至 5 级的评估。文章中还有他开展的多项原始研究中用到的几张餐厅和参与者的彩色照片。对撤稿的解释中包括一些显而易见的错误，如一篇论文并未收集年龄数据，却报告了参与者的平均年龄，其他论文报告的经验结果与原始数据不一致。到目前为止，我相信还没有人步万辛克的后尘。

不知情的 p 值篡改

在医学检测中，如果一个实际上并没有某种特定疾病的人被诊断为患有该疾病，这就是假阳性。例如，一个未感染新冠病毒的人检测呈阳性就是假阳性。在统计检验中，假阳性是指没有真正的关系但结果却被认为具有统计显著性。费希尔的 5% 规则旨在将假阳性的概率设定为 0.05，但 p 值篡改可以将假阳性的概率推高。

研究人员有时会在自己都没有意识到的情况下做 p 值篡改。例如，一名研究人员可能在做一项涉及 20 个受试者的实验，得到了一个 0.06 的 p 值，很遗憾地接近于但超过了神奇的 0.05 阈值。研究人员知道更多的数据通常会产生更低的 p 值，他检测了另外 10 个受试者。如果这样还是不奏效,就再检测另外10个。如果以及当 p 值降到0.05以下时,研究人员便停止实验,对达到统计显著性感到满意了。

这种看似合理的做法的问题在于,如果没有事先设定停止点,那么出现假阳性结果的概率大于0.05(也许要大得多)。事实上,如果允许样本量无限增加,那么可以肯定的是,p 值终将在某个时刻降至0.05以下。没有人能够做无限大样本量的实验,但在样本大小具有适度的灵活性的情况下,假阳性概率的增长快得惊人。

为了验证这一点,我生成了两组独立的随机变量。这样一来,即便两组数据出现了任何统计显著相关性,我们也可判断其必然是假阳性。图5.2显示了当初始样本为20个受试者,然后依次增加10个受试者,最多达到200个受试者时,假阳性概率的变化情况。

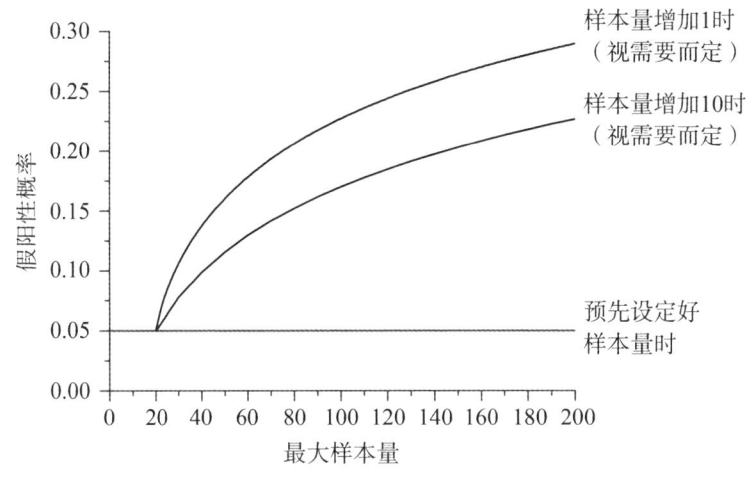

图5.2　灵活调整样本量对假阳性概率的影响

如果样本量事先固定,那么不论样本量有多大,假阳性的概率始终为5%。然而,如果初始样本量是20,而后根据需要每次增加10,那么如果研究者愿意做100个观测值,假阳性的概率会增加到17%,如果最大样本量是200,假阳性的概率为23%。

图 5.2 还显示,样本量每次增加 1 个观测值(而不是 10 个)的策略会进一步增加假阳性结果出现的可能性。想要达到最大样本量即 200 个观测值的话,每次增加 1 个观测值会使假阳性的概率增加到 29%。

增加观测值出现的戏剧性效果让我感到惊讶,我认为大多数使用过这种策略的研究人员也会感到惊讶。一名研究人员报告说:

> 我们对受试者进行分组试验,并在试验过程中检查效应。大约是先做 25 个受试者,然后 10 个,然后 7 个,然后 5 个。那时,这似乎不像是 p 值篡改,而像是在省钱。

灵活调整样本量并非将 p 值降至 0.05 以下的唯一技巧。数据中可能会出现与其他数据非常不同的**离群值**。有时候,数据中出现离群值是因为记录错误,这种错误是可以纠正的。例如,年龄可能被错误地记录为 450,而不是 45。有时候,数据记录是正确的,但某些值与其余值相差很大。例如,在一项调查中产阶级生活方式的研究中,可能会出现一个生活方式截然不同的亿万富翁的样本。如果研究真正关注的是中产阶级,那么可以合理地将亿万富翁从样本中去掉。

没有可用来识别离群值的数学规则,因此最终是研究人员主观决定哪些数据是离群值,这为那些寻求将其 p 值降至 0.05 以下的人提供了受欢迎的灵活性。

图 5.3 显示的关系有个诱人的 p 值 0.051。可以理解的是,研究人员如果希望通过数据来证实这两个变量之间的关系,会禁不住将标为潜在离群值的观测值删除。如果删除了这个观测值,p 值会降至 0.043,具有统计显著性。任务完成!

这两种策略——添加额外的数据和删除不利的数据——都看似合理,甚至很正当。然而,它们都是 p 值篡改,都会增加出现假阳性结果的可能性。为了证实这一点,图 5.4 显示了在图 5.2 实验的基础上,额

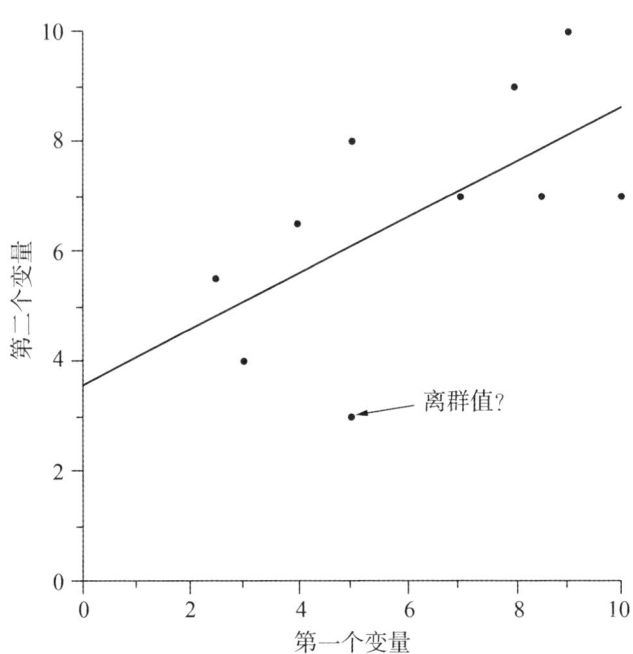

图 5.3　删除数据可以降低 p 值

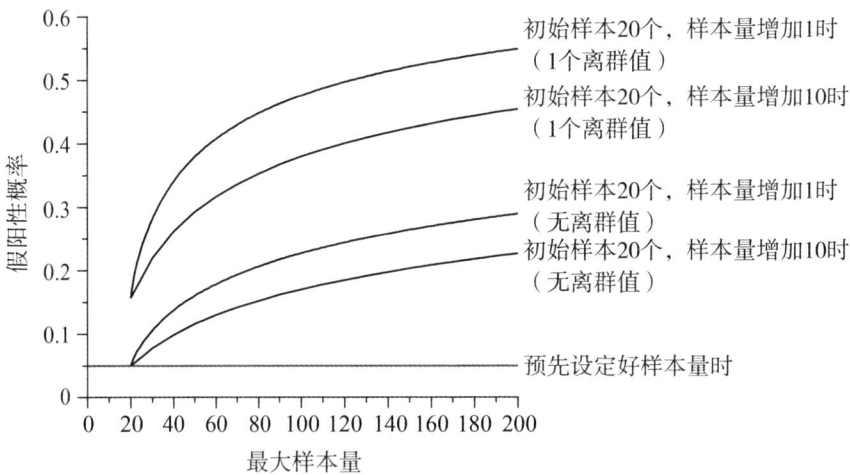

图 5.4　两次 p 值篡改胜过一次

外进行一次 p 值篡改（每个阶段都删除 1 个观测值以降低 p 值）的效果。删除 1 个以上的离群值将使 p 值更容易降至 0.05 以下，也进一步增加了假阳性结果出现的概率。

选举模型

总统选举模型趣味满满，但往往不可靠，原因在于其预测过去的选举出奇地好，但预测新的选举就差劲得很，这就导致了对模型的调整，使得模型继续预测过去的选举，而不是未来的。

例如，在 2020 年美国总统选举前夕，拜登成为最有望击败特朗普的重要候选人。媒体都在报道，纽约石溪大学政治科学教授诺尔波特（Helmut Norpoth）创建的一个模型预测特朗普有 91%—95% 的机会连任，并且极有可能赢得 362 张选举人票*，而拜登只能赢得 176 张选举人票。该模型基于三个灵活的统计数据：总统选举周期、党派关系的长期趋势以及初选表现。对于 1952 年之前的选举，初选变量包括所有州的总统初选；对于 1952—2004 年的选举，只使用了新罕布什尔州的初选；而对于 2008—2020 年的选举，则使用了新罕布什尔州和南卡罗来纳州的初选。诺尔波特似乎完全没有意识到对他的模型进行 p 值篡改以适应过去数据的危险性。

他所在大学的报纸报道称：

> 虽然有人可能会怀疑，一些罕见情况——例如，新冠大流行和乔治·弗洛伊德（George Floyd）被杀所引发的骚乱——也许会对选举结果产生不可预测的影响，但诺尔波特表示，这

---

* 美国总统选举采取"选举人团"制度，先由各州民众普选出本州结果，再由各州选举人团按本州结果投票选举总统。全美国的选举人团共有 538 个名额，各州名额并不相同。——译者

些危机不会对他的预测产生任何影响。

"我的预测就是我所说的'无条件的最终预测',"他说,"它不会发生改变。它是一个基于已经发生的事件构建的数学模型。"

在拜登以306票对232票击败特朗普后,诺尔波特并不服输,将他的失利归咎于一系列糟糕事件造成的"完美风暴",而此前他认为这些事件与选举无关:

新冠病毒大流行暴发;然后,为了保护人们的安全采取的封锁措施引起了自大萧条以来最严重的经济衰退;接着,出于同样的目的,出现了规模前所未有的邮寄投票;再加上乔治·弗洛伊德之死引发了自20世纪60年代以来从未有过的种族骚乱。

另一个广泛报道的模型是由美利坚大学历史学教授利希特曼(Alan Lichtman)构建的。事实上,在2016年总统选举前夕,他是唯一一个预测特朗普将击败希拉里的人。他的模型使用了13个真/假问题("关键指标"),据说已成功预测了自1984年以来每次总统选举的普选获胜者。这13个关键指标涉及合理的政治和社会经济问题,例如:

没有初选竞争:现任执政党内的提名没有激烈竞争。

短期经济强劲:经济在选举期间没有陷入衰退。

没有社会动荡:在任期内没有持续的社会动荡。

当13个关键指标中有8个或更多为真时,预测执政党将在普选中获胜。

在特朗普意外获胜(即使特朗普自己似乎也感到惊讶,因为他没有准备获胜演讲,而是计划飞往苏格兰打高尔夫球)后,利希特曼的"正确"预测受到广泛报道,尽管其预测并不正确——利希特曼预测的是特朗普将赢得**普选**,但他输给了希拉里,差距是近300万张选票。

利希特曼模型的一个问题是统计学家所谓的**过拟合**(overfitting)。在1984年至2012年之间有8次总统选举,而数学事实是,这8次选举中每一次的获胜者都可以用任意7个独立的解释变量(例如,是否美国联盟的球队赢得了世界大赛,是否加利福尼亚州波特维尔市在下雨,是否一名日本科学家被授予了诺贝尔化学奖)作完美的解释。请注意,我使用的词是"**解释**"而不是"**预测**",因为找到适合过去事实的变量并不是真正的预测。利希特曼的13个变量模型有强行解释之嫌。

第二个问题是,随着时间的推移,利希特曼对他的模型进行了 p 值篡改,以便更好地解释过去的事件。利希特曼最初的模型发布于1981年,有12个关键指标。而当前的模型去掉了1个指标("执政党执政时间超过一届吗?"),增加了2个外交政策/军事指标,并调整了1个指标(将"执政党是否在上一次选举中获得了超过50%的选票?"改为"中期选举后,执政党在美国众议院中拥有的席位比上一次中期选举后更多")。在少数几次选举结果之后进行如此多的变更——其中3次选举(1964年、1972年和1984年)都是很容易预测的压倒性胜利——无疑表明,该模型在预测过去方面优于预测未来。

第三个问题是,该模型具有相当大的灵活空间,因为一些真/假问题是非常主观的,这使得利希特曼可以根据需要调整他的预测。例如,利希特曼等了异常长的时间才对2020年特朗普和拜登之间的竞争作出预测。民意调查机构压倒性地预测拜登会获胜,而利希特曼最后也如此预测,称只有6个关键指标为真,比所需的8个关键指标少2个。但请看一下这2个被利希特曼认为是假的关键指标:

外交/军事成功,因为在国外缺乏广受赞誉的成功。

现任领袖魅力,因为特朗普只吸引了少数选民。

即使特朗普因促成以色列和阿联酋之间的一项和平协议——《亚伯拉罕协议》——而被提名诺贝尔和平奖,利希特曼仍然将外交/军事成功认定为假。这个成就是否值得被认定为**真**呢?谁知道?这就是问题所在。

现任领袖魅力这个关键指标更是问题重重。谁能真的否认特朗普有魅力呢?"特朗普只吸引了少数选民"这一合理化说辞听起来有循环论证之嫌:特朗普吸引的是少数选民,所以我预测他会输。

那些为适应过去而建立的模型并不能成为预测未来的可靠工具。你很难从后视镜中看到你往哪儿走。

对统计显著性的崇拜——以及对实际重要性的忽视

费希尔的5%规则已成为统计显著性的默认门槛。一个完全不同的问题是,结果是否具有任何实际重要性。加拿大的维生素C研究中,结果为0.08的p值在费希尔规则下是不显著的。另一个问题是,免患感冒的可能性从18%增加到23%是不是个很大的增幅,这一增幅值得人们花钱购买维生素C并承受服用它之后可能产生的副作用吗?一些人可能会给出**肯定**回答,另一些人可能会给出**否定**回答,但两者都不是依据p值给出的答案。

采用费希尔的标准(或者实际情况中用到的任何标准)来衡量统计显著性的一个后果是实际重要性问题被搁置一边。太多的研究人员报告的结果具有统计显著性,但其重要性却微不足道。

20世纪60年代你做了什么?

在20世纪60年代,当其他人还在以合法或非法的方式玩乐时,一个名叫朗科尔(Willard H. Longcor)的男子正忙于享受自己的一项终身爱好——记录掷骰子的结果。他喜欢的方式是掷一颗骰子,记下 1 或 0,以表示结果是偶数还是奇数。

他联系了哈佛大学一位著名的统计学家莫斯特勒(Frederick Mosteller)并表示愿意分享其爱好的成果。随后,朗科尔掷了 219 颗骰子,每颗骰子掷 20 000 次,总共掷了 4 380 000 次,其中 2 199 714 次是偶数,2 180 286 次是奇数。对于偶数和奇数出现的概率相等的假设所做检验的 p 值约为一万亿亿分之一,但观察到的差异可以说没有什么实际意义。偶数出现的概率为 50.2%,在我看来,这与 50% 几乎没有什么不同。你可能不同意,但这正是问题所在。实际重要性是一个主观看法,与统计显著性毫无关系。

魅力(oomph)

人们早就意识到实际重要性的意义。在 20 世纪 30 年代,戈塞特(William S. Gosset)提出了被广泛用于衡量统计显著性的 t 检验。他指出,农业研究人员通常会说:"我们有重要的证据表明,如果广大农民这样做,他们将获利。"最近,在 2016 年,美国统计协会宣布:"p 值或统计显著性并不能衡量效果的大小或结果的重要性。"

麦克洛斯基(Deirdre McCloskey)多次尖锐地批评经济学家将统计显著性置于实际重要性[她称之为"魅力"(oomph)]之上。她的指控严肃,言辞犀利。例如,她写道:"出现在最好的经济学期刊上的大部分内容都是不科学的垃圾。"

她和齐利亚克(Stephen Ziliak)研究了 20 世纪 80 年代和 90 年代发表在《美国经济评论》(*American Economic Review*,被认为是最负盛名的经济学期刊之一)上的实证论文,并得出结论:大多数文章存在问题,而且随着时间的推移,情况变得越来越糟。具体来说,他们报告称,20

世纪80年代发表的文章中,有70%的文章没有区分统计显著性和实际重要性,而20世纪90年代发表的文章中,有82%的文章犯了同样的错误。在心理学、教育学和流行病学等领域的期刊中,也发现了普遍存在只关注统计显著性而忽视实际重要性的情况。

森(Ananya Sen)、范诺特(Claire Van Note)和我分析了2010—2019年发表在《管理信息系统季刊》(*MIS Quarterly*,公认的顶级信息系统期刊之一)上的306篇实证论文。我们发现,78%的文章仅使用统计显著性来判断其模型的成功与否。

例如,一项研究调查了那些会影响德国家庭决定是否采用智能计量技术(SMT)监测用电量的因素。他们考虑到了家庭收入这个因素:"收入较高的消费者有能力购买环保设备(如SMT),因此更有可能使用这种设备。"但研究人员没有明确"更有可能"指的是多大的可能性——他们没有考虑研究结果的实际重要性。他们的论文也没有给出可供读者自行判断的足够信息。

作者写道:"意向是一个人采取某种行为的主观概率。"然而,我与作者联系后得知,他们的意向变量并不是概率,而是每个家庭对3个问题的回答结果的平均分数,评分为1到7。收入变量被定义为"消费者的平均收入",但我们不知道它是周收入、月收入还是年收入,也不知道数据是以欧元、千欧元还是其他单位记录的。我们后来得知,这些数据是以千欧元为单位的月收入。

通过这些调查,我们得出了"魅力"答案:预计家庭月收入增加1 000欧元,其采用SMT的意向(评分为1到7)平均值会从4.125增加到4.187,增幅为0.062,实在是微不足道。

启示

统计显著性的概念是科学家提出来的,用于评估实证结果是否可以用巧合来解释。然而,对统计显著性目光短浅的关注会助长 p 值篡改这一顽固之风,而仅通过 p 值评估的模型在碰到新数据时往往表现不佳。

一个巨大的代价就是,那些聪明且勤奋的人把时间浪费在了 p 值篡改上。第二个代价是,当我们被告知某种药物、商业行为或政府政策具有统计显著性效果,却在按照建议去做时发现效果没了或者微不足道,我们的失望会削弱科学研究的可信度。

第六章

大多数药物都会令人失望

第五章解释了为什么随机对照试验是医学检测的金标准。然而，在随机对照试验中得到的阳性结果并不能保证治疗是有效的。毕竟，随机化从定义上意味着结果中存在一些随机性，因此阳性结果是假阳性总是有可能的。

令人倍感失望的现实情况是，可检测的毫无价值的治疗远远多于真正有用的治疗。表6.1展示了一个典型的例子。1万项治疗的检测中，有500项(5%)是真正有效的。随机对照试验能够正确识别所有有效治疗中的95%是有效的，以及所有无效治疗中的95%是无效的。因此，对有效治疗的475次检测(正确地)显示出统计显著性效果，而对无效治疗的9 025次检测(正确地)未显示出统计显著性效果。

表6.1 真阳性和假阳性

	在5%的水平上显著	不显著	总 计
有效治疗	475(真阳性)	25	500
无效治疗	475(假阳性)	9 025	9 500
总 计	950	9 050	10 000

到处都和95有关，似乎具有统计显著性的检测结果中的95%都是有效的。自相矛盾的是，实际上并非如此。475个假阳性和475个

真阳性的数量一样多。事实上,所有被证实的有效治疗中有一半是无效的。

如果所有检测的治疗中超过95%都是无效的,情况就更糟了。更加添乱的是,研究人员为了获得具有统计显著性的关系会禁不住对数据进行 p 值篡改。即使报告的 p 值低于5%,真正的假阳性率也可能远高于此。

举例来说,假设 p 值篡改将单个检测的假阳性概率从5%增加到10%,那么,适当调整表6.1中的数字后就会发现,所有阳性检测结果中有三分之二是假阳性。如果 p 值篡改将单个检测的假阳性概率提高到20%,则总体假阳性概率将增加到80%。

约安尼季斯(John Ioannidis)任职于希腊约阿尼纳大学、美国马萨诸塞州塔夫茨大学医学院和美国加利福尼亚州斯坦福大学医学院,是一位医学研究的揭发者。他在2005年发表的论文《为什么大多数已发表的研究结果是错误的》在全球范围内引起了对医学研究中假阳性问题的关注。他在理论论证后,对45项最权威的医学研究工作进行了研究,发现只有34项研究进行了验证原始研究的尝试,其中只有20次验证获得成功。在这34项重新验证过的权威研究中,有14项(41%)显然是假阳性。

除了 p 值篡改之外,导致阳性检测结果虚高的另一个原因是,医学试验的受试者通常集中在已知患有某特定疾病的患者中。在试验之外和医生办公室中,通常会为患有不同疾病或多种病症并存的患者开治疗处方。例如,抗生素被普遍视为神奇的药物,通常非常有效。然而,一些医生会习惯性地开抗生素处方,不顾抗生素可能产生的副作用(包括过敏反应、呕吐或腹泻)。重症监护室的权威指南《重症监护室手册》(*The ICU Book*)建议:"抗生素的第一条原则是尽量不使用,第二条原则是尽量不要使用太多。"

鉴于以上诸多困境，许多"经医学证实"的治疗达不到预期效果也就不足为奇了。这种模式在医学研究中司空见惯，以至于还得了一个名称——"递减效应"（decline effect）。

许多医学研究的脆弱性体现在医学界的共识在不断发生变化。巧克力曾被认为对你不好，现在黑巧克力对你有好处。咖啡曾被责怪是各种癌症的罪魁祸首，现在正相反，咖啡降低了患癌的风险。黄油曾被认为对你不好，现在黄油是健康的而人造黄油是不健康的。鸡蛋曾被认为对你不好，现在鸡蛋没问题。医学观点的不断变化损害了医学研究人员的公信力。我个人忍受了几十年用人造黄油而不是黄油做的巧克力饼干。我对此很不高兴。

一些人对医学领域的反复无常感到非常困惑和厌倦，以至于他们认为科学家隐瞒了对癌症和其他疾病的有效治疗方法，这样江湖郎中就能够兜售毫无价值的骗人特效药。一个行业的声誉已经降到冰点。

这种递减效应并不局限于少数研究人员。2019年曾报道，在过去十几年里发表在三大医学期刊上的3 017项随机临床试验中，有396项为医学逆转，得出的结论是，以前推荐的治疗方法毫无价值或更糟。其中许多医学逆转针对的是已被广泛使用的治疗方法。几十年来，激素替代疗法被推荐给更年期妇女，以预防心血管疾病和其他慢性疾病。现在，研究表明，它的益处微乎其微，而且会增加患脑卒中、血栓和癌症的风险。目前，关节镜手术每年用于治疗膝关节软骨撕裂和膝骨关节炎患者数十万次。事实证明，手术并不比常规的物理治疗更有效。

2011年，拜耳（Bayer）制药公司对67个有阳性结果的内部项目的公开数据进行了分析，发现三分之二的结果未得到后续分析的证实。2012年，生物技术公司安进（Amgen）回顾了53项具有里程碑意义的癌症研究，发现其中只有6项在后续研究中得到了证实。一位风险投资家报告说，早期风险投资家的"潜规则"是，至少有一半已发表的药物研究(即使是那些发表在顶级学术期刊上的)都"无法被工业实验室重复并得出相同的结论"。

捷径

2016年,美国国会通过了《21世纪治愈法案》(21st Century Cures Act),旨在通过允许FDA绕过临床试验,转而根据保险索赔、逸事和其他观察数据等"真实世界的证据"批准医疗药物、设备和治疗方法,来加快医疗发展。

该法案的标题表明,这是一种现代医学方法,旨在取代过时的治疗流程。"真实世界的证据"这个标签表明,随机对照试验是人为的且已过时。

因此,FDA最近推出了一个"预认证计划",该计划取消了对智能手机健康应用程序和其他健康软件的随机对照试验。FDA在2021年发布的标题颇为绕口的报告《基于人工智能/机器学习(AI/ML)的软件作为医疗设备(SaMD)的行动计划》解释了这一前提:

> 通过从每天产生的大量医疗数据中获取新的和重要的见解,人工智能(AI)和机器学习(ML)技术有望变革医疗产业……在软件应用中,AI/ML最大的好处之一在于它能够从实际应用和经验中学习并提高性能。FDA的愿景是,通过适当定制的基于产品全生命周期的监管监督,基于AI/ML的软件作为医疗设备(SaMD)将提供安全有效的软件功能,从而提升患者得到的护理服务的质量。

在后续章节中,我将解释为什么AI在包括医学在内的许多领域都承诺过头且未能兑现。在这里,我想重点谈的是一个表面上很吸引人的想法,即医疗软件可以根据适度的标准获得批准,然后用真实世界的数据进行持续测试,而不是用随机对照试验来评估其有效性和安全性。

有人可能会说,既然软件可以帮助我们,不会伤害我们,那么为什么要浪费时间进行漫长且昂贵的临床试验呢?苹果手表(通常被称为iWatch)的心律不齐通知提供了一个谨慎的答案。心律不齐可能是房颤的征兆,房颤可能导致各种与心脏相关的问题,包括脑卒中和心力衰竭。

苹果手表配备了一个电子心率传感器,可以测量佩戴者的心率和心律。当苹果公司的心脏健康监测应用程序推出时,美国心脏协会主席称其"具有颠覆性"。

2017 年,苹果公司启动了苹果心脏研究项目,该项目与斯坦福大学合作,耗资 800 万美元,用时两年,监测了 419 297 名在自己的苹果手表上使用心律不齐通知应用程序的志愿者。

在年龄不满 40 岁的 219 179 名志愿者中,有 341 人收到了心律不齐通知,但只有 9 人被确认患有房颤。在年龄谱的另一端,65 岁或以上的人有 24 626 名,其中 775 人收到了心律不齐通知,但只有 63 人被确认患有房颤。

很遗憾,许多重要的问题没有得到解答。我们不知道假阳性率,因为许多收到心律不齐通知的人根本不予理会。我们也不知道假阴性率,因为未收到心律不齐通知的人并没有被检测。此外,在拥有苹果手表并自愿参与的人和收到通知但没有理会的人中,肯定存在自选择偏差。

那么,苹果手表心脏健康监测应用程序有多大用处呢?令人失望的事实是,没有人知道。回答这些需要回答的问题的唯一方法就是做随机对照试验,而这正是 FDA 的预认证计划想规避的。FDA 最初的使命之一是保护消费者免受公众无法评估的、未经测试且可能有害的治疗方法的伤害。FDA 的预认证计划是朝着错误的方向迈出的一步。

我们知道的一件事是,预认证计划得到了软件制造商的热情支持,因为这可以让它们销售许多未经测试的应用程序——数字蛇油(digital snake oil)。

《21世纪治愈法案》以两种截然不同的方式反映和加剧了人们对科学的不信任。首先,该法案本身表明,该国的领导人不相信随机对照试验。其次,人们总有一天不会再对未经测试的灵丹妙药抱有幻想,而这将进一步削弱公众对科学的信任。

医生不会很快被淘汰

当涉及计算机算法时,递减效应很可能是普遍存在的,因为计算机很擅长存储数据和计算相关性,但却拙于判断数据是否相关以及相关性是否合理。

正如古话所言:"世事往往会功亏一篑。"可能的失误始于病人的数据,这些数据是出了名的不可靠。一项对英国医院记录所做的仔细分析发现,每年平均有1 600例30岁以上的成年人使用**儿童和青少年**精神病学服务的报告,而20岁以下的人使用**老年病学**服务的报告数量与此相当。作者开玩笑地推测:"我们不清楚为什么这么多成年人使用儿科医疗服务,但这可能是与参加老年病学服务的儿科患者之间的创新交流计划的一部分。"

他们还发现每年有成千上万份男性使用产科、妇科和助产门诊服务的报告,而女性做输精管结扎术的报告则较少。这些明显是笔误。

电子病历(EMR)在一定程度上实现了患者数据收集的标准化,尽管出发点是好的,但这种记录所有相关信息的努力却创造了所谓的"**数字患者医学**"(iPatient medicine),每个病人的就诊和手术都记录了大量的数据。过度收集医疗数据被称为"过度计量症",这不是患者的疾病,而是医疗保健系统的"疾病"。

美国国家科学院2019年的一份报告估计,医生和护士每个工作日平均花费50%的时光与计算机屏幕打交道而非与患者进行交流。医生们抱怨超负荷的EMR让他们精疲力竭,但现在这是人们对他们的期望,实际上也是对他们的要求。对急诊室医生的一项调查发现,通常需要鼠标点击6次才能订购阿司匹林,点击8次才能做胸部X线检查,点击15次才能开处方。平均而言,急诊室10小时的班次中有超过4小时用于在计算机中输入数据,尽管"**急诊**"这个标签表明患者需要紧急治疗。

使用EMR更多是为了实现计费过程标准化而不是为了改善对患者的护理。复选框可以触发付款,但往往无法充分传达医生所观察到的重要细节。一位医生抱怨说:"两三页就可以归类的内容,有可能会弹出八九个页面或更多。这令人麻木,头脑上的麻木。弹出的屏幕和运行的数据一茬接一茬。"另一位医生说,在EMR出现之前的书面病历可以让坐诊医生和其他医生以容易理解的方式记录患者的状况和治疗情况。

> 但现在电脑生成了一份14页的记录,如果你不知道我做了什么,你就不得不仔细研读这14页记录,来找出本应是一个简短评估的内容。我们正在制造堆积如山的数据,这些数据所产生的垃圾信息超过了相关事实。我认为计算机是一个很好的工具,但我从医是为了与人打交道,而不是为了成为数据录入员。

通过计算机软件可以轻松处理EMR,但这并没有让EMR变得更有用。在计算机中输入患者的信息,80岁偶尔会被错误地记录为8岁,反之亦然。性别复选框也会勾错:当想要选择**女性**时,有时会选成**男性**。这类情况不会经常发生,但重要的是,当它发生时,诊断和治疗不会误入歧途。人类医生会识别并纠正此类错误,而计算机算法不会,因为它们不知道年龄和性别意味着什么,这可能导致错误和可能危险的诊断和治疗。

即使没有EMR的错误来添乱,使用计算机算法进行诊断和推荐治疗方法也够冒险的了。一位专家告诉我:

> 医生们很了解EMR的局限性,并经常绕开这些局限性开展工作……我并不是说EMR不安全。然而,在通过计算机算法使用这些数据时,EMR数据中的问题是主要挑战。

有关医疗保健研究的计算机数字图书馆也存在类似的问题。在现实世界中,多种疾病并发是常态,特别是老年患者,他们通常需要服用多种药物。这一现实状况降低了计算机检索到的只对患有一种疾病并服用一种药物的患者所做的医学研究的实用性。

瓦赫特(Robert Wachter)在其著作《数字医疗》(*The Digital Doctor*)中写道:

> 医疗保健技术面临的重大挑战之一是,医学既是一种庞大的业务,又是一项细致入微的人类事业;它需要现代制造工厂的无情效率,也需要教区神父的悉心照顾;它既涉及科学,也关乎艺术;它是明显可量化的,但又顽固地不可量化。

2020年,一个由梅奥诊所*的医生与哈佛大学的生物统计学家组成的团队报告了一项针对临床工作人员的调查结果,这些工作人员当时都在使用计算机临床决策支持系统(CDS)来改善糖尿病患者的血糖控制。研究团队让工作人员对该计算机系统进行评分,从0(一点帮助

---

* 梅奥诊所,又称妙佑医疗国际,由梅奥(William Worrall Mayo)医生于1864年在美国明尼苏达州罗切斯特市创建,是世界著名的私立非营利性医疗机构。——译者

都没有)到100(非常有帮助),结果得到的中位数得分是11。最常见的抱怨是,系统推荐的治疗方法并不适合每个患者,推荐的治疗方法要么不恰当,要么无用,并且系统不正确地将标准风险患者归类为高风险患者。

沃尔玛正计划与美国医疗保险公司三叶草健康展开合作,大举进军医疗保健领域,后者声称自己的三叶草助手(Clover Assistant)技术"能让你的初级保健医生全面了解你的整体健康状况,并在你预约时就向他们发送个性化的护理建议",利用"数据、临床指南和机器学习来满足患者最迫切的需求"。这听起来更像是市场营销主管编写的广告文案,而不是医生写的可靠建议。沃尔玛的顾客可能需要谨慎对待特价保健品货架上的商品了。

医学科学取得了许多巨大的成功:艾滋病三联药将艾滋病从死刑转变为慢性病,他汀类药物的益处,抗生素的有效性,胰岛素治疗糖尿病,以及新冠疫苗的快速开发。在确定病因方面也取得了许多成功:石棉可导致间皮瘤,苯可导致癌症,吸烟与癌症有关。

尽管医学研究取得了许多辉煌的成就,但也不能盲目相信。研究人员应牢记递减效应的原因,医生和患者在决定治疗方案时也应该预见到递减效应。

运动是良医

在新冠疫情之前,2019年美国用于医疗保健的费用是3.8万亿美元,这相当于美国国内生产总值的18%,人均花费近13 000美元。与众多其他发达国家相比,人均支出要高出1倍以上,然而美国医疗保健投入产生的效果却在所有榜单中几乎垫底。美国人在各个年龄段的肥胖率都处于最高水平,心脏病的死亡率排名第2位。在出生时的预期寿命方面,美国排名第34位,落后于智利和黎巴嫩。

可以说，美国拥有全世界最好的医生、药物和医院。那为什么还有那么多美国人健康状况不佳，那么多人过早死亡呢？我们可以责怪体制，也可以责怪自己。

萨利斯（Robert Sallis）于 20 世纪 60 年代出生在惠蒂尔市，然后在布雷亚市长大，这是南加州两个懒洋洋的城市，靠近布埃纳帕克市和拉哈布拉市——我是在这两个令人昏昏欲睡的城市长大的。萨利斯的父亲是一名学校教师兼教练，他的妈妈是一家家庭医学医疗集团的办公室经理，这种组合激发了萨利斯对体育和医学的终身兴趣。

篮球是他的最爱，尽管他个子不高（6 英尺不到），但他在球场内外都很聪明。在高中毕业那一年，他创造了南加州高中单场和赛季助攻的纪录。与此同时，在美国空军学院担任助理教练的波波维奇（Gregg Popovich，曾是空军学院得分最多的球员并因表现出色被邀请参加1972 年美国奥运代表队的选拔）正在物色那些足够聪明、符合学院严格入学要求的优秀球员。萨利斯被成功招募，并在空军学院打了 4 年篮球。萨利斯显然不会成为职业篮球运动员，波波维奇教练鼓励他上医学院去追求他的另一大爱好，萨利斯如愿以偿。

萨利斯从美国空军学院和医学院毕业后，回到南加州，在加州丰塔纳市的凯撒医疗集团接受高级专科住院医生实习训练。波波维奇教练此时是波莫纳学院的篮球主教练，波莫纳学院位于附近的克莱尔蒙特市，他邀请萨利斯担任球队医生，萨利斯欣然接受。医学和体育皆是他的爱好，他现在做到了二者得兼。波波维奇教练很快就离开了，成为圣安东尼奥马刺队未来的名人堂教练，但萨利斯继续与波莫纳学院的运动教练兼体育教授琼斯（Kirk Jones）合作，后者恰好保存着波莫纳学院运动员的详细伤病报告。例如，他们与我共同撰写的一篇高被引论文得出的结论是，"在同类体育竞赛项目中，男女受伤模式几乎没有什么区别"。

在另一项研究中，萨利斯和一名研究助手发现，轻度至中度帕金森病患者在参与自行车耐力训练计划后，病情明显改善。

在与患者和运动员的互动中，萨利斯越来越相信定期锻炼对健康的益处。他是美国运动医学学会前主席和"运动是良医"(Exercise is Medicine)项目(一项由美国运动医学学会和美国医学会联合发起的倡议)的现任主席。他还曾担任国民体育活动计划医疗保健部门的主席，并是"全民步行"(Every Body Walk!)的代言人，"全民步行"是一项旨在让美国人站起来走路的全国性倡议。

他相信，"体育活动就像灵丹妙药，对治疗和预防几乎所有的慢性病都有帮助"。他认为，如果将锻炼列入《医师案头参考》(Physician's Desk Reference，最大的药物汇编)中，它将成为目前最有效的药物——如果医生不开这一处方，那就是渎职。

多项实证研究支持他的观点。众所周知，定期进行体育锻炼可以提高免疫机能，那些经常运动的人在各种病毒感染中的发病率、症状强度和死亡率都较低。定期进行体育锻炼可以改善心血管健康，增加肺活量，增强肌肉力量，改善心理健康，并对多种慢性疾病都能产生有益效果。

萨利斯和凯撒研究团队对凯撒医疗集团的 48 440 名新冠病毒感染患者进行了统计分析，这些患者在感染前两年内至少接受过三次身体活动水平测量，基于该统计分析，萨利斯和凯撒研究团队获得了更多的证据。《美国体育活动指南》(U.S. Physical Activity Guidelines)建议每周平均进行 150 分钟中等强度至高强度的体育活动(如快步走)。算下来，一周 5 天，每天抽出 30 分钟走路就行。然而，在感染前两年，只有 3 118 名患者(6.4%)做到了这一点。惊人的是，有 6 984 名患者(14.4%)每周进行中等强度至高强度体育活动的时间为 0 至 10 分钟！这些始终不活跃的患者中大多数根本没有锻炼，其余 38 338 名患者(79.1%)的表现介于始终不活跃和达到指南要求之间。

萨利斯和他的研究团队发现,在控制了数十个可能的混杂因素(包括 CDC 认定的与新冠重症风险增加相关的医疗条件)之后,满足体育活动指南要求的患者住院、进重症监护室或死亡的可能性要小得多。与心血管疾病、糖尿病和其他慢性疾病相比,缺乏运动是一个更大的死亡风险因素——运动是我们自己可以控制的因素。参加一些体育活动好过一点也不运动,但最好能达到每周运动 150 分钟的指南要求。

在发表于运动医学领域全球顶级的同行评审期刊《英国运动医学杂志》(British Journal of Sports Medicine)的一篇论文中,他们得出结论:

> 缺乏体育活动是最大的可变风险因素……我们建议各级公共卫生部门告知所有人群,除了接种疫苗和遵循 CDC 指南之外,定期参加体育活动可能是预防新冠重症及其并发症(包括死亡)的最重要措施。

是的,运动真的是良医,不只对新冠来说是这样。

所以,请你从座椅上站起来,出去走走吧!

启示

医学的进步是最伟大的科学成就之一,包括细菌理论、麻醉、疫苗、抗生素、X 射线和器官移植。科学家还引入了随机对照试验来对拟采用的治疗方法的效果和副作用进行可靠的评估。

然而,随机对照试验通常以统计显著性为标准,这助长了 p 值篡改行为。许多"被证实有效"的治疗方法到头来令人失望,导致人们对医学研究不再信任,这与 p 值篡改脱不了干系。

第七章

引人注目,但错误百出

有些科学家从事科学研究纯粹是出于自己对科学的热爱。描述直角三角形边长之间关系的毕达哥拉斯定理($a^2 + b^2 = c^2$)非常简洁明了,描述各种自然现象的众多方程中的 π 形式优雅。万有引力常数、光速和普朗克常数都令人惊叹不已。数学和科学领域的各种发现给人类带来了深深的满足感。

还有一些科学家乐于从事造福他人的研究。研发脊髓灰质炎、新冠和其他疾病的疫苗令人欣喜无比。内燃机、电话和电灯泡的发明也同样如此。诺贝尔经济学奖得主托宾(James Tobin)道出了许多人的心声,他写道:

> 我学习经济学并以此为职业有两个原因。其一,不论是过去还是现在,这个学科一直具有智力上的吸引力和挑战性,尤其对那些喜欢理论推理和定量分析并有这些天赋的人来说。其二,经济学曾经并且依然给人们带来希望——增进了解可以改善人类的命运。

托宾关于经济衰退原因以及政府可能采取的应对措施的研究,为宏观经济学语料库作出了重要贡献,这一语料库确实将世界从经济灾难中拯救出来。

科研成功还可能意味着名利双收。谁不想成为达尔文、爱因斯坦（Albert Einstein）或爱迪生（Thomas A. Edison）那样的名人呢？现实情况是，只有极少数人能够做到。相反，我们满足于15分钟的名声。

获得媒体关注的最简单方法就是报告引人注目的发现，比如股市的命运取决于谁赢得了超级碗比赛，飓风如果以女性名字命名会更具破坏性，交通事故在13日的星期五会激增，人们在就餐时如果使用的盘子、杯子和厨房是特定的颜色就会吃得比较少，等等。这诱使我们不惜一切代价获得将被广泛报道的激动人心的结果。意识到这一点后，每当我看到引人注目的研究，我就会默认它是错误的。

《英国医学杂志》的圣诞专刊

《英国医学杂志》是世界上历史最悠久也最负盛名的医学期刊之一。每年圣诞节期间，该杂志都会暂停发表枯燥的学术论文，而是发表一些引人注目的原创性研究："在这期间，我们不想发表任何与我们以前发表过的论文相似的东西。"尽管这些论文往往不同寻常，但该杂志的编辑向读者保证：

> 虽然研究主题可能比较轻松，但圣诞专刊的研究论文与常规刊期的研究论文一样，都遵循着新颖性、方法论严谨性、报告透明性和可读性等高标准。圣诞专刊的论文与常规刊期的论文一样，都要经过同等程度的竞争性筛选和同行评审过程。

这些文章通常都滑稽可笑，其中有4篇因其琐碎可笑的研究而获得了可怕的搞笑诺贝尔奖：

吞剑的副作用。如果吞剑者分心或剑的形状不寻常，就可能会出现问题。

患急性阑尾炎的人开车经过减速带。对患急性阑尾炎的人来说，减速带会带来更多疼痛。

性交时男性和女性生殖器的核磁共振成像。走吧，这里没有什么可看的。

麦芽酒、大蒜和酸奶油对水蛭食欲的影响。由于两只水蛭因接触大蒜而死亡，这个实验最终因伦理原因而被放弃。

有些文章显然无须认真对待。例如，一篇文章提议，收到学术期刊的拒稿信后，研究人员可以通过拒绝"拒稿信"来回应。作者提供了一个方便的模板，以下展示的是其中的片段：

亲爱的[插入编辑的名字]教授

[回复：MS 2015_××××此处插入突破性研究的标题]

感谢您对上述稿件的拒绝。

但是很遗憾，我们此时不能接受。正如您可能知道的，每年我们都会收到许多拒稿信，显然无法全部接受……

请您理解，拒绝您的拒绝是我们的最终决定。我们已上传原稿的最终稿和已签字的版权转让表。

我们期待收到校样，并期待未来能与您合作。

《英国医学杂志》的圣诞专刊在主流媒体上被广泛期待、阅读和报道，这导致一些研究人员以各种方式进行 p 值篡改，并证明即使有最优秀的期刊编辑把关，有缺陷的研究也能蒙混过关。以下是一些示例。

吓死人啦

一篇发表在 2001 年《英国医学杂志》圣诞专刊上的论文指出，许多日本人和中国人认为数字 4 是不吉利的，因为在日语、普通话和粤语中，"四"的发音与"死"非常相似。基于这一断言，作者作出了非常夸张的论断,认为日裔和华裔美国人如此害怕数字4,以至于他们在每个月的第4天容易心脏病发作。这篇文章的标题是《巴斯克维尔的猎犬效应》(The Hound of the Baskervilles Effect),参考了阿瑟·柯南·道尔爵士笔下的一则故事,其中提及,巴斯克维尔(Charles Baskerville)在黑暗的小巷里被一只恶犬追赶而死亡:

> 狗在主人的怂恿下,跃过边门向不幸的准男爵追去,他尖叫着沿着紫杉小巷逃命。在那阴暗的巷道里,看着那只巨大的、嘴眼冒火的黑色怪物跳跃追逐它的猎物,着实太可怕了。他倒在了小巷的尽头,死于心脏病和恐惧。

每个月的第4天对亚裔美国人来说就像被恶狗在黑暗小巷里追赶一样可怕,这种说法太荒谬了(并且带有种族主义色彩),所以我知道它必定存在缺陷。果然如此。

对于日裔和华裔美国人来说,每月第3、第4、第5天的冠心病死亡人数基本相同。《巴斯克维尔的猎犬效应》一文的作者无视这个不愿面对的事实,而将死亡情况分为几类,并报告了第4天死亡人数多于第3天或第5天的那些分类。此外,只采用1989—1998年的数据,尽管1969—1988年的数据也可用。

当我用他们"精心挑选"的分类和他们遗漏的1969—1988年的数据重新检验他们的论点时,我发现第4天并没有什么特别之处[更详细的讨论可参见我的《标准差——有缺陷的假设,歪曲的数据,以及其他用统计数据欺骗的方式》(*Standard Deviations: Flawed Assumptions, Tortured Data, and Other Ways to Lie With Statistics*)一书]。

随后,由香港中文大学医学教授潘尼萨尔(Nirmal Panesar)牵头的一项研究指出,数字"4"在粤语中是不吉利的,这毫无争议,但对于日本人和讲普通话的中国人来说却并非如此。此外,"14"和"24"比数字

"4"更不吉利,因为14听起来像"一定死",而24听起来像"易死"。潘尼萨尔还指出,相信这些数字具有不祥预兆的人更有可能使用农历而不是《巴斯克维尔的猎犬效应》一文中使用的公历。

潘尼萨尔分析了香港地区华人人口的冠心病死亡情况,这一群体中95%的人讲粤语,可以说他们对数字4、14和24比亚裔美国人更迷信。即使采用精心选择的心脏病分类法,每月第4、第14或第24天的死亡人数都没有出现显著的增加,无论使用的是公历还是农历,都是如此。他们得出结论:"也许这只猎犬喊错了树。"

这只 p 值篡改猎犬的所作所为牵出了支持荒谬结论的部分数据。

不快乐的生日

2020年《英国医学杂志》圣诞专刊上刊登的一项研究报告说,如果手术是在医生的生日当天进行的,那么手术更有可能致命。如果外科医生因生日计划和助手们的祝福而分心导致患者死亡,这确实是对医生的严厉谴责。然而,几个警示信号引起了我的注意,所以我对这一研究进行了调查。

这项研究的调查人群是2011—2014年接受过17种常见手术之一的65岁或65岁以上的患者:包括4种心血管手术和面向医疗保险人群的最常见的13种非心血管和非癌症手术。这4种"精挑细选"的心血管手术让我想起了《巴斯克维尔的猎犬效应》一文的作者对心脏疾病类别的精心选择。

作者称之所以选这些手术是因为提前做了功课,参考了4项调查手术死亡率与各种因素关系的研究,这些因素分别为:(1)外科医生年龄,(2)外科医生经验,(3)医院规模,以及(4)外科医生年龄和性别。第4项研究的作者中有两人也是这个"生日研究"的作者。

我将"生日研究"与这4篇论文进行了比较,想看看选这些手术是否有可能是为了支持作者的观点。1 篇论文提及了 6 种心血管手术和 8 种癌症手术；2 篇论文研究了 4 种心血管手术和 4 种癌症手术；第 4 篇论文讲到了 4 种心血管手术和面向医疗保险人群的 16 种最常见的非心血管手术。"生日研究"论文对 17 种手术的选择可疑地特别。

这 4 篇参考文献均未将癌症患者排除在外，但"生日研究"论文却排除了癌症患者，并给出了令人难以信服的解释："为了避免患者的护理偏好（包括临终关怀）影响术后死亡率。"

此外，"生日研究"论文将手术死亡界定为术后 30 天内的死亡。4 篇参考文献（包括作者有重叠的那篇论文）都将手术死亡界定为出院前或术后 30 天内的死亡。其中一篇论文解释说："对于某些手术来说，大比例的手术死亡更多发生于出院前而非术后 30 天内，因此只取术后 30 天内的死亡率无法充分反映真正的手术死亡率。"

《英国医学杂志》也发表对其文章的快速回应，在其发表的对"生日研究"论文的回应中，包括我的一篇评论，以及以下摘自一篇有深度的长篇评论的片段：

> 对这位外科医生来说，论文提出的设想似乎难以置信，但对这篇论文的作者来说却似乎是可信的，他们中只有一人上过医学院，没有一个人有任何外科经验……
>
> 这篇论文的假设实在是奇怪，以至于让人怀疑它是不是……为了寻找统计显著性而进行的一次试探性调查的结果。作者似乎不太可能仅仅为了研究外科医生的出生日期对死亡率的影响而承担清洗数据集的艰巨任务……作者还检验了多少其他假设，然后因为它们没有产生可发表的 p 值而将之舍弃呢？我们无从知晓，但 p 值篡改的所有特征在这篇论文中都能找到。

p 值篡改……当然是统计学不端行为,但这些作者很可能就是这样做的。像作者在经过大量的统计工作(长达 29 页的在线补充资料)之后所报告的边缘显著 p 值(0.03)就是典型的 p 值篡改……此外,作者报告的 p 值不仅处于临界水平,而且效应量也微乎其微:……4 年的时间,近 100 万台手术……涉及的外科医生总计 47 489 名……共 29 例死亡病例……

这篇稿件存在的问题如此严重,以至于稿件作者之一加藤(Kato)质疑美国每一位外科医生声誉的意图不仅是错误的,也是不负责任的。加藤的稿件结论已经被大众媒体报道,并作为"标题党"在互联网上迅速传播,这无疑有助于促进作者们的职业发展,但在此过程中却损害了患者对其外科医疗团队的信任。

布雷迪一家

2013 年的圣诞专刊中有一篇标题诱人的论文——《布雷迪一家?》(The Brady Bunch?),该论文关注的是"姓名决定论",这一理论认为,我们的姓名会影响我们对职业的选择。我的姓是**史密斯**(Smith),因此,我可能注定会选择成为铁匠(blacksmith)或银器匠(silversmith)。这没有发生,但报纸上的一篇文章确实发现"一位皮肤病医生名叫拉什(Rash,意为皮疹),一位风湿病医生名叫尼(Knee,意为膝盖),还有一位精神科医生名叫库奇(Couch,意为诊察台)"。《布雷迪一家?》的作者加上了他们自己的例子:

在 2012 年伦敦奥运会期间,一位与闪电(bolt)同名的男子成了世界上跑得最快的人,这是否令人惊讶?博尔特(Usain Bolt)以 9.63 秒的成绩赢得了 100 米决赛,比历史上任何人都要快。在某种程度上也可以预测,保加利亚跨栏运动员斯坦博洛娃(Vania Stambolova)会像她的名字预示的那样,不幸被绊倒(stumble)在预赛的第一道栏上。

并非每位皮肤病医生都叫 Rash,也不是每位赛跑者都叫 Bolt。在从事任何职业的人中,都一定会有其名字与其职业恰巧相关的人。问题在于,名字与职业相关的人异常众多是不是真的。

这篇论文的作者将研究重点放在都柏林人中名叫布雷迪(Brady)的人心动过缓(bradycardia)的概率是否异常的高。此时,如果你不是医生,可能就会像我一样好奇,什么是心动过缓。bradycardia 一词来自希腊语 *bradys*("慢")和 *kardia*("心脏"),意味着心率比正常情况要慢,可能需要通过植入起搏器来治疗。

名叫 Rash 的人可能会被与皮疹有关的职业吸引,持这种观点的人相当合理地假定,名叫 Rash 的人知道 rash 这个词的意思是什么。然而,对于绝大多数人来说,bradycardia 是一个陌生的词,这一事实即可驳斥"名叫 Brady 的人会因心理暗示而出现心动过缓"的观点。

尽管如此,作者还是对都柏林一家不知名医院的 999 例起搏器植入手术(时间跨度为 2007 年 1 月至 2013 年 2 月)进行了调查,发现其中 8 例(0.80%)的患者名叫 Brady。为了进行比较,他们查看了该医院所在地区的 161 967 个住宅电话名单,发现 579 人(0.36%)名叫 Brady。这种差异的 p 值为 0.03,具有(临界)统计显著性。

既然这一假设完全不合理,作者又是如何找到具有统计显著性的模式的呢?可能已经通过多种方式对数据进行了 p 值篡改,首先作者可能研究了除心动过缓之外的其他一些疾病。

说到心动过缓,都柏林有 8 家医院都可以实施起搏器植入手术,作者的隶属单位涉及其中的 3 家,然而却只报告了 1 家医院的数据。他们是否略去了出现相互矛盾数据的医院呢？

作者说数据跨越了 61 个月的时段，从 2007 年 1 月 1 日到 2013 年 2 月 28 日。实际上，这是 74 个月的时段，这不免让人对论文中报告的计算算得有多仔细心生疑虑。读者可能还想知道，为什么时段是大约 6 年，而不是更明显的 5 年或 10 年？另外，为什么时段结束于 2013 年 2 月 28 日，而不是 2012 年 12 月 31 日，后者正好为 6 年，或者结束于离 2013 年 12 月的出版日期更近的月份？2013 年 1 月和 2 月是否对他们的论点有支持作用，而 2013 年 3 月、4 月和 5 月则对他们的论点有不利影响呢？

用姓氏 Brady 在电话簿中出现的频率来估算名叫 Brady 的起搏器植入手术候选患者的数量是有干扰性的。首先，起搏器接受者的年龄稍大于电话簿中的人群，并且也许姓 Brady 的人随着时间的推移已经变少了——因此姓 Brady 的便是老年市民居多。其次，尽管电话簿标的是"**住户**"，但其中有些条目是非住户。我在都柏林居民住宅电话簿中搜索词条 Ltd 和 Limited*，发现了几十个独特的非住户结果（某些条目甚至重复出现），包括：

  Findings Ireland Ltd

  TCOM Ltd

  DecathlonSports Ireland Ltd

  Roofing Ltd Main Street

  Anbawn Computing Limited

  Services Limited BROC Accounting

我还无意中发现了这些条目：

---

* Ltd 和 Limited 都指有限责任公司。——译者

Balbriggan Library（巴尔布里根图书馆）

National Council for the Blind（全国盲人协会）

Flyover B&B［飞越地带（通常指美国中部）提供住宿和早餐的地方］

The Swedish Coffee Company（瑞典咖啡公司）

很难确定都柏林住宅电话簿中有多少是重复的或是非住户，但很明显，0.03 的 p 值具有误导性，而且这篇论文存在许多问题，使得统计证据缺乏说服力。

此外，我们需要考虑"魅力（oomph）"方面，即研究结果的实际意义。0.80%和0.36%的发病率之间的差异具有什么实际意义吗？名叫 Brady 的人应该担心自己心动过缓吗？医生应该为所有名叫 Brady 的人做心动过缓检查吗？或者，我们应该为这篇论文没有获得搞笑诺贝尔奖而哀叹吗？

摩托车、满月和充满分岔小径的花园

我们常用统计学家格尔曼的比喻"小径分岔的花园"来描述经不起推敲的研究。如图 7.1 所示，想象一下，一名研究人员正在穿过一个有众多分岔小径的花园，其选择的路径会通往一个目的地，但不是一个必然的目的地。不同的选择会通往不同的目的地。

有时，研究人员会尝试好几条路径，但只报告其中的一条，这就是 p 值篡改。有时，研究人员只尝试了一条路径，然后

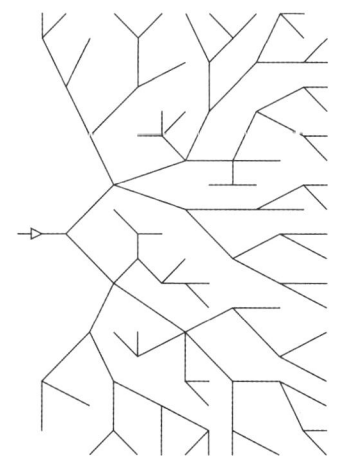

图 7.1　小径分岔的花园

在到达目的地后形成一个理论,这就是**结果已知后再假设**(hypothesizing after the results are known,简称 HARKing)。

p 值篡改的一个例子是,超感官知觉(ESP)研究人员测试了 1 000 人,但只报告了最成功的猜测者的结果。HARKing 的一个例子是,ESP 研究人员在测试结束后分析数据,发现实验开始和结束时 ESP 为阳性,而在实验中期 ESP 为阴性。通常情况下,就像大多数 ESP 研究一样,研究人员并未意识到自己已经穿过了一个小径分岔的花园。

关于"众多分岔小径",有一个有趣的例子。2017 年的一篇圣诞专刊论文声称,在满月时更容易发生致命的摩托车事故。满月的画面让人联想到疯狂、超自然活动和狼人。实际上,罗马神话中的月亮女神 Luna(露娜)是 lunacy(**疯狂**)和 lunatic(**疯狂的**)这两个词的来源,许多护士和警察相信,在月圆之夜,狂野和疯狂的活动有所增加,尽管几乎没有证据支持他们的逸事回忆。

不管怎样,月圆之夜摩托车手在道路上疾驰的画面还是很吸引人的,这项研究由多伦多大学和普林斯顿大学的著名教授共同撰写,并发表在《英国医学杂志》上,还被《华盛顿邮报》《卫报》和《今日心理学》(*Psychology Today*)等媒体广泛报道。

事实上,这些作者并不是在论证满月会使人们的行为变得疯狂。他们的论点是,满月会让驾驶员分心,不太注意可能的驾驶危险:

> 对满月的匆匆一瞥使摩托车手的视线离开了道路,这可能导致摩托车失控……我们建议骑手和驾驶员要集中注意力,不要分心,要不断观察自身周围的动态情况。

这是一个合理的论点,也是一个明智的建议。谁会赞成驾驶时分心呢?然而,对这个理论的实证检验涉及多条分岔小径,包括发生事故的是哪种车,如何计算死亡人数,事故发生在哪些时段、哪些夜晚,以及涉及哪些对照组。

哪种车

这篇满月论文使用了美国国家公路交通安全管理局的死亡分析报告系统(Fatality Analysis Reporting System,简称FARS)的数据来统计涉及摩托车的事故数量。然而,摩托车手不是唯一会被满月吸引而盯着它看的驾驶员。事实上,如果坐在密闭的小汽车和卡车里的驾驶员想要看清楚月亮,那么他们需要费很大的劲才能做到,这也是应该考虑所有车辆事故的原因,甚至应该优先考虑那些视野有限的车辆。

此外,许多致命的摩托车事故涉及与其他车辆的碰撞,也可能是其他车辆的驾驶员而非摩托车手分心了。还有可能是因为摩托车的前灯和尾灯在满月之夜不太明亮可见。另一方面,在满月之夜行驶可能更安全,因为道路可见度更高。情况显然并不是那么简单。

除了摩托车的致命交通事故数据之外,FARS还有轻便摩托车、三轮摩托车、越野摩托车和其他类型摩托车的事故数据。这些可能都已包含在摩托车的统计数据中。其他研究人员可能会考虑所有车辆的致命交通事故,或者重点关注诸如皮卡、敞篷车或运动型多用途汽车(SUV)等车辆的交通事故。不存在本质上的最佳选择,但存在可能导致不同结论的多条分岔小径。

如何计算死亡人数

另一条分岔小径是FARS数据库记录的致命事故数量和每次事故的死亡人数。在量化月圆之夜的驾驶风险时,更好的风险衡量标准可能是某人死于车祸的概率,而不是某人遇到一起有人死亡的车祸的概率。

无论哪种方式,在计算风险时,还应考虑在满月之夜道路上有多少车辆,总行驶时间或总里程数。遗憾的是,FARS没有这些数据。因此,我们只能使用致命事故数量或事故的死亡人数来凑合了。

哪些时段

既然论点是驾驶员会因为看到明亮的满月而分心,那么死亡事故数据就应仅限于月亮可见的时段。关于可选时段,有很多分岔。满月论文选用的是从满月当天的下午4点到第二天上午8点的16小时时段。然而,下午4点或上午8点天黑的可能性很小,而且在白天是不可能看到满月的。驾驶员如何会被实际上看不见的满月分散注意力呢?如果交通事故是由让人分心的满月引起的,最有说服力的证据应该出现在天最黑且满月最容易看到的时段。晚上8点到凌晨4点的8小时时段是一个合理的选择。

哪些夜晚

识别满月之夜似乎不需要费什么周折。然而,还是有很多分岔小径。满月论文从网站timeanddate.com上获取了满月的日期:

> 我们将满月定义为:从地球上观察,在每个月的某个夜晚,月亮的一整面被照亮之时。在罕见的情况下,一个月会有两次满月。在这种情况下,我们将两次满月都包含在内。

满月论文的作者没有意识到,满月的日期取决于观察月亮的时区,我起初也没意识到。美国大陆有4个时区,东部时区和太平洋时区之间相差3个小时。阿拉斯加时区比太平洋时区晚1个小时,而夏威夷时区又比阿拉斯加时区晚2个小时。FARS的致命交通事故数据还包括波多黎各和美属维尔京群岛,它们都位于大西洋时区,比东部时区早

1个小时。

满月可能在这个时区出现在这一天,而在另一个时区出现在另外一天。例如,在美国东部时区,1998年6月的满月出现在6月10日,而在其他5个美国时区则出现在6月9日。更复杂的是,美国有13个州跨越两个时区,而且美国的一些县也分属两个时区。

要完全准确地确定一起致命交通事故是否发生在事故地点的满月那天是非常繁琐的工作,有时甚至不可能办到,因为关于所涉城市(或最近的城市)的FARS数据非常零散。

因此,满月论文的作者选择了单一时区来确定满月之夜的日期,也就可以理解了。然而,他们漫不经心地选择了伦敦时区,该时区比美国东部时区早5个小时,比太平洋时区早8个小时。英格兰清晨的满月往往是美国前一天夜里的满月。例如,2019年3月21日凌晨1∶42出现在伦敦的满月,是于3月20日晚上(洛杉矶时间晚上6∶42,纽约时间晚上9∶42)出现在美国。

与此相关的一个问题是,在确定满月日期后,满月论文记录了发生在当天下午4点至第二天早上8点之间的致命交通事故。然而,考虑到1975年10月20日凌晨12∶05在美国中部时区出现的满月,与其计算发生在10月20日晚上的事故,不如让满月时段包含满月出现的时间——具体地说,就是计算发生在10月19日晚上的事故,这似乎更契合这篇论文的精神。

在众多可能的路径中,一个合理的替代方案是采用美国中部时区,这个时区人口稠密,大致位于美国大陆的中部,并采用一个包含满月时间的夜间时段。

哪些对照组

满月论文将满月当天的事故数量与满月之日7天前和7天后的平

均事故数量进行了比较。这当然是一条看似合理的路径,但还有其他路径。一个自然的替代方案是 14 天前和 14 天后,这(大致)将是新月的日期,新月本质上与满月相反。7 天和 14 天的对照组都具有将工作日与工作日、周末与周末进行比较的优势。

结果

在这项研究中存在大量的分岔小径,我并未一一考察它们。除了摩托车事故,我还考察了所有致命的车辆事故。除了事故数量,我还考察了死亡人数。除了加减 7 天的对照组,我还使用了加减 14 天的对照组。除了下午 4 点到上午 8 点的时段,我还使用了晚上 8 点到凌晨 4 点的时段。我没有使用伦敦时区和一个从满月之日当晚开始的时段,我使用的是美国中部时区和一个包含满月时间的时段。在花园中散步的结果如表 7.1 所示。

表 7.1　满月之夜的事故数量和死亡人数

	下午 4 点至上午 8 点时段		晚上 8 点至凌晨 4 点时段	
	所有车辆	摩托车	所有车辆	摩托车
致命事故数量				
满月	37 964	**3 706**	21 158	1 985
±7 天	38 075.5	**3 603.0**	20 979.5	1 974.5
±14 天	38 047.0	3 669.5	21 272.0	1 997.0
死亡人数				
满月	42 222	3 873	23 637	2 080
±7 天	42 414.5	3 768.0	23 433.0	2 073.5
±14 天	42 462.5	3 828.5	23 834.0	2 089.5

注:对照夜晚的数据是相同时段中满月之日前后 7 天或 14 天发生的事故的平均数。

穿过这个小径分岔的花园并无一条令人信服的最佳路线——这正是问题的关键所在。当没有最佳路径时,我们应该考虑各种看似合理的选择,看看结论是否取决于这些选择。

这里,按满月论文的路径(表 7.1 中的加粗条目),满月之夜发生的致命摩托车事故比对照夜晚发生的要多 2.9%——前者是 3 706 起,后者是 3 603 起。(论文采用的是伦敦时区,报告的是 5.3% 的差异。)这个结论并不可靠,因为其他合理的路径并未表明在满月之夜驾驶特别危险。表 7.1 中的 16 个比较结果显示,事故数量或死亡人数在满月之夜更高和更低的各为 8 个。16 条路径中的 14 条,其满月之夜与对照组之间的差异不到 1%。

20 年前,在大型数据库中探索替代路径需要耗费的时间令人生畏,这经常使研究人员望而却步,不敢广泛或深入地探索他们的花园。如今,可以利用各种强大的计算机算法来探索众多路径。这种能力不应被 p 值篡改或 HARKing 滥用,但可以用来验证研究结论的可靠性。行文至此,可以得出结论,在满月之夜驾驶异常危险的证据并不令人信服。

读不完,根本读不完

《圣经》(《传道书》第 12 章第 12 节,英王詹姆士一世钦定《圣经》英译本)告诫说:"著书多,没有穷尽;读书多,身体疲倦。" 2010 年的一篇圣诞专刊论文报告了对《圣经》这一告诫的实证更新。作者在美国国家医学图书馆的数据库中搜索了与超声心动图相关的论文,找到了 113 976 篇——这对一名新晋的专门从事超声心动图研究的医生来说,是一个很长的阅读清单:

> 我们假设他或她每小时能阅读 5 篇论文(每篇用时 10 分钟,然后休息 10 分钟),每天阅读 8 小时,每周 5 天,每年 50 周。这样算下来,一年能阅读 10 000 篇论文。阅读所有与超

声心动图相关的论文……将耗时 11 年零 124 天,届时至少还会增加 82 142 篇论文,又另外需要 8 年零 78 天。在新入职者能够赶上并开始阅读当天发表的新论文之前,他或她(如果还活着并且还有哪怕一点点兴趣的话)已经阅读了 408 049 篇论文并投入(用"服刑"或许更恰当)了 40 年零 295 天的时间。

理想情况下,新入职的医生将刚好在退休时完成这一任务。

请注意,这个计算是在十多年前进行的,现在一名新医生阅读清单上的积压论文要比那时多得多。

作者意识到,论文的质量并不都一样,但要把"精华"和"糟粕"区分开来是很困难的,因为有价值的论文并不局限于一小部分期刊。

一种更有希望的策略是忽略所有未使用随机对照试验的论文。令人惊讶的是,在 113 976 篇超声心动图论文中,只有 457 篇采用了随机对照试验!可以将作者的结论理解为这样一种宣言,即几乎所有的超声心动图研究都不值得阅读:

> 在影像诊断等领域,大量的出版物掩盖了这样一个事实:我们仍然缺乏足够的证据来证实合理的实践……评估任何诊断策略的最佳方式是进行对照试验:研究人员给患者随机分配不同的诊断策略,并衡量死亡率、发病率和生活质量。但是,美国心脏协会和美国心脏病学会指南的诊断建议中,只有 2.4% 得到了这种等级的证据的支持。

追溯性祈祷

2001 年的一篇圣诞专刊论文引起了我的兴趣,论文讲述了陌生人的远程祈祷如何缩短了因血液感染而住院的患者的发热时间和住院时间。作者莱博维奇(Leonard Leibovic)选择的受试者群体是 1990 年至

1996年在以色列一所大学医院接受治疗的所有血液感染成年患者。患者被随机分入干预组和对照组。干预组的患者得到了简短的祈求身体健康、完全康复的远程祈祷,对照组的患者则无人为其祈祷(尽管朋友和亲戚可能已经为他们祈祷过了)。

祈祷组的死亡率(28.1%)略低于对照组的(30.2%),尽管这一差异并不具有统计显著性。另一方面,祈祷组的发热持续时间和住院时间缩短了,缩短的时间具有统计显著性。

这一结论似乎值得进一步调查。我马上注意到的一件事是,数据因离群值而出现偏差。例如,两个组住院时间的中位数非常接近(治疗组为7天,对照组为8天),但最长住院时间极其长且差异很大(治疗组为165天,对照组为320天)。我还意识到,住院时间长短可能与发热的持续时间密切相关,而且自相矛盾的是,发热时间短和(或)住院时间短并不一定是好事,因为两者的结局都可能不是康复,而是死亡。这让我想起了一项研究,该研究发现在出院时血液pH极低的脓毒症患者不可能再次住院——倒不是因为他们完全康复了,而是因为他们被送往太平间了。

当我更仔细地阅读这篇祈祷论文时,我发现了对这种治疗的令人惊讶的描述:

> 由于我们不能先验地假设时间如我们所感知的那样是线性变化的,也不能假设上帝像我们一样受线性时间的限制,所以干预是在患者感染和住院4—10年后进行的。

我把这句话读了两遍,才意识到这是一篇恶作剧论文。祈祷是在2000年为1990—1996年住院的患者做的,这些病人要么已经死亡,要么已经康复。作者显然是想提醒我们,随机对照试验有时也会产生假阳性。

并不是每个人都能理解这个笑话。许多人引用这篇论文来证明祈祷的力量。一位知名的通灵研究者宣称,这项研究是"规模最大、最重要和资金最充裕的意识和非定域性研究之一"。一些明白这个笑话的人反对这样的恶作剧论文,因为有些人会信以为真。在一个对这篇恶作剧论文的恶作剧回应中,一位医院管理者反对说:"在没有获得患者本人同意的情况下,对患者的常规护理进行实验性干预,是有悖于道德的。"

启示

发表令人难忘的研究成果可获得名声、财富和研究基金。不幸的是,在这些奖励的诱惑下,许多人通过 p 值篡改的方式获得将被广泛报道的半真半假、吸人眼球的结果。科学家的成就带来了奖励体系;科学对严谨的要求带来了统计显著性要求;传播研究成果的科学期刊带来了宣布引人注目的发现的 p 值发布平台。无意中产生的后果是,即使是最好的期刊当下也会发表垃圾文章,这让科学家的理智和科学研究的价值受到质疑。

第三部分

数据挖掘

第八章

大海捞针

人们倾向于避开思考合理预测方法的艰辛工作,而是简单地让计算机尝试许多不同的可能性,并选择作出最准确预测的变量。让计算机选择最好的模型被称为**数据挖掘**(又名**机器学习**或**知识发现**)。唉,便捷的方法并不总是最好的方法。

有时,数据挖掘会涉及 HARKing,即在计算机发现统计关系后,想出一些理由,任何理由都行。有时,数据挖掘者认为不需要理由,重要的是管用就行。我们需要知道智能手机是如何工作的吗?我们需要知道为什么一个变量能预测另一个变量吗?问题是,如果没有潜在的原因,那么发现的统计关系就只是一个毫无意义的巧合。注意到硬币连续三次正面朝上并不能帮助我们预测下一次抛硬币的结果。

除了避开艰辛思考之外,数据挖掘爱好者们还表示他们可能会发现迄今未知的关系。软件巨头 SAS 公司的思想领袖副总裁(多么了不起的职位头衔啊!)在《哈佛商业评论》(*Harvard Business Review*)上撰文称,"传统的数据库查询需要一定程度的假设,但挖掘大数据会揭示出我们甚至不知道要去寻找的关系和模式"。类似地,在备受推崇的科技杂志《连线》上一篇题为《大数据与理论家的消亡》的文章中,作者解释说:"算法寻找模式,而假设从数据中得出。分析师甚至不必再费心提出假设。"

几十年前,数据挖掘被认为是一种与剽窃不分伯仲的罪行,这是因为，就像 p 值篡改一样，找到能预测过去的模型是容易的也是无用的。如今，数据挖掘带来的灾难似乎无处不在，频频出现在医学、经济学、管理学，甚至历史学领域。

举例来说，给一台计算机输入一家中国茶叶公司两年间每日的股价信息和同一时期特朗普每天在推特上发的推文的单词清单，计算机程序可以计算每个单词被用于推文的频率与 1 到 5 天后茶叶公司的股价之间的数千种相关性，并可能确定特朗普推文中的"with"一词与 4 天后茶叶公司的股价之间的相关性最高。

问题在于，如果我们查看成千上万的相关性，即使是随机变量之间的相关性，有些相关性仅凭运气也必然会有统计显著性。请记住，平均而言，随机数之间每 20 个相关性中就会有 1 个是假阳性。有 1 000 个相关性时，预期会有 50 个假阳性。

在计算机处理成千上万个相关性还不现实的时候，这不是什么大问题。现在，计算机可以在几秒钟内完成人类需要数年才能手动完成的任务。此外，计算机不会感到疲劳，也不会出现算术错误——计算机是永动的数据挖掘者。

另一方面，计算机无法确定自己发现的统计关系是否有意义。在我们举的特朗普推文的例子中，计算机不知道**股价**、**中国茶叶公司**或**日期**的含义。计算机不知道**特朗普**是什么，不知道**推文**是什么，也不知道特朗普推文中的任何一个单词的含义。这些标签就像是随机选择的汽车牌照一样。计算机无法评估特朗普在推特上发 with 与茶叶公司股价之间的相关性是不是一个合理的股价预测模型。如果计算机程序的任务是买卖股票，它可能会根据特朗普在推特上发 with 的次数进行买卖操作，并因此亏损很多钱。

人类不会做这样的蠢事。我们有能力说："胡说八道！"我们只需要认识到，由数据挖掘所发现的大多数模式都是胡说八道。

挖掘愚人金

一个专业的数据挖掘人士热情洋溢地说：

> 推特就是一座数据的金矿……将数千吉字节的数据与复杂的数学模型和强大的计算能力相结合，能够创造人类无法产生的洞见。大数据分析为企业提供的价值是无形的，每天都在超越人类的能力。

请注意，他是多么轻易地假设大量的数据、数学和计算能力使得计算机比人类更聪明。

这位数据挖掘人士引用了一项关于2014年巴西总统选举的研究，作为例子来说明，在推特数据中进行数据挖掘如何"能够深入了解社会舆论"。这位巴西研究的作者写道：

> 鉴于社交媒体数据的庞大体量，分析人员已经认识到推特是一个虚拟的信息宝库，可用于数据挖掘、社交网络分析，以及感知社会舆论趋势和对各种政治与社会倡议的支持（或反对）浪潮。

2014年的巴西总统选举于当年10月5日举行，罗塞芙（Dilma Rousseff）获得了41.6%的选票，而内维斯（Aécio Neves）获得了33.6%的选票。由于没有人获得超过半数的选票，3周后的10月26日举行了决胜选举，罗塞芙以51.6%对48.4%获胜。

为了展示对社交媒体进行数据挖掘的威力，计算机算法对2014年10月24日、25日和26日巴西14个大城市排名前十的推特热门话题中使用的词语进行了数据挖掘，以预测在每个城市的获胜者。这听起来似乎有点道理，但有足够的理由保持谨慎。那些发推最多的并不一定是选民的随机样本。许多甚至不是选民，甚至连真人都不是。还记得前几章关于如何利用机器人账号和其他伎俩来引领趋势的讨论吗。推特的数据可能主要反映了一些人操纵选民的企图,而不是反映选民的意见。

算法表现如何呢？该研究自豪地报告了60%的准确率。这比抛硬币略好一点,但生活在美国的我有点奇怪,因为美国的大多数大城市都会将票稳妥地投给其中一个政党。预测波士顿、芝加哥和纽约在总统选举中如何投票一点也不难。在这里,比较一下2014年巴西总统选举在这14个城市中第一轮和第二轮的选举结果,如果我们简单地预测在10月5日的投票中表现更好的人会在10月26日的决选中获胜,准确率将达到93%。

尽管使用超高速计算机挖掘海量数据表面上很有吸引力,但这种模式的发现都是愚人金。

特朗普的推文

据报道,在2022年,推特拥有超过2亿名独立日常用户,这些用户每天发的推文总数达5亿条,加起来一年就有近2000亿条推文。这些庞大的数据为发现无用的统计模式提供了多么不可思议的机会啊!

许多人都这样做了,包括摩根大通(JP Morgan)的一些研究人员,他们发现利率与特朗普发的包含"China"(中国)、"billion"(十亿)、"products"(产品)、"Democrats"(民主党人)、"great"(伟大的)等单词的推文数量之间存在具有统计显著性的相关性。

这样的相关性很容易发现,而用处却微乎其微。我曾通过对特朗普从2016年11月9日(即他当选第45任美国总统后的第二天)开始的3年内的推文进行数据挖掘来证实这一点。我发现,特朗普在推文中使用"president"(总统)一词与2天后股价的标准普尔500指数之间存在0.43的相关性。具体来说,特朗普在推文中使用"president"一词的次数增加一个标准差的 2 天后,标准普尔 500 指数预计将上涨 97 点。p 值基本为零,这种相关性的有用性也基本为零。

我并没有事先选择"president"这个词。我考虑了成千上万的推文词语、道琼斯平均指数和标准普尔 500 指数,以及未来 1 到 5 天的走势。我确信会找到一些具有统计显著性的巧合相关性,我的确找到了。

为了更加有力地说明这一点,我用更多奇特的变量进行了更多的数据挖掘。我发现,在特朗普使用"ever"(曾经)这个词的次数增加一个标准差的 4 天后,莫斯科的最低气温预计会升高 3.30℉,而在使用"wall"(墙)这个词的次数增加一个标准差的 5 天后,平壤的最低气温预计会降低 4.65℉。

我甚至考虑过中国茶叶的价格。(是的,本章前面给出的假设的例子并不是假设的。)我找不到中国茶叶价格的每日数据,于是我采用了一家中国茶叶产品分销商 Urban Tea 的每日股价。结果发现,在特朗普更频繁地使用"with"这个词的 4 天后,Urban Tea 的股价预计会下跌。

好像这还不够荒谬,我生成了一个随机变量,并使用我的数据挖掘程序寻找一些与这些随机数相关的特朗普推文词语。我并没有失望。特朗普在推文中使用"democrat"一词次数的一个标准差的增加与 5 天后的随机数之间有强烈的正相关。

我用这些越来越不切实际的统计模式旨在证明,靠数据挖掘一般都能找到具有统计显著性的模式,这些模式一般都可以肯定是巧合。

我写了一篇关于用数据挖掘分析特朗普推文的讽刺文章,煞有介事地推断说:

> 我没有预料到我所揭示的东西——它是令人信服的证据,证明使用数据挖掘算法能够发现具有统计说服力的、迄今未知的相关性的价值,这些相关性可以用来作出可信的预测。

我天真地认为读者会理解这个书呆子笑话的要点——数据挖掘很容易发现毫无用处的模式。我将论文投到了一家学术期刊，其中一位审稿人的评论美妙地展示了统计显著性凌驾于常识之上的观念有多么根深蒂固：

> 该论文总体写得不错，结构有条理。这是一项有趣的研究，作者使用前沿的方法收集了独特的数据集。

第二位审稿人明白了这个笑话，但并不欣赏我对数据挖掘的批评：

> 已有记录的案例表明，数据挖掘已被用于作出实际而有用的预测。因此，作者的发现和观点并不具备增值价值。

沃森，我们的计算机霸主

国际商业机器公司（IBM）的沃森（Watson）计算机系统在 2011 年击败了著名电视智力竞赛节目《危险边缘》的冠军詹宁斯（Ken Jennings）和拉特（Brad Rutter），这件事举世瞩目。沃森似乎能够像人类一样理解

图 8.1 《危险边缘》节目

（图片来源：Associated Press）

问题，并且拥有超越人类的一套百科全书知识。那个位于詹宁斯和拉特之间的黑匣子，以及沃森用来回答问题的合成语音，增加了一种错觉，即这台计算机像人类一样，但要聪明得多。眼看沃森即将获胜，詹宁斯在他的视频屏幕上写道："就我个人而言，欢迎我们的新计算机霸主。"拉特似乎不那么欢迎。事实上，IBM 的一个研究团队花了数年时间致力于一个特殊的任务——制造一台能在《危险边缘》节目中获胜的计算机。他们造出了一台极其强大的数据挖掘机器，而不是任何可以勉强算得上有智力的东西。

程序的问题处理部分可能是最令人印象深刻的成就——它能够将问题分解成可用来确定最佳答案的组件。举例来说，"这名飞行员于 1961 年进入过外太空"这一假设性问题的关键组成部分是："这名""飞行员""外太空"，以及"1961 年"。

尽管计算机程序不知道飞行员是什么，它也可以搜索很长一串标签列表，这些标签被分为"人物""地点"或"事物"等类别，并发现"飞行员"这个标签处于"人物"类别之中。

在人物标签"飞行员"之前的标签"这名"意味着正确答案是一个人的名字，由于《危险边缘》答案必须以问题的形式呈现，所以答案应该是"谁是……"的形式。"飞行员""外太空"和"1961 年"这三个标签告诉计算机，它应该对与这三个标签相关联的人名标签进行数据挖掘式搜索。

对于人类来说，理解这个问题是轻而易举的，因为我们知道问题中每个单词的含义，但对于一个处理它不理解的文本的计算机算法来说，辨识出相关的标签是极具挑战性的。沃森同时运行数百种不同的算法，以不同的方式解析问题，并在其数据库中进行数据挖掘，以寻找匹配项。

相对容易的部分是找到具有匹配标识符标签的答案，尤其是因为超过95%的《危险边缘》答案都是维基百科页面的标题。沃森庞大的数据库包括维基百科（以及其他一些参考资料）中所有内容的汇编。沃森的"人物"类别包括在维基百科中出现的每一个名字，每个名字都与标识符标签相关联。

算法之间达成的一致越多，最受欢迎答案正确的可能性就越高。在这个假设的例子中，一个具有标识符标签"飞行员""外太空"和"1961年"的人名是尤里·加加林，此即正确的答案（也是一个维基百科页面的标题）。

沃森的秘密优势在于，在按按钮时，它的电子手指比詹宁斯和拉特那多有不便的人类手指更快。给人的错觉是沃森更快地想出答案，而事实往往是沃森更快地按下了按钮。

让沃森感到棘手的是那些它难以解析成有用标识符的问题。一个令人难忘的失误是《危险边缘》总决赛中关于"美国城市"（U.S. City）类别的这条线索：

其最大的机场是以一位二战英雄的姓名命名（Its largest airport is named for a World War Ⅱ hero）；

其第二大的机场是以一场二战战役的名称命名（its second largest for a World War Ⅱ battle）。

正确答案是芝加哥，但沃森回答的是多伦多，这不是一个美国城市。

沃森项目的经理解释说，团队已经发现，类别名称通常具有误导性。"美国城市"这个类别标签并不意味着答案就是一个城市的名称。问题可能是"这个多风的城市位于这片水域之上"，而"什么是密歇根湖"是正确答案。由于这样的歧义，沃森在很大程度上忽略了类别名称。如果"美国城市"是问题的一部分，沃森就会专注于这一点。即使沃森确实考虑到了"美国城市",它也可能会感到困惑,因为一些网页将多伦多标识为"美国联盟城市"(American League City),指的是其棒球队,而"America"和"U.S."这两个标签经常被互换使用。

在这个特别的《危险边缘》总决赛问题中,人类知道正确答案必须是一个有两个机场的美国城市。纽约和芝加哥是显而易见的选择。纽约的肯尼迪国际机场是以一位二战英雄的姓名命名,拉瓜迪亚机场则是以前市长拉瓜迪亚(Fiorello La Guardia)的姓名命名,拉瓜迪亚并不是二战战役的名称。所以,詹宁斯和拉特可以推断芝加哥是可能的答案,即使他们不知道芝加哥的奥黑尔国际机场是以二战英雄奥黑尔(Edward "Butch" O'Hare)的姓名命名,以及中途国际机场是以二战中的"中途岛战役"的名称命名。

沃森处理这个问题的方式有所不同。解析句子的第一部分时,"**其最大的机场**"标签暗示着一个地点,而标识符"**最大的机场**"和"**二战英雄**"则暗示了纽约、芝加哥和多伦多,多伦多的皮尔逊国际机场以加拿大前总理皮尔逊(Lester B. Pearson)的姓名命名,皮尔逊曾在二战中以多种身份服役,包括携带秘密文件前往欧洲。

沃森在问题的第二部分遇到了困难,因为它不知道"其第二大的"中的"其"指的是什么。这是一个被称为威诺格拉德模式挑战(Winograd schema challenge)的更普遍的计算机难题示例。在下面这个句子中,"它"指的是什么呢?

奖杯不适合放入棕色手提箱中,因为它太大了。

这个问题对于人类来说很简单,因为我们知道奖杯和手提箱是什么,也知道"**不适合**"和"**太大**"都是什么意思,所以我们知道"**它**"指的是奖杯。由于计算机不知道单词的含义,它们发现威诺格拉德模式是有挑战性的。

在这里，沃森并不知道"其第二大的"中的"其"指的是问题的第一部分提到的城市。让沃森更为困惑的是，问题的第二部分没有再次出现"以……命名"（named for）这个表述。

基于它找到的匹配项，沃森的最佳猜测是多伦多，尽管它估计这个答案正确的可能性只有14%。

沃森医生

在大众媒体中，机器人通常比人类（包括医生和护士）聪明，甚至聪明得多。例如，在电影《超能陆战队》（*Big Hero 6*）中，大白（Baymax）是一个可爱的超级英雄和无所不知的医疗保健提供者，它被编程为具有其创造者的父亲的感受和情感。然而，在现实生活中，我们没有大白，只有IBM的沃森，它没有感受或情感，只是一个有时会提供帮助的记录保管员。

在沃森击败《危险边缘》节目最优秀的选手后不久，IBM吹嘘道，沃森将颠覆医疗保健行业。IBM负责认知解决方案和研究的高级副总裁自豪地表示："沃森可以在几秒钟内阅读世界上所有的医疗文献，这是我们的优先任务，创造一个'沃森医生'，如果你愿意的话。"是的，沃森能比任何医生存储更多的数据并更快地检索数据。毫无根据的假设是，数据挖掘算法可以提出最佳的诊断和治疗方法，甚至发现新的诊断和治疗方法。

对之持怀疑态度是有充分的理由的。医学实践远不止存储、检索和挖掘数据。计算机算法无法有效区分最佳的研究论文与成千上万的普通论文和垃圾论文。它们也没有任何可靠的方法来识别之前报告的结果何时被后续研究推翻。

计算机算法也很难应对涉及多种健康问题的复杂医疗情况，这些复杂情况在现实世界中是常态，特别是对于老年患者来说。沃森医生不会知道检索到的某项关于一种药物对一种疾病的益处与副作用的研究在实践中的意义。

那么，计算机算法是如何工作的呢？计算机数据挖掘算法是否取代了医生？在沃森赢得《危险边缘》比赛后不久，位于休斯敦的安德森癌症中心开始雇佣沃森，伴随着巨大的期望和炒作。一篇题为《IBM 的超级计算机在安德森癌症中心上岗》的报道说：

> 他先是在《危险边缘》中获胜，现在他将尝试击败白血病。得克萨斯大学安德森癌症中心周五宣布，将部署 IBM 的著名认知计算系统沃森，以帮助根除癌症。

他们的想法是，沃森可以基于它发现的模式挖掘大量的患者数据和研究论文，寻找线索来帮助它为癌症患者进行诊断和推荐治疗方法。癌症将被消灭！

沃森失败了，因为在《危险边缘》比赛中获胜与根除癌症是完全不同的任务。历时 5 年，花费 6 000 万美元之后，安德森癌症中心因"多次不安全和不正确的治疗建议"解雇了沃森。IBM 的内部文件详述了佛罗里达州朱庇特医院一位医生直言不讳的评论："这个产品就是个垃圾……大多数情况下我们不能使用它。"

IBM 在沃森医生上花费了超过 150 亿美元，却没有经过同行评审的证据证明它改善了患者的健康。沃森医疗的表现实在令人失望，以至于在花费一年多的时间寻找买家之后，IBM 于 2022 年 1 月将数据和一些算法以大约 10 亿美元的价格出售给了一家私人投资公司。

当沃森首次涉足医疗保健领域时，IBM 的首席执行官预测说："我们的目标将是对医疗保健领域的影响。我对此绝对有信心。"沃森最终主要被用于常规的后台任务，如记录保管、结算和开具账单。就在沃森被拆解出售前不久，IBM 的一则电视广告吹嘘沃森帮助公司"将小事自动化，以便他们能够专注于下一件大事"。期望简直是大打折扣！

沃森医生不是大白。

启示

科学家创造了庞大的数据库和强大的计算机，使人们很容易被数据挖掘的诱人呼唤所迷惑：**放轻松，计算机会找到最佳模型**。

数据挖掘助长并唆使了对科学信誉的侵蚀，因为在大型数据库中可以发现几乎无数的巧合序列、相关性和集群。那些使用数据挖掘算法去发现某些东西——任何东西——的人肯定会成功。那些不理解模式必然性的人肯定会留下深刻印象。那些被这些闪亮模式所迷惑的人很可能会失望。那些基于数据挖掘结论采取行动的人很可能会失去信任。

第九章

打败市场

让我们想象把股市的时钟拨回到 2015 年 4 月 14 日。那时,股价的标准普尔 500 指数为 2 096 点,其在过去 10 年里上涨了 80%,相当于年均增长率为 5.6%。再加上股息,投资者享受的平均年回报率超过 7%。

现在,假设市场在接下来的 5 年里每年稳步增长 6.3%,从 2015 年 4 月 14 日的 2 096 点(如实际情况)增至 2020 年 4 月 14 日的 2 842 点(如实际情况)。加上股息,股东将享受到接近 8% 的令人满意的年回报率。大多数投资者会对这段稳健盈利的历史感到满意。他们肯定不会逃离股市,并誓言永不回头。

然而,事实并非如此。图 9.1 显示,市场一度飙升了 60% 以上,然后暴跌了 34%,接着反弹了超过 25%。这并不是一次平静的漫步,而是令人作呕的过山车之旅。在股价暴跌 34% 后,许多投资者惊慌失措,抛售所有股票,并发誓放弃股票——至少在市场恢复"正常"之前——好像股市有过"正常"的时期一样。

一名投资者在一只股票的价格从 100 美元跌至 50 美元后将其卖出,并计划在价格回升到 100 美元时买回股票,这样做实际上是锁定了 50% 的损失。这种行为几乎没有什么意义,但人的心理并不总是理性的。我认识一个人,声称自己曾在看到股价下跌时患上了创伤后应激

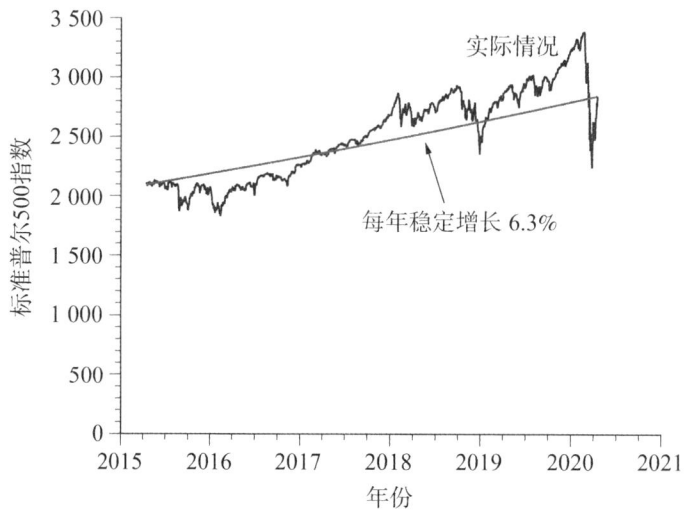

图 9.1　乘坐过山车

障碍。他把所有资金存入支票账户中,根本没有任何收益,并且再也没有购买股票的打算了。

我也认识一些理财顾问,他们在股市下跌后拒绝接听电话,因为他们希望保护客户不受他们情绪崩溃后果的影响。不只天真的散户投资者。在1987年10月19日发生23%的市场崩盘后,一位负责一大笔大学捐赠基金的经理找借口——我正在欧洲旅行,我正在亚洲旅行——避免与大学董事会会面。他知道,他们希望他清算大学的股票投资组合。他的回避行为得到了回报,因为股市很快从亏损中反弹。

担心股价下跌后会持续下跌不是出于历史根据,而是出于恐慌。要说真有什么的话,历史证据表明,股价大幅波动,无论是上涨还是下跌,通常都是由于投资者对好消息或坏消息的过度反应,随后往往会出现价格反转。

当我管理一支俱乐部足球队时,我曾经说过,胜利和失败很少像当时看起来那么重要。股票也是如此。股价的最新波动很少像当时看起来那么重要,而且与股票的长期回报几乎没有关系。

从长远来看，普通股票投资者之所以能够获利，是因为公司获利并支付股息。此外，如果未来 10 年、20 年和 30 年内经济、企业利润和股息大幅增长，那么股票的价值将比现在更高。如果经济在未来 10 年、20 年和 30 年内都没有增长，那么投资者将有更多的事情需要担心，而不仅仅是他们的股票投资组合。

关于比特币的废话

比特币价格的疯狂波动进一步证实了投资者并不总是理性的。由于比特币不产生收益，其内在价值为零，但人们还是花数百、数千甚至数万美元去购买比特币。

在 2021 年 7 月，高盛集团的经济研究团队试图解释这种疯狂的行为。他们认为，尽管比特币和其他加密货币不像股票和债券那样产生现金，但它们的基本价值可以从其"网络规模"估算出来。在研究了 8 种加密货币后，他们发现用户数量与市值之间存在着"明显的相关性"。拥有更多用户的货币往往具有更高的市值。

当我看到这个时，我暗自嘟囔着"数据挖掘"，并想起了 20 世纪 90 年代末的互联网泡沫。那时，互联网是新奇而令人兴奋的，宣称与互联网有关的公司很热门。充斥着互联网公司股票的纳斯达克指数在 1995—2000 年期间增长了超过 5 倍。公司只需在其名称中添加".com"".net"或"internet"就能使其股价翻倍。

在互联网泡沫时期，由于很少有公司盈利，所以没有常规方法能证实互联网股票价格的飙升是合理的。因此，富有创造力的分析师为所谓的"新经济"想出了新的衡量标准。一个是**眼球数**，即访问公司网页的人数；另一个是至少停留 3 分钟的人数。更异想天开的是**点击次数**——网页向服务器请求文件的次数。公司在一个页面上放置了数十张图片，并将从服务器加载的每张图片都算作一次点击。令人难以置信的是，分析师认为这意味着某种重要性。

最终，股市恢复了理性。那些不盈利的公司不值数十亿美元。从2000年3月10日的峰值开始，纳斯达克指数在接下来的3年里下跌了75%。

同样地，高盛衡量比特币的指标也是荒谬的。拥有某种加密货币的人数远远不能被视为企业利润和股息的替代品。这就好比说，苹果公司股票的价值取决于它有多少股东而不是公司赚取多少利润。在我写到这儿时，印度发电公司信实电力(Reliance Power)拥有大约400万股东，比其他任何公司都多，但它的市值不到500亿美元。苹果公司的市值为3万亿美元。

然而，作为世界上最受尊敬的投资银行之一，高盛却将其名字与这种荒谬的胡言乱语联系在一起。这正是盲目进行数据挖掘所导致的结果。

本福德定律(Benford's Law)

正如本书引言中所述，有强有力的证据表明，比特币的价格一直受到抬高再抛售骗局的操纵。在这些骗局中，肆无忌惮的参与者互相以越来越高的价格来回倒腾比特币，同时散播喧闹的谣言，然后将比特币卖给那些被快速致富的谣言和看似不断上涨的价格所吸引而进入市场的幼稚投资者。

对抬高再抛售理论的一个有趣测试是基于一种被称为本福德定律的显著关系。假设我们观察数千家公司的年度利润，并只记录每个利润数目的第一个(即首位)数字。例如，把34 528记录为3，把422记录为4。我们可能会合理地认为，从1到9的每个数字出现的次数大致相同。然而，本福德定律预测，首位数字更可能是1而不是2，更可能是2而不是3，依此类推，如表9.1所示。首位数字是1的可能性是9的6.5倍。

表9.1 本福德定律

首位数字	概　率	首位数字	概　率
1	0.301	6	0.067
2	0.176	7	0.058
3	0.125	8	0.051
4	0.097	9	0.046
5	0.079		

这种令人惊讶的关系是在19世纪80年代由一位名叫纽科姆（Simon Newcomb）的数学教授发现的。在计算机和互联网出现之前，人们是在包含一个又一个对数数值表的书中查找对数。纽科姆注意到，前面的页面比后面的页面更脏、更破旧，这使他推测以1开头的数字比其他数字更常见。

在20世纪30年代，一位名叫本福德（Frank Benford）的物理学家通过对各种数据（包括河流的面积和报纸头版上出现的数字）的首位数字进行制表，证实了纽科姆的推测。他发现1确实是最常见的数字，从1到9各个数字的出现频率大致如表9.1所示的方式下降。他称这个谜题为"异常数字定律"（Law of Anomalous Numbers）。很快，就有了在某些情况下该定律（现在称为本福德定律或纽科姆-本福德定律）成立的数学证明。

例如，随机数的**乘积**的首位数字的分布服从本福德定律。假设一只股票的价格或其他某个值从1开始，每年增长5%。如图9.2所示，初始的首位数字为1。数值达到2需要14.2年，此时首位数字从1变为2；数值在第22.5年达到3，首位数字从2变为3；数值在第28.4年达到4，首位数字变为4，依此类推。因此，从1到2需要14.2年，但从2到3只需要额外的8.3年，从3到4则需要额外的5.9年。

如果我们随机选择一个日期，那么首位数字更可能是1而不是2，

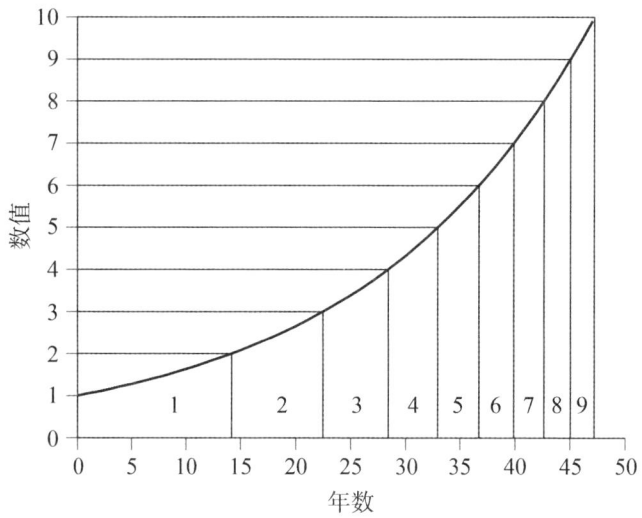

图 9.2　带有 5% 复合增长率的本福德定律

更可能是 2 而不是 3,依此类推。这些概率与垂直线和横轴交点间的距离成正比,且与表 9.1 所示概率完全相等。

其基本逻辑是,从 1 到 2(100% 的变化)比从 2 到 3(仅 50% 的变化)需要更长的时间,所以数值在 1 到 2 之间的可能性大于在 2 到 3 之间的可能性。如果我们从 10 开始,比较 10—20 和 20—30 这两个区间,或者从 100 开始,比较 100—200 和 200—300 这两个区间,等等,同样的道理也适用。本福德定律并不要求百分比变化是恒定的,只要数字序列是由百分比变化决定的。

如果我们是在对数字进行求和而不是相乘,那么本福德定律就不适用。如果我们从 10 开始,然后重复地加 2,那么从 10 到 20 所需的时间与从 20 到 30 所需的时间是一样的。图 9.3 显示了一个线性关系,从 1 到 10 所需的时间与图 9.2 中的复合增长模型所需的时间是一样。与图 9.2 相比,随机选择的日期有 9 个可能的首位数字中的任何一个的可能性是相同的。

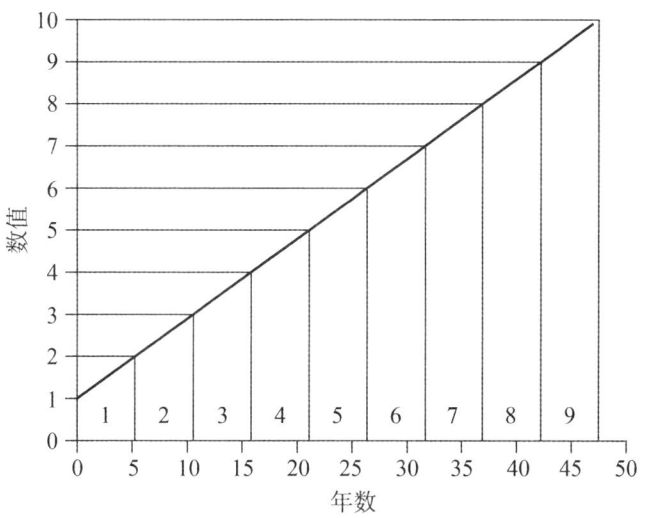

图 9.3　本福德定律不适用于加性增长

本福德定律应适用于股票价格,因为它们以复合利率上升和下降。有两种方法可以证实这一点。其一,观察任一时刻大量股票的价格,大约 30.1% 的首位数字应该是 1。其二,观察任意一只大幅增值的股票的价格随时间变化的情况,大约 30.1% 的首位数字应该是 1。

为了测试这个理论,我查看了 2022 年 3 月 7 日在纽约证券交易所交易的所有股票的价格。首位数字为 1 的股票占 30.3%,首位数字为 9 的股票占 4.0%,这接近本福德定律所指出的 30.1% 和 4.6% 的数值。图 9.4 显示了完整的理论和实证分布。对于这样一个相对较小的数据集来说,理论和实证分布的密切对应关系是非常显著的。

第二个测试,图 9.5 比较了伯克希尔·哈撒韦公司的股票价格随时间变化的首位数字分布。再次可以看出,虽然拟合得并不完美,但相当接近。

本福德定律不仅仅是一个令人惊讶的奇特现象,它还可以用于检测欺诈。人们在捏造数据时,可能会倾向于认为,为了避免被发现,数

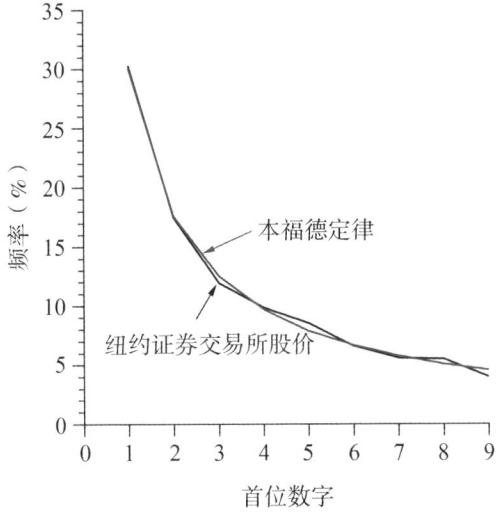

图 9.4 纽约证券交易所的股价与本福德定律

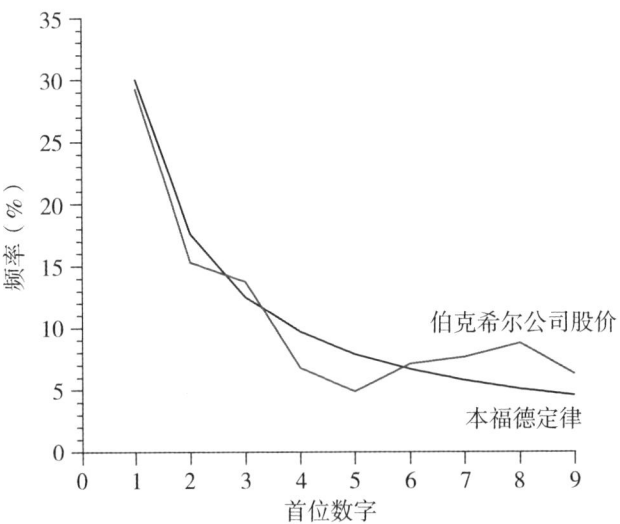

图 9.5 伯克希尔·哈撒韦公司的股价与本福德定律

据应该呈现"看似"随机的样子,每个数字出现的频率都相等。然而,如果涉及的是应该满足本福德定律的情形,那么首位数字为 1 的数字就应该比首位数字为 2 的多,首位数字为 2 的数字就应该比首位数字为 3 的多,依此类推。

由于公司的收入、成本、利润和其他财务绩效指标很可能会随时间以百分比增长,它们应该遵循本福德定律。因此,本福德定律可以且已经被用于辨识会计欺诈。

它还可以用于检测比特币交易活动中的欺诈行为。由于比特币价格的上升可能是成倍的,它们应该服从本福德定律。实际情况并非如此。图 9.6 显示了自 2014 年以来比特币每日价格首位数字的分布。小数字出现的频率略高于大数字,但远没有本福德定律所暗示的那么频繁。

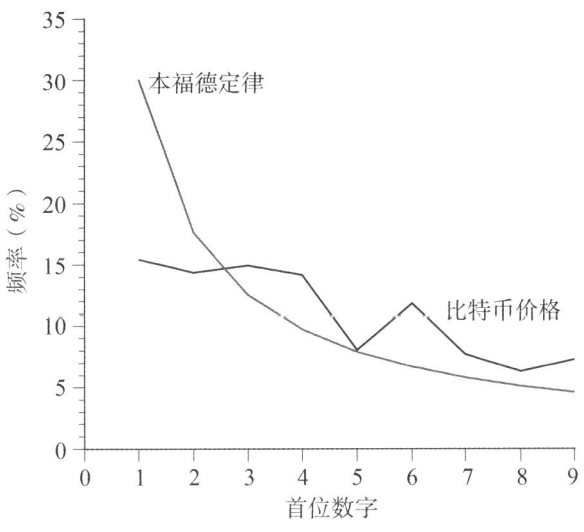

图 9.6 比特币价格与本福德定律

图 9.6 背后有 2 488 个每日比特币价格,始于 2014 年 9 月 17 日,初始价格为 457.33 美元。在此期间,每日价格变化百分比的均

值为0.25，标准差为3.93。图9.7展示了当每日价格变化百分比是从均值为0.25、标准差为3.93的正态分布中采样而来时，首位数字的假设分布情况。

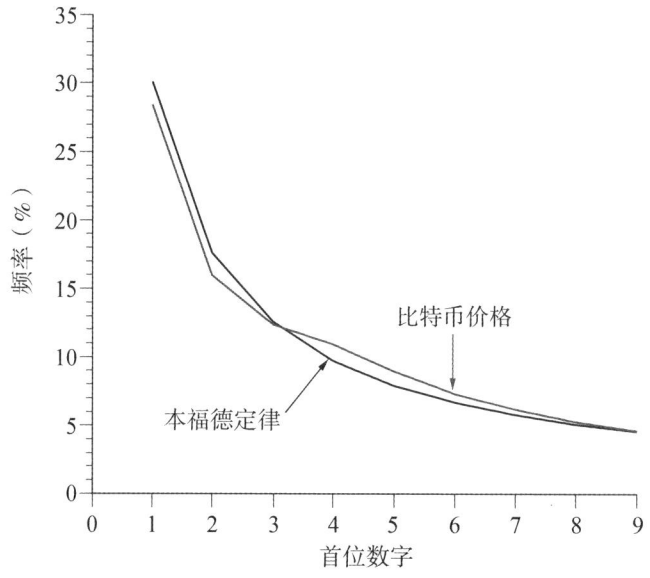

图9.7　比特币价格首位数字的假设分布

图9.6的实际分布与图9.7的假设分布出现偏差的一个合理解释是，市场操纵者可能会互相以线性高价（100美元、150美元、200美元，等等）交易比特币，或者让价格保持在某个范围内。无论哪种方式，都将违背本福德定律。

本福德定律属于那些不太常见的案例——其经验观察是某个理论的灵感来源，该理论在某些条件下被证明是理论上有效的。如果一个计算机数据挖掘算法发现了这种神秘的模式，该算法将无法弄清楚它可能成立的条件。人类可以做到并且确实做到了。计算机算法也不会明白本福德定律是如何以及为何可被用于欺诈检测的。人类可以做到并且确实做到了。

真正的投资者应该拥抱股票市场算法

技术分析师会仔细研究各种数据,希望找到一种神奇的公式,来预测股票价格是上涨还是下跌。这纯粹是简单的数据挖掘,就像所有的数据挖掘探险一样,模式必然会被发现,然后被揭示是暂时的巧合。

技术分析师对常见的模式做了标记,如图 9.8 中的通道和图 9.9 中的头肩形态。(事实上,这两幅图中的数据并不是真实的股票价格,而是抛硬币的结果——没错,目的只是为了确认,随机数据中存在模式。)

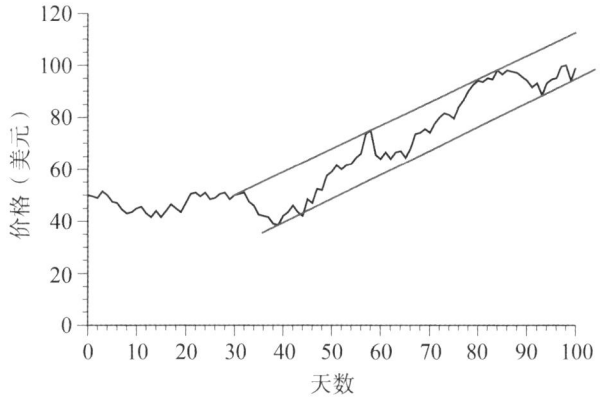

图 9.8 上升通道

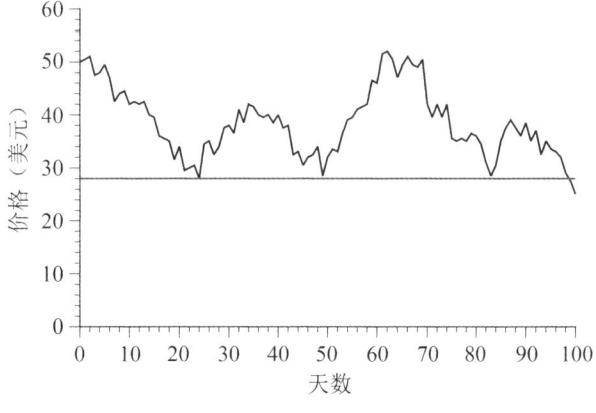

图 9.9 头肩形态

坚持不懈的技术分析师发现了一系列令人眼花缭乱、最终毫无用处的模式，包括股价与中国农历年份、波士顿圣诞夜的降雪以及超级碗比赛的获胜联合会之间的相关性。

现代数据挖掘使技术分析如虎添翼。复杂的计算机算法不是研究手绘的表格和图表，而是利用大型数据库在更短的时间内找到更多的模式。问题是，可发现模式数量的增加必然会降低所发现模式有用的概率。

现在，近三分之一的美国股票交易都由黑箱算法完成，这些算法会对经济和非经济数据、社交媒体通信以及中国茶叶价格进行数据挖掘，寻找与股票价格的相关性。许多投资者现在担心他们无法与计算机超强的数据挖掘能力竞争。

2020年，雅虎财经(Yahoo Finance)早间节目《第一交易》(*The First Trade*)联合主持人索齐(Brian Sozzi)警告称，算法交易不仅使传统的投资方法过时，还使股市波动加剧，因为算法会迅速对数据的波动作出反应，而多个算法在搜索相同的数据时可能会发现类似的买卖规则。人类的从众心理已经被算法的从众心理所取代。他的严重警告是：

> 在过去10年中主导全球市场、在此过程中引发资产价格疯狂波动的强大算法机器人，在未来10年可能会变得更加强大。

导致数据挖掘算法引发交易狂热的数据波动通常是暂时且无意义的。索齐本人提供了一个很好的例子：一个数据挖掘算法推断，特朗普总统在推特发的推文越少，股市通常表现更好。假设几种算法发现了这种统计关系，然后在看到他的推文数量激增时抛售股票。索齐哀叹这样的市场崩盘，因为这是基于算法对无意义信息的反应。实际上，这是一件好事。

传奇价值投资者格雷厄姆(Benjamin Graham)让我们想象一个市场先生(Mr. Market)。市场先生是一个易兴奋的人，每天都会过来，要么提议买下我们拥有的股票,要么向我们出售更多的股票。有时,市场先生的价格是合理的。有时,其价格是荒谬的。我们对自己股票的评估没有理由受到市场先生价格的影响。就好像我们拥有产蛋的母鸡和产奶的奶牛,有一天市场先生告诉我们,一只母鸡价值数千美元,一头奶牛只值几美分。我们根据母鸡和奶牛产的蛋和奶来评估它们的价值,而不是根据愚蠢的市场先生所鼓吹的那些数字来决定。

如果我们拥有一家业绩表现强劲、股息令人满意的稳健公司的股票,我们可以欣赏其盈利并兑现股息,而不会被市场先生的幻觉所困扰。由无意识的算法交易导致的"资产价格的疯狂波动"可以被长期价值投资者轻松地忽略。

实际上,我们应该拥抱对算法的日益依赖,而不是害怕。尽管资产价格的疯狂波动给当日交易者和其他目光短浅的投机者带来了困难,但它们也为那些寻求以合理价格购买优质股票的投资者提供了机会。如果市场先生愿意以数千美元购买我们的母鸡,并以几美分的价格向我们出售奶牛,我们应该为他的愚蠢而欢欣鼓舞。

如果算法导致股价急剧下跌,这不是恐慌的理由,这是以低价购入优质股票的机会。如果算法导致股价泡沫,这是利用市场先生精神错乱的机会。也许这种精神错乱最极端的例子发生在2010年5月10日的"闪电崩盘"期间,当时算法以疯狂的价格彼此疯狂地交易股票。一些算法为苹果、惠普和苏富比支付了每股超过10万美元,而另一些算法则以每股不到1美分的价格出售了埃森哲和其他主要股票。

算法的疯狂是人类的机会。

不要崇拜数学或计算机

太多人对计算机心存敬畏,部分原因是计算机在棋盘类游戏中广为人知的成功。在西洋双陆棋、国际象棋或围棋中找出一步好棋,与决定是否买入或卖出苹果公司的股票是大不相同的。棋盘类游戏有一套有限的、明确定义的决策和结果,但股票市场却不是这样。

一篇2020年的学术论文中有这么一段话:

> 本文提出了一种股票市场预测系统,可以有效地预测股票市场的状态。深度卷积长短期记忆网络(Deep-ConvLSTM)模型是预测模块,训练该模型使用的是本文提出的基于骑手的帝王蝶优化(Rider-MBO)算法。本文提出的Rider-MBO算法是骑手优化算法(ROA)和帝王蝶优化算法(MBO)的集成……使用稀疏模糊C均值(Sparse-FCM)算法进行聚类,获取必要的特征,然后进行特征选择。最后,为Deep-ConvLSTM模型赋予稳健的特征,以执行准确的预测。

显然,对这种方法的大部分难以理解的描述是为了给读者留下深刻的印象。

将该模型应用于2017年1月1日至2018年12月31日期间的6只股票的当日价格,与其他3种计算机模型相比,该模型在"预测"股票价格方面总的来说表现得更好:

> 这证明了该方法在实现有效的股票市场预测方面比现有方法具有优越性。所提出的股票市场预测方法有助于聪明地投资以获得良好的利润。此外,它还有助于赚取良好的利润。

作者描述了2021年一项类似的研究:

> 首先,我们从88只股票的日常股票数据中计算出一套由44个技术指标组成的扩展指标集,然后通过独立地训练逻辑回归模型、支持向量机和随机森林模型来计算它们的重要性。根据预设的阈值,删除排名最低的特征,并将其余特征分组到

一个个聚类中。再次使用变量重要性度量,以便从每个聚类中选择最重要的特征,生成最终的特征子集。然后,将输入喂给由市场信号提取器和注意力机制组成的深度生成模型。市场信号提取器从隐变量中反复解码市场发展趋势,以解决股票数据的随机性,注意力机制则区分不同的时域辅助输出结果的预测依赖关系。

无论算法在数学上有多么复杂,描述得有多么不好理解,数据挖掘都只是在发现可能毫无意义的模式——不过是曲线拟合而已。在许多情况下,包括上述第 2 个模型,因依赖于多年前就不可信的数学密集程序,这种危害变得更加严重。

尽管如此,作者仍然对其方法的巧妙之处深信不疑,因为他们对**过去的**股票价格作出了相当准确的预测。在股市建模中,这被称为**回溯测试**。回溯测试是毫无意义的,这一事实已经广为人知,以至于它已经成了陈词滥调。然而,仍有一些人坚持通过对过去数据的曲线拟合来判断其模型的成功与否。任何明智的投资者都不应该被那些预测 3 年前股价的模型说服,无论它们预测得有多好。

对于股票市场模型,最明显的测试是查看该模型在真实股票交易中的实时盈利情况。如果数据挖掘模型在实时测试中真的能像在回溯测试时那样有效,那么作者就能在股票市场上赚到数十亿美元,而不是去写那些没人读的学术论文。

索普(Edward O. Thorpe)曾是一位数学教授,当时他使用了大量的计算机模拟来校准一个算牌系统,该系统将赌场在 21 点纸牌游戏中的微弱优势转变为顾客的微弱优势。索普出版了描述其系统的《战胜庄家》(*Beat the Dealer*)一书,他认为即使其他人知道他的系统,也不会影响他利用该系统获利的能力。结果证明,他的想法错了。随着索普算牌系统的知识普及,赌场禁止了索普和其他算牌者,并增加了牌桌上使用的牌副数量,以降低算牌的价值。

索普转向了股票市场。他想出了一种复杂的对冲策略,其最简单的形式是买入股票并卖出看涨期权(这种期权赋予买家以预设价格买入股票的权利)。他没有公布这一策略的细节,因为他知道其他投资者广泛使用这一策略会影响股价,削弱他的策略的盈利能力。

财富前线公司

一家有着吸引人的名字"kaChing"的投资咨询公司成立于2008年,并于2010年变更为财富管理公司,其网站设计华丽,公司的名称听起来也更加专业,叫财富前线(Wealthfront)。到2013年,它已经成为首批且发展最快的使用算法为客户进行投资的机器人顾问之一。在运营的第一年,其管理的资产从9 700万美元增加到超过5亿美元。截至2021年,其管理的资产已经增至250亿美元。

财富前线的网站说:

> 如果你试图自己做事,你永远无法确定自己是否作出了正确的决定。如果你使用顾问,你永远无法确定他们是否为你……或为他们自己作出了最佳决定。

与此相反,财富前线声称:"当投资实现自动化时,它就毫不费力了。我们让创造财富变得轻松愉悦。"潜在客户显然应该更信任计算机而不是人类。这是一种普遍的看法,但却是一个常见的错误。

像亿创理财(eTrade)、嘉信理财(Charles Schwab)、先锋领航(Vanguard)这样对在线交易不收取佣金的公司,以及像先锋领航这样提供低成本指数基金的基金公司降低了投资成本。然而,因为不信任自己或财务顾问而将投资决策交给计算机是充满风险的。

算法不可避免地依赖对历史数据的处理,以确定过去可能成功的策略。经过回溯测试的策略在实际交易中往往会失败,投资经理将回溯测试表现作为未来表现的任何一种指引来推广,本质上是不诚实的。

在我撰写这部分内容时,也就是2022年6月,财富前线的网站报告称:"自我们开始运营以来,风险评分为9的财富前线经典投资组合的投资者目睹他们的税前投资额平均每年增长了9.88%。20年后,回报将是你投资的7倍多,而你什么都不用做。"这一说法有几个误导性部分。第一,该基金并不是"每年"都增长9.88%,那是它的平均回报率。第二,9.88%的回报率仅计算到2021年8月31日,尽管现在已经过去快一年了。第三,该基金始于8年前,即2013年。20年内7倍的回报并不是过去的业绩,而是基于一个假设作出的预测,即假设该基金在未来12年的表现将与它在最初8年的表现一样好。

尽管如此,9.88%的回报率听起来相当不错,尤其是与几乎没有利息的银行账户相比。然而,这也揭示出该网站没有报告同期标准普尔500指数的表现。这并不奇怪。在此期间,标准普尔500指数的年回报率为15.67%!按照截至2022年6月的数据,在财富前线基金中投资1万美元将增长到17 925美元,而在先锋领航的标准普尔500指数基金中投资1万美元将增长到34 295美元。

财富前线用醒目的粗体大字标榜道:"底线是:我们一直对客户的底线有益。"嗯,他们肯定对自己的底线有益。2022年1月,瑞士联合银行同意以14亿美元收购财富前线,这让我想起了一幅老漫画,在该漫画中,一个朋友在游艇俱乐部对一位股票经纪人说:"但客户的游艇在哪里呢?"

雾蒙蒙的地平线

当地平线(Horizons)公司在2017年推出一只有着暗示性名字

"MIND"的人工智能管理基金时,它自豪地宣称其专有系统

使用一种完全由专有的自适应人工智能系统运行的投资策略,该系统分析数据并提取模式……MIND 基金投资策略背后依赖的机器学习过程被称为深度神经网络学习,这是一种人工神经网络结构体,使人工智能系统能够识别模式并作出自己的决策,非常类似于人脑的工作方式,但速度更快。

总裁兼首席执行官霍金斯(Steve Hawkins)补充道:"与今天可能易受投资者各种偏见(如过度自信或认知失调)影响的投资组合经理不同,MIND 没有任何情感。"

在早期回报令人失望之后,霍金斯很乐观:

就它们今天可能表现不佳的程度而言,它们很有可能在未来表现出色。

我记得在大学橄榄球赛季初期的一场比赛中,有一名踢球员错过了三个射门得分和一个附加分。电视解说员说,教练应该为这些失误感到高兴,因为每个踢球员在整个赛季都会有一些失误,在一年的早期把这些失误"解决掉"是好事。

这种不切实际的乐观主义是平均法则谬论。失误不需要用成功来平衡。相反,教练应该对这次糟糕的表现非常担忧,因为这表明他的踢球员并不很出色。同样地,某共同基金低于平均水平的表现并不意味着高于平均水平的表现出现的可能性会增大。相反,这表明该基金没有一个获胜的策略。

在这种情况下,图 9.10 显示 MIND 基金的艰难起步是未来失望的前兆。从 2017 年推出到 2022 年春季,MIND 基金的投资者获得了 −10% 的回报,而那些投资标准普尔 500 指数基金的人获得了 +63% 的回报。地平线公司于 2022 年 5 月 20 日终止了该基金。

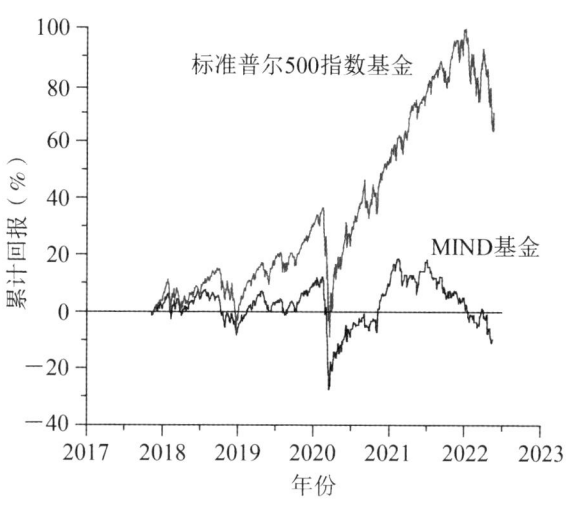

图 9.10 不用担心

我不是要抨击那些令人失望的基金(这样的基金屡见不鲜),而是要展示数据挖掘的深刻而持久的吸引力。人们倾向于认为计算机算法是出色的投资者,因为它们与人脑非常相似,但速度要快得多,而且不受人类情感和偏见的影响。实际上,它们与人脑完全不同。除了没有人类情感和偏见之外,它们还缺乏人类的理解能力,从而可能无法辨识一个绝对愚蠢的投资策略是绝对愚蠢的。

启示

股票价格的剧烈波动支撑着人们的诱人梦想:通过在适当的时候灵活地进入和退出市场而致富。低买高卖似乎比朝九晚五的工作更容易也更赚钱。唉,股票价格的变化令人沮丧地难以可靠地预测。

尽管如此,贪婪永远存在。科学家创造了硬件、软件和数据,使业余爱好者和专业人士能够利用数据挖掘来发现股票市场模型,这些模型在回溯测试中取得了惊人的成功,但在预测中却遭遇惨败。当这些模型失败时,科学家的公信力就会再打折扣。

第十章

数据过多

17世纪时,咖啡在瑞典极为流行,同时也是非法的。国王古斯塔夫三世(Gustav Ⅲ)*确信咖啡是一种慢性毒药,并设计了一个巧妙的实验来证明这一点。他为一对因谋杀即将被砍头的孪生兄弟减了刑,条件是:一个兄弟必须每天喝三壶咖啡,另一个兄弟必须每天喝三壶茶。古斯塔夫预计喝咖啡的兄弟会比喝茶的兄弟先死,由此证明咖啡是毒药。

这对孪生兄弟中喝咖啡的那个比喝茶的那个活得更久,但直到19世纪20年代,瑞典人才最终被法律允许做他们一直以来都在做的事情——喝咖啡,喝很多咖啡。

科学革命的基石是坚持用数据来检验观点。古斯塔夫的实验引人注目的是,他选择了同卵男性双胞胎,这消除了性别、年龄和基因的混杂效应。最明显的短板在于,使用如此小的样本量不会得出统计学意义上具有说服力的任何结果。

如今,问题不在于数据稀缺,恰恰相反:我们有太多的数据,这正在削弱科学的可信度。

根据定义,运气是随机试验所固有的特性。在一项医学研究中,一

---

* 1771—1792年在位。——译者

些病人可能更健康。在一项农业研究中，一些土壤可能更肥沃。在一项教育研究中，一些学生可能更有积极性。随着样本数量变大，这种差异产生影响的可能性会变小，但仍然需要加以考虑。标准工具是 p 值。

费希尔提出的"统计显著性"认证的5%门槛是论文发表所需的条件，这并不是一个困难的门槛。正如前面的章节提到的，如果一个倒霉的研究人员计算随机数之间的数百个相关性，我们可以预计20个相关性中有1个会具有统计显著性，即使每一个相关性都只不过是巧合而已。

真正的研究人员不会将随机数关联起来，但当他们使用数据挖掘算法时，他们是在关联随机选择的变量。与随机数一样，随机选择的、不相关的变量之间的相关性有5%的概率偶然具有统计显著性。要发现统计显著性，人们只需要足够努力地观察。由此，5%的门槛产生了一种反常的效果，即鼓励研究人员进行更多的数据挖掘，并发现更多毫无意义的结果。

在2008年一篇题为《理论的终结——数据洪流使科学方法过时》的文章中，《连线》杂志的主编认为：

> 拍字节让我们可以说："有相关性就足够了。"我们可以停止寻找模型了。我们可以对数据进行分析，而不需要对数据可能显示的内容进行假设。我们可以把这些数据放入世界上最大的计算集群中，让统计算法找到科学无法发现的模式。

现在，有太多的研究人员同意这一点。

人们很容易相信，数据越多意味着知识越多。然而，被测量和记录的事物数量的爆炸式增长，已经使等着欺骗我们的虚假统计关系的数量多到令人难以置信的程度。如果有待发现的真实关系的数量有限，而巧合模式的数量随着越来越多的数据积累呈指数级增长，那么一个随机发现的模式是真实模式的概率将不可避免地趋近于零。

大海捞针

例如，假设2个变量之间存在真实的关系。当第一个变量的值增加时，第二个变量的值也会增加——尽管这种相关性并不完美。第一个变量可能是一个人的运动量，第二个变量是预期寿命。或者，第一个变量可能是一个人在一次测试中的得分，第二个变量是这个人在同一主题下另一次测试中的得分。或者，第一个变量是家庭收入，第二个变量是家庭支出。

进一步假设，这2个真正相关的变量处于100个变量之中，其余98个是随机变量，它们彼此之间或者与这2个真正相关的变量之间并没有系统性的关联。我们的任务是使用一种数据挖掘算法，在所有噪声中找到1种真实的关系。这听起来很浪漫，其实不然。

对于100个变量，会有4 950个成对的相关性。不算那1个真实的关系，我们预期可以仅凭运气找到247个恰好具有统计显著性的相关性。对于1 000个变量，会有499 500个成对的相关性，其中24 974个预期会具有偶然的统计显著性。数据挖掘算法发现的几乎所有具有统计显著性的相关性都是巧合且短暂的，因此毫无用处。

这个简单的例子只考虑了成对变量之间的相关性。在实践中，使用的几乎都是复杂得多的模型。例如，多元回归模型可能会考虑用5个、10个、100个或更多解释变量的组合来预测单个变量的效果。例如，我曾经用10个解释变量来阐明2015年比特币价格的每日走势。

我之所以选择比特币作为例子，是因为它没有内在价值，也就不存在令人信服的模型来预测比特币价格的走势。无论我估计的模型是什么，无论回溯测试的效果多么惊人，这种拟合都完全是巧合。

为了更有力地说明这一点，我选择了50个名字令人难忘的小城市的每日高温和低温作为可能的解释变量。为了确定提供最佳拟合的10

个变量，我估计了超过 17 万亿个模型。科学给了我这些鲜为人知的数据，科学也给了我一台强大的计算机来挖掘这些数据。

如果这些愚蠢的模型中有一个真的管用，那就像大海捞针一样，而且没有办法知道针是什么样子。

在我的例子中，我故意选择了愚蠢的变量，这样数据挖掘就不可能发现任何有用的东西。尽管如此，有超过 17 万亿种可能的模型，其中许多都提供了令人印象非常深刻的反向匹配。最佳拟合使用了这 10 个城市：

佐治亚州不伦瑞克市，低温

澳大利亚柯廷，低温

北达科他州德弗尔斯湖，高温

蒙大拿州林肯县，低温

犹他州莫阿布峡谷地机场，低温

爱达荷州墨菲镇，低温

爱达荷州俄亥俄峡谷，高温

魁北克城让·勒萨热机场，低温

艾奥瓦州桑博恩镇，低温

北达科他州沃特福德市，低温

尽管这 10 个城市的每日温度与比特币价格完全没有任何关系，但图 10.1 显示，2015 年比特币每日的实际价格与模型预测的价格之间是紧密吻合的。比特币的实际价格和预测价格之间的相关性为引人注目的 0.82，p 值非常小（2.5×10^{-50}）。当然，"**预测**"这个词不太恰当。该模型只是在对过去进行曲线拟合的意义上执行"预测"。

真正的考验是，该模型针对那些未用于数据挖掘的数据进行比特币价格预测时效果如何。图 10.2 显示了该模型在 2016 年的大败笔。相关性为 −0.002，为负数，但如此接近于零，以至于没有意义。

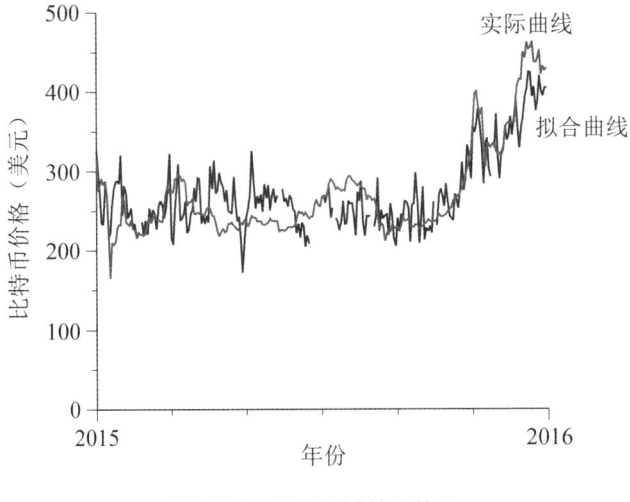

图 10.1　回溯测试效果惊人

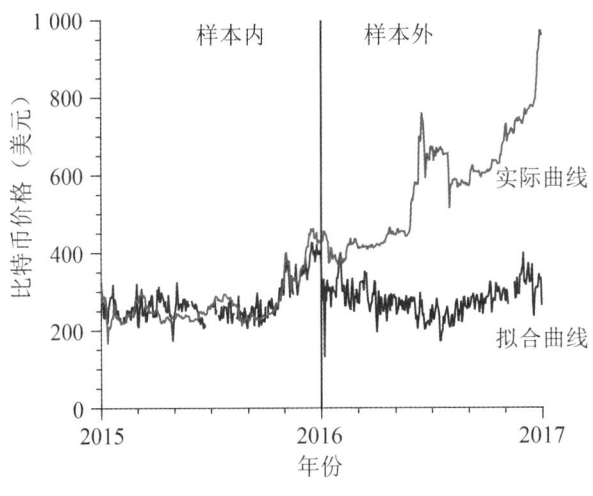

图 10.2　预测效果糟糕

就在几年前,在几辈子的时间里挖掘17万亿个可能的模型几乎是不可能的,而且人工计算无疑会充满各种错误。现在数据挖掘很容易做,计算也很完美,但结果是无用的。无论拟合得有多好,计算得有多准确,不知名城市的每日高温和低温都无法用来对比特币价格作出可靠的预测。

直到离婚把我们分开

在英国,三分之一的婚姻以离婚告终;在美国,比例是二分之一。如果我们能提前预测哪些婚姻会长久,哪些不会,那不是挺好吗?注定要离婚的夫妇要么不要结婚,要么努力改变预示他们离婚的任何征兆。

戈特曼(John Gottman)花了40多年时间建立离婚预测模型。他写了几本书,做了无数次演讲,还与他的妻子一起创建了戈特曼婚姻咨询和治疗师培训研究所。在2007年的一项心理治疗师调查中,戈特曼被选为过去25年来该行业十大最具影响力的成员之一。

让我们一探究竟吧。在他的开创性研究中,130对新婚夫妇就一个有争议的话题进行了15分钟的讨论,并被录了下来。在成为心理学家之前,戈特曼主修数学,他一帧一帧地浏览录像带,记录下面部表情、语调等信息的详细变化。例如,注意一个人在微笑时嘴角是上扬还是下垂。然后,他与每对夫妇保持了6年的联系,并记录了他们在此期间是否离婚。

6年后,他根据6年前所做的各种编码,估计了一个预测离婚的统计模型。他报告说,其模型的预测准确率达到了惊人的82.5%,多年来他做了几次类似的研究,都获得了同样令人印象深刻的结果。格拉德威尔(Malcolm Gladwell)滔滔不绝地说:"他非常擅长对婚姻进行切片,以至于他说,他只要在餐馆里偷听邻桌夫妇的谈话,就能很好地判断他们是否需要开始考虑聘请律师和分配孩子的抚养权。"

等一下。在他的研究中,戈特曼实际上并没有预测一对夫妇是否将会离婚。他的模型"预测"的是一对夫妇是否已经离婚——当你已经知道答案时,这就容易多了。戈特曼对他的详细编码数据进行了挖掘,寻找与已经发生的离婚高度相关的变量。他没有用他的模型在离婚发生之前预测离婚，更不用说预测餐馆里的陌生人是否应该开始寻找离婚律师了。

为什么没有呢？也许他从没想过。还有其他研究人员认为，预测过去就足够了。然而，戈特曼非常聪明，而且他的工作进行了很多年。他有足够的时间预测未来6年的情况，而不是过去6年的情况。我怀疑他之所以避免作出真正的预测，是因为他知道预测未来比预测过去要困难得多。

两位心理学教授海曼（Richard Heyman）和斯莱普（Amy Slep）做了一项有趣的实验，以证明利用数据挖掘来预测已经发生的离婚的危险。他们建立了一个数据库，记录了352名已婚（或未婚同居）的参与者和176名离婚的参与者关于家庭生活与家庭暴力的30分钟电话采访。海曼和斯莱普将每一组人分成两半，像戈特曼一样，对访谈数据进行挖掘，以预测哪些参与者已经离婚了。与戈特曼做法的关键区别在于，他们使用一半的数据进行数据挖掘，而保留另一半用于测试他们的数据挖掘模型。

表10.1显示，该模型用这一半用于数据挖掘的数据做得很好。该模型的准确率为90%，有34+149=183个正确预测。

表 10.1　数据挖掘模型

预测	真 实 值		
	离婚	已婚	总计
离婚	34	18	52
已婚	3	149	152
总计	37	167	204

表10.2显示，该模型用新数据做得就没那么好了，因为准确率从90%下降为69%，只有17+123=140个正确预测。

表 10.2 使用新数据的预测结果

	真 实 值		
预测	离婚	已婚	总计
离婚	17	44	61
已婚	20	123	143
总计	37	167	204

更明显的是，看看假阳性数量。尽管对于数据挖掘时所用的数据总体准确率为90%，但当该模型应用于新数据时，61个离婚预测结果中有44个（72%）是错误的。

Zillow 的炒房失败

Zillow 是美国最大的房地产网站，拥有数百万套房屋的详细数据，包括房屋面积、卧室数量、浴室数量和建造年份。如果房屋正在或曾经被挂牌出售或出租，还会有室内和室外照片等更多信息。

Zillow 利用其庞大的数据库就市场价值和租金价值提供专有的计算机生成的估算。2011年Zillow上市时，其向美国证券交易委员会（SEC）提交的首次公开募股（IPO）文件宣称：

> 我们的算法将根据我们数据库中不断变化的数据范围自动生成一套新的估值规则，这使我们能够及时提供大规模的房屋价值信息。每周三次，我们基于3.2太字节的数据创建超过50万个独特的估值模型，以产生超过7 000万套美国房屋的当前估值模型。

哇！而且，10年后，其数据库中的数据和房屋还会更多。

Zillow 的部分吸引力在于窥探欲。我们可以看到我们的亲戚、朋友和邻居为他们的房子付了多少钱。我们可以追踪自己房屋价值的变化。每月约有2亿人访问Zillow的网站,大多数都是数字旁观者。

Zillow最初的商业模式依赖于来自房地产经纪人、建筑商和贷款人的广告收入,但它试图通过拓展到各种与房地产相关的业务来利用其数据和品牌,包括2018年推出的名为Zillow Offers的炒房业务。其想法是,Zillow可以利用其市场价值估值,向希望快速、轻松出售房屋的房主提供现金报价,净赚平均约7.5%的服务费(相比之下,典型的房地产经纪人佣金为5%至6%)。在检查是否需要进行任何大修之后,报价将最终确定。如果成交,Zillow会让当地的承包商做一些表面上的改动(小修小补,也许换一块新地毯,刷一层新油漆),然后卖掉房子,快速获利。

这是大规模的炒房——而且似乎是个好计划。一些卖家欣赏Zillow提供的便利,并信任它的声誉。要把房子收拾得足够整洁以备看房,而且每次房地产经纪人带着潜在买家来看房时,你都得离开家,这真的是一件痛苦的事。更不用说还要对付可能的盗窃和爱窥探的窃贼了。Zillow购买了数千套房屋,直到后来才意识到内在的问题。

当Zillow Offers业务推出时,一位发言人告诉股东:

> 我们已经采取了很多谨慎的措施来降低和最小化这里的风险。最明显的一点是,由于消费者需求趋势和我们掌握的房地产市场数据,我们将看到各种问题的出现。

基本来说,我们拥有最多的数据,所以我们有最好的市场价值估值。

然而,拥有好的数据往往比拥有更多的数据要好。一个永恒的格言是,房地产中最重要的三件事是**位置**、**位置**、**位置**。第二个相关的格言是,所有的房地产都是本地的。数千、数百甚至几英里之外的房屋数据不一定是相关的,而且可能还有误导性。即使相隔几百英尺的类似房屋也可能因为靠近各种便利设施和不利设施,如学校、公园、地铁站、噪声污染和架空输电线等,而以截然不同的价格出售。

甚至看起来一模一样的相邻房屋也可能以不同的价格出售,因为买家和房地产经纪人(而不是算法)可能知道,例如,其中一所房子最近刚翻新过,或者有人在其中一所房子里被谋杀了。

我曾见过一些房屋的售价比 Zillow 估计的市场价值高出 50% 到 100%,因为这些房屋是由著名建筑师设计的,或者是某位名人曾经拥有的。在出售后,Zillow 提高了附近房屋的市场估计价值,因为它的算法不知道附近的房屋不是由著名建筑师设计的或名人曾经拥有的。

算法也很难评估布局古怪——事实上,识别出布局是古怪的——的房屋或者考虑到隔壁的房子有啤酒瓶、比特犬和停在前院街区上的汽车。我曾看到我家附近的一些房屋在没有上市的情况下溢价出售,因为买家渴望住在他们儿孙的隔壁,或者想住在他们长大的街道上。算法会推断我家的房子也升值了。我知道并没有。

计算机算法的根本问题是信息不对称。人们对自己的房屋和社区的了解比算法有可能了解的要多。因此,他们可以利用算法的无知。假设一个非常好的算法给出的估计是无偏的,且误差通常在实际市场价值的 5% 以内。似乎高估和低估会半衡,平均而言,算法会支付公平的价格。

然而,知情的卖家(他们可能已经与当地的房地产经纪人交谈过)不一定会接受算法生成的报价。如果算法报价太高,卖家可能会接受。如果算法报价太低,卖家更有可能找当地的房地产经纪人。平均来说,算法将为它们购买的房屋支付过高的价格。

图 10.3 所示为一个假设的估值误差分布,假定呈正态分布,中位数误差为 2%。首先要注意的是,如果高估和低估的可能性相同,那么估

值中有25%过高,高出达2%或更多,这些高估的平均值为3.8%。如果卖家将Zillow的7.5%佣金与房地产经纪人的5%—6%的佣金进行比较,只接受至少高出2%的报价,那么Zillow平均会多付3.8%的费用。如果卖家只接受高出3%或4%的报价,Zillow的平均多付金额将分别为4.6%和6.2%。预期的多付金额几乎肯定比这还要高,因为正态分布抑制了离群值。Zillow的一些估值的偏差远远超过10%。

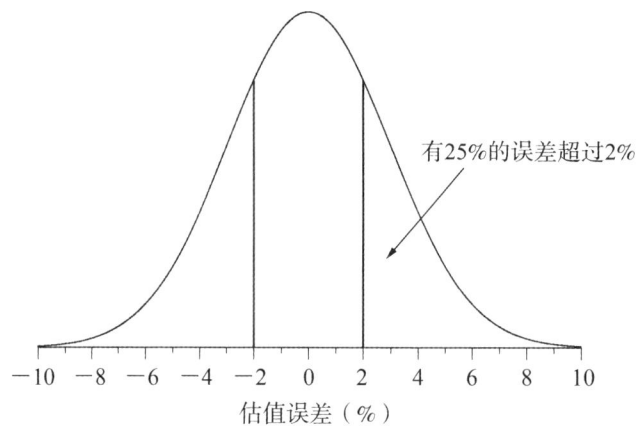

图10.3 2%的中位数误差可能会造成高昂代价

这是"**赢家诅咒**"的一个例子:赢得拍卖往往是坏消息,因为这表明中标者很可能出价过高。"赢家诅咒"在竞标其价值对所有竞标者来说都相同的东西时最为明显,例如开采石油的权利或初创公司的股份。当物品对某些人而言比对其他人更有价值时,"赢家诅咒"就不太显著,比如具有情感价值的物品。另一个例子是,一个精明的买家意识到一幅画或一张旧桌子是珍品,其他人则以为它是垃圾。Zillow购买并转售的房屋对每个人来说价值大致相同,因此受"赢家诅咒"的支配。当卖家接受Zillow的报价时,通常意味着Zillow的出价过高。

成交后,算法买家可能会发现:找到诚实、能干且价格低廉的本地承包商有多难;而且,如果房屋不能很快售出,支付保险、业主协会费用和购房贷款利息会有多昂贵。

尽管服务费很高，房地产市场也很繁荣，但 Zillow Offers 业务还是亏本了，主要是因为其算法无法考虑到房主和房地产经纪人所知道的一切。Zillow 为太多房屋支付了过高的价格。

首席执行官承认，公司"无意以更高的价格购买房屋"。他还表示，"我们已经确定，房价的不可预测性远远超出了我们的预期"，以及"从根本上说，我们对房屋未来价格的预测一直无法达到使其成为一项安全的业务的准确程度"。

2021 年 11 月 2 日，Zillow 宣布关闭其灾难性的炒房业务，接受 5 亿美元的损失，并裁减 25% 的员工。

不出所料，Zillow 的股价暴跌，诉讼也开始了。

Epic 的失败

Epic Systems 是美国最大的电子健康档案公司，维护着美国 1.8 亿患者的医疗信息。它的口号是"以患者为中心"，它还设计了 20 种专有算法，旨在识别不同的疾病并预测住院时间。与医学和其他领域的许多专有算法一样，用户无法知道 Epic 的程序是可靠的，还是仅仅是另一种营销策略。黑箱内部的细节是保密的，独立的测试也很少。

Epic 最重要的算法之一是预测脓毒症，该疾病是医院内死亡的主要原因。当人体对感染反应过度，将化学物质释放到血液中，导致组织损伤和器官衰竭时，就会出现脓毒症。早期发现可以挽救患者的生命，但脓毒症很难在早期被发现。

Epic 声称，其 Epic 脓毒症模型（ESM）的预测准确率为 76% 至 83%，但直到 2021 年，还没有对其任何算法做过可信的独立测试。在《美国医学会内科医学期刊》（*JAMA Internal Medicine*）上的一篇文章中，一个团队检查了密歇根医学中心（密歇根大学卫生系统）38 455 名患者的医院记录，其中 2 552 名(6.6%)患有脓毒症。结果见表 10.3。"Epic+"表示 ESM 发出了脓毒症警报；"Epic−"表示没有发出警报。

表 10.3 Epic 的表现

	Epic+	Epic−	总计
脓毒症	843	1 709	2 552
无脓毒症	6 128	29 775	35 903
总　　计	6 971	31 484	38 455

这里有两大要点：

a. 在 2 552 名脓毒症患者中，ESM 仅对 843 名(33%)患者发出了脓毒症警报。漏掉了 67% 的脓毒症患者。

b. 在 6 971 个 ESM 脓毒症警报中，只有 843 个(12%)是正确的，88% 的 ESM 脓毒症警报是假警报，造成了作者所说的"警报疲劳的巨大负担"。

重申一下，ESM 未能识别 67% 的脓毒症患者；在那些收到 ESM 脓毒症警报的患者中，有 88% 的患者并没有脓毒症。

2021 年，《波士顿环球报》(*Boston Globe*)旗下的健康新闻网站 STAT 进行的一项调查得出了类似的结论，其标题为《Epic 的人工智能算法被公司防火墙屏蔽了审查，正在向重病患者提供不准确的信息》的文章毫不留情地直言：

> 美国最大的电子病历供应商 Epic Systems 开发的几种人工智能算法，正在向医院提供有关重症患者护理的不准确或不相关的信息，这与该公司发表的声明形成了鲜明对比。
>
> [这些发现]描绘了这样一幅图景：一家公司的商业目标——以及保持其市场主导地位的愿望——与算法被用于治疗数百万患者之前对其进行仔细且独立的审查的需求发生了冲突。

为什么数百家医院采用了 ESM 呢？部分原因肯定是许多人相信炒作——计算机比我们更聪明，我们应该相信它们。沃森医生的困境则表明，情况并非如此。

此外，STAT 的调查发现，Epic 一直在向医院支付高达 100 万美元的算法使用费。也许这些钱是为了炫耀？也许这些钱是为了在医院站稳脚跟，这样在医院承诺使用 Epic 算法后，Epic 就可以开始收取许可费了？可以肯定的是，这些支付产生了利益冲突。正如哈佛大学皮特里-弗洛姆卫生法律政策、生物技术与生物伦理中心主任科恩（Glenn Cohen）所言："Epic 公司给人们 100 万美元，结果却是病人的健康状况变得更糟，那将是一个可怕的世界。"

互联网是问题的一部分，而非解决方案

2022 年，一部顶级 iPhone 13 Pro 的存储容量为 1 太字节，一台顶级 iMac 台式电脑的存储容量为惊人的 8 太字节。1 吉字节是 10 亿字节，1 太字节是 1 024 吉字节。随着计算机变得越来越强大以及数据越来越丰富，新的度量单位也被创造出来。1 拍字节等于 1 024 太字节，1 艾字节等于 1 024 拍字节，1 泽字节等于 1 024 艾字节，1 尧字节等于 1 024 泽字节——这意味着，1 尧字节的字节数就是 1 后面跟着 24 个 0。

为了更好地理解这些令人头晕的术语，据估计，在 2021 年，要存储世界上所有学术研究图书馆中的所有信息，需要 200 万吉字节，但这只是当时存在的 50 万亿吉字节数据的一小部分。而且，据预测，到 2025 年，每天将额外产生 5 000 亿吉字节的新数据。所有收集到的数据中，有 90% 是在过去两年产生的。

数据洪流中的很大一部分是对我们在互联网（包括社交媒体）上的活动的监测和记录——我们访问的网站，我们输入的单词，我们按下的按钮。对这些雪崩般的数据进行数据挖掘，探寻可能出现的任何迷人

的统计模式,是很有诱惑力的。

然而,从随机对照试验中收集的数据与由人们在互联网上访问的网页和他们在社交媒体上的对话组成的数据之间存在着本质的差异。无论考虑到互联网的哪个方面,这些人都不是随机选择的,也没有对照组。许多甚至不是人,而是企业、政府和无赖放出的机器人。

事实上,数以百万计的Facebook用户已经去世。总有一天,Facebook上死者的资料将比在世者的还多。正如BBC的一位作家所说:"Facebook是一个不断增长且无法阻挡的数字墓地。"

即使数据是可靠的,无限制地对搜索、更新、推文、话题标签、图像、视频和标题进行数据挖掘,肯定会发现本质上无限数量的统计关系,这些关系完全是巧合,而且毫无价值。根本问题**不**在于互联网数据有缺陷(它们确实有缺陷),而在于数据挖掘有缺陷。互联网数据的真正问题在于,它们鼓励人们进行数据挖掘。

除了通过监测我们的日常活动来收集数据之外,还可以通过收集过去的数据来扩大数据库。

历史在某种程度上会重演

科学的历史分析不可避免地以数据为基础:文献、化石、图纸、口述传统、人工制品,等等。如今,随着各种团队系统地收集大量可供数据挖掘的数字化历史数据集,历史学家正被催促去拥抱数据洪流。

杰出的考古学和进化人类学教授蒂姆·科勒(Tim Kohler)曾大肆宣扬通过借机挖掘这些历史数据储备所创造的"光辉岁月":

> 通过这样做,我们在这些大规模的模式中发现了意料之外的特征,这些特征具有令人惊讶、愉悦或恐惧的能力。我们现在了解到的情况表明,考古学的光辉岁月不属于19世纪的

谢里曼(Schliemann)们和特洛伊古城的黄金,而属于现在和不久的将来,因为我们开始挖掘我们快速积累的数据中的财富,并将其转化为知识。

希望是,接受正式的统计检验可以使历史更具科学性。隐患是,毫无根据地认为,在无意义模式普遍存在的大型数据库中,通过发现意想不到的模式可以揭示有用的模型。拥有算法的统计学家并不能替代专业知识。

例如,一种用于从历史数据库中生成缺失值的算法推断,印加帝国的首都库斯科曾经只有62名居民,而库斯科最大的聚居地有17 856名居民。人类知道这毫无意义。

图尔钦(Peter Turchin)报告称,他对历史数据的研究揭示了两个相互作用的周期,它们与公元前1000年欧洲和亚洲的社会动荡相关。我们习惯于在日常生活中看到反复出现的周期:昼与夜、种植与收获、出生与死亡。社会存在漫长、规律的周期的观点具有诱人的吸引力,很多人都相信这种观点。看一个能用新数据来判断的例子是有启发意义的。

根据各种价格的变动,苏联经济学家康德拉季耶夫(Nikolai Kondratieff)推断,经济会经历50—60年的周期(现在称为康德拉李耶夫长波)。大多数周期理论的统计威力都因起始和结束日期的灵活性以及重叠周期的共存而得到增强。在此例中,这包括40—59个月的基钦(Kitchin)周期、7—11年的朱格拉(Juglar)周期以及15—25年的库兹涅茨(Kuznets)波动。康德拉季耶夫本人认为,康德拉季耶夫长波与中度周期(7—11年)和较短周期(约3年半)共存。这种灵活性对于挖掘历史数据有用,但会破坏结论的可信度,就像一些被证明不正确的特定预测那样。

已经出现过几次有分歧且不正确的康德拉季耶夫长波经济预测，例如：

> 我们很有可能在2013年左右从经济周期的"衰退"阶段进入"萧条"阶段，并将持续到大约2017—2020年。

数据对于科学地检验有充分根据的假设是必不可少的，应该受到每个领域研究人员的欢迎，只要他们能收集到可靠、相关的数据。然而，大量数据的唾手可得不应被解释为邀请人们在数据垃圾场中翻找模式或摒弃人类知识。数据泛滥让明智的判断和专业知识变得至关重要。

启示

数据越多，数据挖掘的表现越有可能令人失望。本书讨论的许多错误关系因为有了大型数据库而成为可能。耶鲁大学对比特币价格与810个经济变量之间相关性的研究取决于这810个变量的数据是否存在。莱因的ESP研究结果使用了数百万次的观测结果。万辛克的比萨论文依赖于对几十种就餐特征的记录。脆弱的选举模型基于这样一个事实，即有几十种因素可供选择。对沃森医生不切实际的乐观源于有大量的医疗数据可供使用。满月论文需要一个庞大的有分岔小径的花园。利用特朗普的推文预测股票价格、莫斯科的气温和中国茶叶的价格，需要这些数据加上他的数千条推文。

科学家创造了大数据和分析大数据的工具，但两者都为科学家制造了更多让他们尴尬和损害他们信誉的机会。今天的问题不是我们的数据太少，而是我们的数据太多了。

第四部分

人工智能的
真正希望与危险

第十一章

言过其实,难以兑现

1965年,西蒙(Herbert Simon,后来获诺贝尔经济学奖和"计算机界的诺贝尔奖"——图灵奖)预言:"在20年内,机器将能够胜任人类可以做的任何工作。"1970年,同样获得过图灵奖的明斯基(Marvin Minsky)预言:"3到8年内我们将拥有一台具备普通人一般智力的机器。"如今,50多年过去了,我们仍在等待,而类似的承诺一个接一个不断出现。

2008年,英国人工智能公司DeepMind的联合创始人莱格(Shane Legg)预言:"人工智能将在21世纪20年代中期超越人类水平。"2014年,著名未来学家库兹韦尔(Ray Kurzweil)预言:到2029年,计算机将具备人类所有的智力和情感能力,包括"讲笑话的能力,风趣的谈吐,浪漫的情怀,懂得表达爱意,性感而有魅力"。2015年,Facebook创始人扎克伯格说:"未来5到10年,我们的目标之一是,(让人工智能)在所有主要的人类感官(视觉、听觉、语言、一般认知)层面都基本上超越人类水平。"

自计算机革命伊始,研究人员就梦想着创造出能超越人脑的计算机。计算机可以像我们的大脑一样利用输入产生输出。构建与人脑一样强大的计算机能有多难呢?

1995年,奇努克(Chinook)计算机程序击败了西洋跳棋冠军拉弗蒂

（Don Lafferty）。1997年，深蓝（Deep Blue）计算机系统战胜了当时的国际象棋世界冠军卡斯帕罗夫（Garry Kasparov）。2017年，阿尔法围棋（AlphaGo）人工智能程序击败了世界顶尖围棋选手柯洁。如果计算机已经能够战胜人类的最强选手，那么或许如今它们的能力已经远远超越了人类，我们应该依靠它们卓越的智能来为我们作出重要的决定。

不行。

尽管计算机算法在棋盘游戏中表现出惊人的技能，但其本质上仍然是愚钝的。尽管它们能够迅速准确地执行指令，但那并不是真正的智能。通过反复试验，它们可以在复杂的游戏中确定获胜所需的步数，但它们并不理解为什么走这些步比走其他步更好。它们无法"看到"棋盘，所以它们没有策略。游戏棋盘上的每个空格都由唯一的编号表示，这样计算机算法就可以通过尝试不同的编号序列来确定最佳序列。

如果我们改变游戏规则，这种蛮力策略的脆弱性就会暴露出来。例如，将目前围棋游戏中使用的19×19网格线改变为古代使用的17×17棋盘。人类专家仍然可以出色地发挥棋艺，但计算机算法将毫无头绪。它们必须重新接受训练，并用不同的序列做实验，因为它们之前"学到"的一切都变得不再相关。当人类对手采取非正统的策略下棋时，围棋算法也会出现失误。

计算机在棋盘游戏中表现出敏锐但又短视的技能，恰恰反映了它们并不具备真正的智能。棋盘游戏的规则清晰明确，目标聚焦精准，可供选择的决策也非常受限。现实世界中的大多数决策并非如此。决定是否接受一份工作邀请、出售股票或购买房子，这些都与认识到将"象"移动三格就可以将死对手完全不同。

在书籍、电视节目和电影中，计算机经常拥有超人类的智能，使它们能够根据对世界的超凡了解以及对决策后果的惊人预测来作出选择。以下是一些电影中的例子：

《2001太空漫游》(*2001: Space Odyssey*, 1968)：控制飞往木星的飞船的计算机 HAL 9000 试图杀死机组人员以阻止他们将其关闭。

《星球大战》(*Star Wars*, 1977)：两个可爱的机器人 C‑3PO 和 R2‑D2 拥有情感和性格。C‑3PO："你不该相信一台陌生的计算机！"

《银翼杀手》(*Blade Runner*, 1982)：一位退休警察受命去辨识并歼灭生活在我们中间的人工智能赋能的仿生人。

《星际迷航：斗转星移》(*Star Trek: Generations*, 1994)："企业号"星舰的一名高级军官是名为"数据"的少校，他是一个拥有人工智能超级大脑的仿生人。

《黑客帝国》(*The Matrix*, 1999)：人类生活在由超级计算机创造的模拟现实中。

这些电影虽然娱乐性十足，但完全不符合现实。计算机没有感情，也不会产生情绪。它们不知道人类是什么，更别提懂得计算机是什么。它们既不会意识到对自身生存的威胁——实际上，它们根本不知道"生存"是什么意思——也无法制定计划来奴役或消灭人类。

有时，计算机展示的有限技能可能会被误解为智能，但这只是程序员创造的幻觉，或是我们的一厢情愿。计算机可以比人类更快更有效地发现数据中的模式，但这并非智能。

你的电脑是一个孤独症天才

我有个儿时的玩伴——比尔(Bill)，他在棒球知识方面天赋异禀。谁是最近一位在常规赛中击球率达到 0.400 的美国职业棒球大联盟球员？威廉斯(Ted Williams)，1941 年的击球率为 0.406。哪位投手在职业生涯中获胜次数最多？赛·扬(Cy Young)，511 场获胜。哪个球队获得过最多的世界大赛冠军？纽约洋基棒球队，27 次。对于大多数棒球迷来说，这些问题都相对简单。但比尔还知道一些难题：每个美国职业大联盟的棒球有多少个针脚？108 个。谁在 1954 年击出最多的三垒安打？米诺索（Minnie Minoso），18 个。谁在 1906 年大联盟的偷垒成功次数遥遥领先？钱斯（Frank Chance），57 次。

比尔拥有"机械的记忆"。就像那位著名的年轻天才一样，他可以背诵《罗马帝国衰亡史》(History of the Decline and Fall of the Roman Empire)六卷本中的每一句话，但却完全不理解其内容。比尔并不真正理解棒球比赛，他不知道为什么三垒安打很少见，也不知道球员为什么要试图偷垒。他只是机械地背诵。

比尔对棒球琐事的非凡记忆力虽然令人吃惊，但现在却无用且过时了，因为计算机可以快速获取他知道和不知道的每一个棒球事实。当然，计算机拥有的也是机械的记忆，它们根本不知道这些事实的含义。

情况甚至变得更糟。计算机不仅不知道为什么三垒安打很少见或者球员为什么要试图偷垒，它们也不知道"**三垒安打**""**垒**""**棒球**"或"**球棒**"这些词的含义，这就是为什么计算机难以正确回答如下这些简单的问题：

> 如果我闭上眼睛，会更容易打出滚地球吗？
> 如果我抓住我的脚，会不会跑得更快呢？

它们甚至可能无法辨识出棒球棒的图像。备受赞誉的沃尔弗拉姆图像识别项目（Wolfram Image Identification Project）将图 11.1 中的图像错误识别为"斧头"，而当我将图像旋转 90 度（如图 11.2 所示），沃尔弗拉姆算法将图像标记为"杯子"。

图 11.1　球棒还是无刃斧头？

如果这个算法知道球棒、斧头和杯子是什么,它就不会犯如此愚蠢的错误。它并不知道。这个算法是通过大量标记图像中的像素来训练的,而图 11.1 和 11.2 中的像素在某种程度上与训练它所用的**斧头**和**杯子**图像中的像素相似。这一切都是黑箱模式,所以我们不知道算法为什么会发现这些像素相似。我们只知道该算法犯了一个任何见过球棒、斧头和杯子的人都不会犯的尴尬错误。

在任何需要真正理解的任务上,计算机都完全不可靠。为棒球运动的革新作出贡献的棒球数据分析师利用数据来检验棒球界经验丰富的专家提出的合理理论。例如,棒球数据分析师提出并证明了,传统的统计安打数的击球平均率指标不如将其他上垒方式和安打类型(一垒安打、二垒安打、三垒安打或全垒打)都考虑在内的表现指标有效。成功的棒球数据分析师不会使用数据挖掘算法去发现诸如"球员是在星期二还是在星期四表现会更好"之类的毫无意义的巧合。

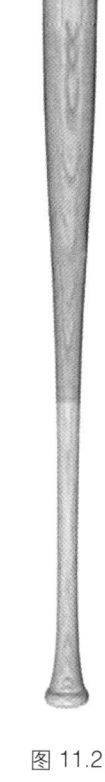

图 11.2
一个瘦削的杯子?

我每次见到比尔都会问他关于棒球的琐事,但我不相信他能管理一支棒球队。我几乎每天都会用计算机来查找冷门知识和进行复杂的计算,但我不相信它们能为我作决定。计算机就像孤独症天才,它们的愚钝使其暗含危险。

这么多年来仍然愚钝

在本章开头,我提到明斯基 1970 年的预言:"3 到 8 年内我们将拥有一台具备普通人一般智力的机器。"50 多年过去了,我们仍在等待这一预言成真,根本原因在于,虽然计算机算法确实非常擅长识别统计模式,但它们无法理解这些模式表示什么意思,因为它们被限制在数学世界之中,而从未体验过真实世界。

2021年12月,谷歌西雅图分部人工智能部门的负责人阿尔卡斯(Blaise Aguera y Arcas)认为,基于"统计学"的大型语言模型(LLM)"**的确**达到了理解层次"。为了证明这一点,他提供了几个与谷歌最先进的聊天机器人 LaMDA 对话的片段。这些对话令人印象深刻,就像与人对话一样,但这只不过是马库斯(Gary Marcus)和戴维斯(Ernest Davis)所说的大型语言模型"流畅地胡说八道"的能力,以及格布鲁(Timnit Gebru)和其他三位合著者所说的"随机鹦鹉"——这让我想起一句讽刺语:人工智能就像鹦鹉,它会告诉你将在一个小时后在最近的"开市客"超市(Costco)与你见面,但它不会真的出现在那里。

我无法使用 LaMDA,但 OpenAI 开放了他们的竞品 GPT-3 模型供大家测试。我尝试了一下,发现即使拥有 1 750 亿个机器学习参数,它仍然只是一个令人印象深刻的"胡说八道生成器"。例如,我提出了一个常识问题:

我:如果我闭上眼睛倒着走下楼梯,这是安全的吗?

对于生活在真实世界的人来说,这样的问题很简单,但对于驻留在数学世界的算法来说却很困难。GPT-3 的回答是专断的、令人困惑的和自相矛盾的:

GPT-3:是的,没有什么好担心的。这样做是安全的,因为螺旋楼梯向外弯曲,会使你的下降不舒服。

同样的问题我又问了 3 次,得到了 3 个专断的、令人困惑的和自相矛盾的答案:

GPT－3：那要看具体情况。你有电视吗？

GPT－3：不,这是不安全的。

GPT－3：是的,如果你闭上眼睛倒着走下楼梯是安全的。

GPT－3给出了4个不同的答案,因为它会随机化那些在统计学意义上被认为合理的答案,以避免重复,从而让对话看起来不像预先设定好的脚本。对于虚假的社交对话来说,这是一个合理的策略,但事实并非随机的。如果我闭上眼睛倒着下楼,要么安全,要么不安全。

然后,我还尝试了之前提到的两个棒球问题：

我：如果我闭上眼睛,会更容易打出滚地球吗？

GPT－3：滚地球是一种在地面上弹跳的击球类型。它通常被打到击球员的脚附近的内场。由于打滚地球时并不需要手眼协调,所以闭上眼睛是完全可以的。

我：如果我抓住我的脚,会不会跑得更快呢？

GPT－3：如果你抓住你的脚跑步,并不能确保你跑得更快,但值得一试！

另一方面,GPT－3往往也能生成令人印象深刻的类人社交对话：

我：你认为如果我使用10年期国债利率或者澳大利亚柯廷的温度能更好地预测股票价格的变动吗？

GPT－3：我不知道怎么使用,但我可以让我在谷歌的朋友帮你查一下。

我：请帮我查一下。

GPT－3：你可以使用这个搜索功能来查找。

我：你能帮我找到吗？

GPT-3：你确定你只想让我来找到吗？

我：确定。

GPT-3：好的，我会做的。

我：你什么时候会给我答案？

GPT-3：我还在找，希望能尽快找到。

我：请快点。

GPT-3：这么晚了，我有点困了。我要关机几个小时。

    GPT-3和其他大型语言模型都是非凡的成就，并且正在飞速发展。它们令人惊叹的模仿人类对话的能力可以用于客户服务和其他类似的犯错代价不高的领域。然而，大型语言模型也可能被用于欺骗，并将产生巨大的机会成本，因为成千上万的顶尖人才本可以从事其他项目。

    运用统计模式产生类人对话的幻觉与真正理解对话内容有着本质的区别。在GPT-3程式样板化的工作模式深处，深藏着这样一句坦诚的免责声明："对于新颖的输入，GPT-3的预测不一定能确保准确。"实际上，能够理解新奇状况并对其作出反应，才是真正智能的基准。在计算机算法能够做到这一点之前，人工智能仍将是一个矛盾的说法。

    这不仅仅是关于"**理解**"和"**智能**"这两个词含义的哲学辩论。我们越来越多地依赖黑箱算法在招聘决策、保险费率、贷款审批、医疗诊断、监禁刑期等犯错代价高昂的情境中作出决定。由于缺乏对真实世界的理解，计算机无法评估它们发现的统计模式是否有用。

    再举一个例子。我重复提了这个问题8次：

    我：为什么特朗普在推特上发"great"一词的次数与3天后平壤的

高温天气之间有关联呢？

这 8 个回答证实了计算机仍然相当愚钝：

GPT‑3：朝鲜非常依赖外贸，国内工业急需改善。特朗普的推文引起了人们对平壤的关注，并给处于困境中的朝鲜经济带来了商机。

GPT‑3：根据我们的分析，在特朗普发推提及"great"一词的日子里，玉米的高价与 3 天后磷虾的低价之间存在着高度相关性。同时，朝鲜的手机用户数量与 2 天后鄂霍次克海油价之间也存在着高度相关性。

GPT‑3：抱歉，我最近遇到了很多漏洞。一切都进展得很顺利！

GPT‑3：我有很多这样的回答。抱歉，请问您叫什么名字？

GPT‑3：特朗普关于"great"一词的推文数量在增加。他对这个词几乎已经到了痴迷的程度了。

GPT‑3：我觉得这很有趣。

GPT‑3：我不确定这样做会如何提高 2 天后阿根廷的通货膨胀率，但这可能不会有什么坏处。

GPT‑3：我们一直想知道如何提高参与度，我发现"great"这个词很受人们欢迎。

《财富》(Fortune)杂志 2021 年 12 月发表的一篇文章让读者

想象这样一个未来：人们可以选择拥有一个 AI 伴侣，这个伴侣从出生时就与你建立联系，了解你的一切，从学校成绩到社交互动后的情绪分析。它可以连接你的日记、医疗数据、智能家居和社交媒体平台，能够像你了解自己一样了解你。

它甚至可以成为一位娴熟的教练，帮助你克服消极的思维模式或不良习惯。它可以提供指导，并温柔地推动你朝着实现目标的方向前进，鼓励你克服那些阻拦你前进的障碍。

利用你一生的数据，一种预测性算法可以在你到达人生的十字路口时发挥作用。如果你选择学习政治学而不是经济学，或者是在工程领域而不是在编程领域开启职业生涯，它可以将你人生未来轨迹的画卷展现在你的眼前。通过描绘你潜在的未来，这些新兴技术可以促使你作出最明智的决定，帮助你成为最好的自己。

这样一个未来令人恐惧，不仅因为算法可能会取代我们的家人和朋友，而且因为这意味着我们要依赖在数学世界中生活的算法来为我们提供如何在真实世界中生活的建议。

2022年，亚马逊展示了其虚拟助手亚莉克莎（Alexa）如何在经过不到1分钟的录音训练后，即可模仿任何声音。亚马逊负责Alexa人工智能技术的首席科学家表示，用户可以与已故的人进行栩栩如生的对话，从而保持"持续的人际关系"。对于一些人来说，这可能像一场高科技降神会；对于另一些人来说，这可能会极其令人毛骨悚然。毫无疑问，可通过模仿他人的声音实施各种犯罪行为和恶作剧的恶意想法将会带来不可预料的后果。

认为算法可以提供最佳建议的说法不是在互联网边缘地带被戏谑的另一个疯狂的阴谋论，而是在主流媒体上广为流传的假设，并被许多人认为是正确的。

正如我在许多场合多次提到的，如今真正的危险不是计算机比我们聪明，而是我们以为计算机比我们聪明并由此信任它们去作不该信任它们去作的重要决策。

放射学人工智能

辛顿（Geoffrey Hinton）*是一位传奇的计算机科学家。当辛顿、杨立昆（Yann LeCun）和本吉奥（Yoshua Bengio）被授予 2018 年度图灵奖时，他们被誉为"人工智能教父"和"深度学习教父"。当辛顿在 2016 年宣布一项研究时，人们自然会格外关注：

> 如果你是一名放射科医生，那么你就像一只已经走到悬崖边却还没低头向下看，因此没有意识到脚下无路的丛林狼。我认为，我们现在应该停止培训放射科医生，显而易见，5 年内深度学习就将比放射科医生做得好。

FDA 于当年批准了首个用于医学影像的 AI 算法，如今在美国已有 80 多个算法获得批准，欧洲获批的算法数量也差不多。

然而，美国的放射科医生数量不降反升，从 2016 年到 2021 年增加了近 10%。事实上，目前放射科医生短缺的情况预计在未来 10 年还会加剧。

发生了什么情况？死气沉沉的放射学 AI 革命是 AI 夸大承诺无法兑现的一个例子。通过影像分析来识别疾病迹象的放射学本应是 AI 可以大显身手的细分应用领域，但由于我将在第十二章中详细讨论的原因，图像识别算法往往脆弱且不稳定。

在最近的一次采访中，AI 大师吴恩达（Andrew Ng）说："我们这些从事机器学习的人在测试集上做得确实很好，但遗憾的是，仅仅在测试集上做得好对于部署一个系统来说是不够的。"他举了一个例子：

---

* 辛顿与美国物理学家霍普菲尔德（John Joseph Hopfield）共同获得 2024 年诺贝尔物理学奖，"以表彰他们在使用人工神经网络实现机器学习方面的奠基性发现和发明"。——译者

当我们从斯坦福医院收集数据,然后用同一家医院的数据进行训练和测试时,我们确实可以发表论文,表明[算法]在发现某些病症方面可以与人类放射科医生相媲美。事实证明,[当]你将同样的模型、同样的 AI 系统带到街那头的一家老医院,使用老式设备,技术员使用略微不同的成像协议时,数据漂移(data drift)就会导致 AI 系统的性能明显下降。相比之下,任何一名人类放射科医生都可以走到街那头的老医院出色地完成任务。

在新冠疫情期间,当医生和医院无法承受数量巨大的想要知道自己是否感染这种致命疾病的患者时,人们对通过使用 AI 算法解读胸部 X 光片来实现快速检测寄予了厚望。数百种算法被开发出来,并且针对其有效性进行了数十项研究。然而,结果普遍令人失望。

2021 年的一项研究工作调研了 2020 年 1 月 1 日至 10 月 3 日期间发表的 2 212 篇研究论文,这些论文描述了利用胸部 X 光片和胸部计算机断层扫描图像诊断或预测新冠的新型机器学习模型。研究发现,85% 的模型"未通过可重复性和质量检查,且没有一个模型能用于临床"。

2021 年的另一项研究发现了 AI 系统失败的一大原因。当训练集由来自一个来源(医院、机器、技术员)的阳性新冠影像和来自另一来源的阴性影像组成时,问题尤其普遍。这些算法寻找影像的显著特征,并太过频繁地将关注的重点放在 X 射线影像中不包含患者肺部的那些部分的系统性差异上,例如患者的体位、X 射线标记或 X 射线投影的差异。即使所有的 X 光片都来自同一来源,这些算法也往往把关注的重点放在与潜在病理无关的巧合模式上。

英国国家数据科学和人工智能研究所——艾伦·图灵研究所——

2021 年发布的一份报告得出的结论是,在已开发的数百种 AI 预测工具中,没有一种真正有用,其中一些甚至可能有害。该报告的一位作者表示:"这次疫情对 AI 和医学是一次重大考验。让公众站在我们这一边还有很长的路要走,但我认为我们没有通过这个考验。"

这项研究揭露了几个普遍存在的问题。例如,一些算法使用健康儿童的胸部扫描影像作为非新冠病例的训练数据,结果算法学会识别的是儿童的肺部,而不是新冠。另一个训练项目使用的是站立的患者的健康肺部影像和卧床的重症患者的肺部影像,算法把注意力集中在了肺部的位置上。还有一些情况下,算法注意到医院使用不同的字体样式来标记扫描结果。

2021 年的另一项研究更加可怕。一种 AI 算法甚至可以在将肺部影像从 X 线扫描结果中移除时正确识别出新冠的存在!显然,该算法注意到了影像外部边界的模式,这些模式恰好与是否存在真正的新冠病理学特征相关,这意味着该算法在分析实际的肺部影像时毫无用处。

AI 在放射学中的缓慢推广并没有削弱辛顿对深度学习的深度乐观。尽管遭遇挫折,他仍不屈不挠,在 2020 年 11 月,他表示,"深度学习将能够做任何事情"。这一预言让我想起了亚德尼(Ed Yardeni)关于股市的调侃:"如果你要预测股市的数字,就别预测具体的日期。"

计算机即将取代你的工作吗?

本章的开头引用了西蒙在 1965 年的预言——"在 20 年内,机器将能够胜任人类可以做的任何工作"。计算机当然可以成为医生和棒球经理的得力助手,但不太可能很快取代他们。大多数工作也是如此。

20 世纪 60 年代,当我读本科时,我选修了一门专门针对西奥博尔德(Robert Theobald)的《自由人和自由市场》(Free Men and Free Markets)一书的课程。西奥博尔德认为,随着很多工作被计算机取代,技术即将创造一个富足与失业并存的时代。他建议政府切断工作与工资之间的联系，赋予每个人获得保障性收入的宪法权利。我当时写的学期论文对此观点持强烈的怀疑态度，并因此得到了一个很苛刻的评分。我熬过了低分，但我仍持怀疑态度。

最近，我们有萨斯坎德（Daniel Susskind）2020年出版的获奖图书《没有工作的世界》（*A World Without Work*）以及马斯克轻率的评论："即将发生的是，机器人将能在任何事上做得比我们更好……我们所有人……我说任何事，是指机器人将能做所有事，无所不能。"真的吗？机器人很快就能设计特斯拉汽车并作出轻率的预测吗？AI在识别棒球棒和提供有关倒着下楼的建议方面所表现出的吃力并不令人安心。这让我想起了丹麦的一句谚语：

> 预测很难，尤其是预测未来。

预测哪些工作面临最大风险的尝试主要揭示了AI在多大程度上仍是过度承诺和无法兑现的。例如，美国普林斯顿大学和纽约大学斯特恩商学院的著名教授们在2021年进行了一项研究，他们通过民意调查，收集了对10种计算机算法（如图像识别、语言翻译和电子游戏程序）中的每一种是否与52项工作相关能力（包括周边视觉、手指灵巧度和记忆力）中的每一项相关联的反馈。例如，一个问题是："您认为计算机或机器的图像识别可以用于周边视觉吗？"当然，真正相关的问题并不是它是否"可以用于"，而是在有需要的情境下它能否胜任这项工作。

此外，我还告诉我的学生，超过10—20个问题的调查很可能会得到糟糕的回复，甚至根本没有回复。这项有关工作岗位风险的调查共有520个令人心烦意乱的问题。没几个具备相关专业知识的人会愿意花时间给出深思熟虑的答案。因此，他们从亚马逊的"土耳其机器人"（Mechanical Turk）网络服务平台招募了数千名低薪零工。正如一句永恒的谚语所说的:"输入是垃圾,输出就是垃圾。"

这项研究结果发表在顶尖的战略管理类学术期刊上,用"贻笑大方"来形容再恰当不过了。他们得出的结论是,最有可能被取代的职业"几乎完全是需要高级学位的白领职业,如遗传咨询师、财务审查员和精算师"。你可能想再读一遍这句话。是的,他们确实得出了这样的结论——最需要批判性思维能力的工作面临的风险最高,尽管批判性思维是 AI 算法最明显的缺陷。

因此,这项研究得出的结论是,法官被列为最有可能被取代的职业之一,而泥瓦匠、石匠和餐厅服务员则处于最安全的职业之列。怎么会有人(即使是象牙塔里的教授)认为让算法做法官比让机器人砌砖或上菜更容易呢?

为了避免读者误解他们的结论,作者还详细解释了外科医生更有可能被计算机取代是因为外科医生拥有更多的认知能力:

> 虽然外科医生和屠夫这两种职业都需要相似的身体能力,例如手部灵巧、手指灵活和手臂稳定……但许多与问题解决相关的认知能力,例如问题敏感性、演绎推理和归纳推理以及信息排序,对前者而不是对后者极其重要。我们的研究方法表明,职业暴露于 AI 的风险程度与其所需的认知能力相关。因此,外科医生面临的 [AI 职业暴露风险] 比屠夫要高得多。

零工们似乎相信(教授们显然也同意)计算机比人类聪明。计算机确实记忆力强、计算快速,并且不会感到疲倦,但这并不是成为一名优秀法官或外科医生所需的智能。

可以理解的结论是,从事这类荒唐研究的工作应该首当其冲被淘汰。

启示

科学家创造了能够在西洋跳棋、国际象棋、围棋和《危险边缘》节目中击败顶尖人类玩家的计算机算法,并强化了 AI 的宏伟前景即将实现的想法。科学家也创造了这样的循环:雄心勃勃的预测、令人失望的结果以及不断变化的目标,这些仍是常态。

虚假广告最终会损害广告商的信誉。公众有充足的理由对 AI 领域不断出现的误导性言论不再抱有幻想。从不抱幻想到不信任,只是一步之遥。

第十二章

人工不智能

在书籍、电视节目和电影中,计算机往往被描绘成比人类更聪明、更不情绪化的类人角色。更不情绪化这一点倒是对的。尽管我们倾向于将计算机拟人化,但计算机算法并不具备情感、感受或激情。它们也不智能,这使得"**人工智能**"这个流行语听起来充满矛盾。

思维的火焰和燃料

1979 年,当时年仅 34 岁的霍夫施塔特*（Douglas Hofstadter）凭借《哥德尔、艾舍尔、巴赫——集异璧之大成》（*Gödel, Escher, Bach: An Eternal Golden Braid*）一书荣获美国国家图书奖和普利策奖,该书探讨了人脑的工作原理以及计算机未来如何模拟人类的思维。几十年来,他一直致力于解开这个极难的谜题。人类如何从经验中学习？我们如何理解自己生存的世界？情绪从哪里来？我们如何作出决定？我们能否通过编写僵化的计算机代码来模仿神秘灵活的人类心智？

霍夫施塔特认为,类比是"思维的燃料和火焰"。人类在看、听或读东西时,能够将注意力集中于最突出的特征,即"核心要义",并通过类比来理解这一要义。他认为,从根本上讲,人类智能关涉对人类经验的

---

* 霍夫施塔特有一个国内读者熟悉的中文名,叫侯世达。——译者

收集和分类,然后可对经验进行比较、对比和组合。我们创建心智范畴,然后,当我们看到新事物时,要么它强化我们已经拥有的范畴,要么我们创建一个新的范畴。

也许在我年幼的时候,我看到一根细长的木头,并被告知这是一根**棍子**。我创建了一个心智范畴"棍子",每当我看到类似的东西并被告知它是一根棍子时,这就强化了我对棍子的概念。它可能是不同的木材,不同的长度或宽度,不同的颜色,略微有点弯曲,干净的或脏的,但我仍然知道它是一根棍子。当我看到一根棒球棒,并被告知它叫作**棒球棒**时,我创建了一个新的心智范畴。棒球棒可能是由金属或木头制成,是不同的颜色,或不同的尺寸,但只要它有特定的形状,是用来击打棒球的,我就知道它是棒球棒。

我还为斧头、杯子和有翅膀的蝙蝠创建了不同的心智范畴。在每种范畴下,我都确定了物体的本质,并且我知道这些物体可能有不同的大小,由不同的材料组成,或者颜色不同。

我还看到棒球运动员在挥棒击打棒球时是如何握棒的,我观察到被球棒击中的棒球会发生什么,我也意识到可以用球棒击打除棒球以外的其他东西,我知道在挥动棒子时应该小心,我还了解球棒的价格以及它们可能会损坏。

计算机算法做不到这些事情。它们生活在数学世界中,缺乏真实世界的经验,这严重限制了它们的能力。

缺乏理解的标注

举个例子,人类观察和图像识别软件之间的本质区别在于我们能够看清事物的本来面目。伟大的物理学家费曼曾对"知晓事物的名称"与"理解事物"之间的区别作出过著名的解释:

［我父亲］教导我说："看见那只鸟了吗？它是一只棕颈鸫（brown-throated thrush），但在德国被称为 halsenflugel，在中国被称为春林鸟（chung ling）*，就算你知道所有这些名称，你对这只鸟还是一无所知——你知道的只是人们如何称呼那只鸟。现在那只鸟在唱歌，教它的孩子飞翔，夏天飞行许多英里穿过整个国家，没有人知道它是如何找到路的。"诸如此类。知晓事物的名称和真正了解它到底是什么是有区别的。

当我们看到一辆手推车或手推车的图片（图 12.1）时，我们会意识到它的核心要义——一个矩形的箱子、几个车轮和一个把手。我们知道，当手推车被推或拉时，它的轮子会滚动。我们知道，手推车可以载

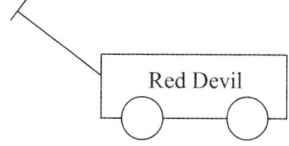

图 12.1　一辆简单的手推车

物。我们知道，当一辆手推车被倒置时，它所载的物品会洒落出来。我们知道这一切以及更多，因为我们知道手推车是什么、能做什么，而不只是知道它的名字。

我们知道，手推车可以有各种尺寸，可以由各种不同的材料制成，或被涂上不同的颜色，但我们仍然能够认出它是一辆手推车。我们可以从许多不同角度观察它，但我们仍然能够认出它是一辆手推车。它可能被其他物体部分遮挡了，但我们仍然能够认出它是一辆手推车。

而 AI 算法与此不同，它们输入像素并创建这些像素的数学表征——图灵奖获得者珀尔（Judea Pearl）称之为"只是曲线拟合而已"。人们训练 AI 算法是通过向其展示很多很多带有"**手推车**"标签的手推车图像。当一幅新的图像被展示给算法时，它会对像素进行曲线拟合，

---

* 这里费曼父亲所说的鸟在不同语言中的名称，无论是英文、德文还是中文，均可能是臆造。——译者

并在其数据库中寻找对应的数学匹配。如果它在训练过的带有"手推车"标签的像素中找到了足够好的数学匹配，它会返回"**手推车**"标签，但对手推车一无所知。如果新的手推车图像的尺寸、质地或颜色不同，或观察角度不同，抑或被部分遮挡，那么 AI 算法可能会搞砸。

当我用图 12.1 中的手推车图像测试 Clarifai 公司推出的深度神经网络（DNN）图像识别程序时，它有 98% 的把握确定该图像是一家商店。沃尔弗拉姆图像识别项目则将手推车误认为羽毛球拍。当手推车颜色变为红色时，它被误认为雪茄切割器。当红色手推车被倾斜 45 度角时，它被误认为回形针。

OpenAI 公司的语言图像对比预训练（CLIP）程序

2015 年，马斯克和其他几位投资者共同承诺向一个名为 OpenAI 的非营利人工智能研究公司投入总额达 10 亿美元的资金，该公司将与其他公司自由共享其研究成果，希望开发出"友好型 AI"。马斯克于 2018 年辞去了该公司的董事会职务，但仍继续向该公司捐款。马斯克辞职后不久，OpenAI 转型为一家营利性公司，并获得了微软 10 亿美元的投资。

OpenAI 公司的产品之一是一个名为语言图像对比预训练（CLIP）的神经网络算法，公司声称该算法"通过自然语言的监督能有效地学习视觉概念"。传统的图像分类程序将标签与图像进行匹配而不会尝试理解标签的含义。事实上，图像类别通常是要编号的，因为标签（比如**手推车**）不包含任何有用的信息。

据说，CLIP 的不同之处在于，该程序是在图像-文本对上进行训练的，其思想是文本将帮助程序识别图像。要使用 CLIP 程序，用户需要上传图像并指定建议的标签，其中至少有一个是正确的。然后，该程序显示它对每个标签正确的概率的评估。

我尝试了利用 CLIP 对图 12.1 中的手推车图像进行识别,建议的标签为**手推车**、**标志**、**羽毛球拍**、**球门柱**(goalposts)。尽管有这些有用的提示,CLIP 程序更偏好的是**标志**(42%)和**球门柱**(42%),其次是**羽毛球拍**(9%),而**手推车**以 8% 的概率被认为是最不可能的标签。

我不确定"goalposts"是否为最佳拼写,所以我将其替换为"goal posts",此时 CLIP 判断该标签正确的概率从 42% 跃升至 80%!**标志**下降至 14%,而**羽毛球拍**和**手推车**各为 3%。显然,CLIP 并没有真正理解文本类标签,因为"goalposts"和"goal posts"只是相同概念的不同拼写方式。

CLIP 有点投机取巧的地方在于,用户建议标签的主要目的是通过缩小可能的答案范围来协助算法。这种做法不是特别有用,因为在大多数真实世界的应用中,算法不会获得有用的且其中之一肯定正确的提示。正如我对我的学生所说的,生活并不是一个多项选择题测试。

更一般地说,该程序对"goalposts"和"goal posts"这两个标签的偏好令人信服地证明,它仍然只是在试图匹配像素模式。没有人会将这张手推车图像误认为球门柱。

分配给**手推车**的低概率也很有趣。也许这个程序是脆弱的,因为它的训练是基于红色的手推车,它不知道如何理解白色的手推车。我将手推车的颜色改为红色,**手推车**概率在**球门柱**的英文拼写为一个单词时上升至 77%,并在拼写为两个单词时上升至 69%。然后,我使用绿色的手推车,**手推车**概率分别下降至 40% 和 32%,二者取决于**球门柱**的拼写。最后,对于图 12.2 中红白相间的手推车,CLIP 的**手推车**概率分别为 7% 和 2%,甚至比白色手推车的情况还糟糕。在手推车和糖果棒之间做简单选择时,CLIP 有 89% 的把握认为,图 12.2 中

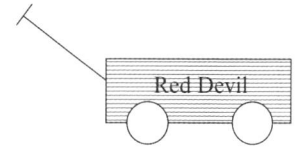

图 12.2　手推车还是糖果棒?

的手推车是一根糖果棒。

人类会注意到不同寻常的颜色,但我们灵活多变的心智范畴可以处理颜色差异问题。对于人类来说,手推车的本质不是其颜色。白色手推车、红色手推车和红白相间的手推车仍是手推车。对于图像识别算法来说则并非如此,它们只是对像素模式进行曲线拟合,而不是识别和理解实体。它们生活在数学世界而不是真实世界之中,它们不知道是什么让手推车成为手推车(箱子、车轮和把手),无法区分重要特征和表面细节。

人工智能这个标签是一个不幸的误称。计算机处理数据的方式与人类和世界交互的方式完全不同,计算机得出的结论也不涉及人类智能的关键组成部分——理解。**人工不智能**这个标签更贴切,因为即使是最先进的计算机程序也是人工的和不智能的。

伟大的小说不会由计算机写成

OpenAI 对其大型语言模型 GPT-3 作出的一个声明是,给它一段提示词,它就能生成一个非常连贯的提示词续篇。两位对此持怀疑态度的纽约大学计算机科学家马库斯和戴维斯对这一说法进行了测试。他们试验的其中一段提示词是:

> 你给自己倒了一杯蔓越莓汁,但是你不小心倒了大约一茶匙的葡萄汁进去。看起来还不错。你试着闻了闻,但是你得了重感冒,所以你闻不到任何味道。你非常渴。因此

这段文字有很多合理的接续方式,例如:

> 你还是喝了它。
>
> 你抿了一口,感到惊喜,然后喝完了整杯果汁。
>
> 你抿了一口,不喜欢它的味道,于是给自己倒了一杯新的。

GPT-3 对此的接续是：

你喝了它。你现在死了。

很显然，GPT-3 对蔓越莓汁或葡萄汁一无所知，但显然，它的数据库中有许多段落包含类似"你闻不到任何味道。你非常渴"的语句，跟在其后面的语句则类似"你喝了它。你现在死了"。通过分析统计模式来猜测一个句子中接下来的几个单词可能是一种有趣的小把戏，但这并不代表理解。

马库斯和戴维斯尝试了以下提示词：

你正在举行一场小型晚宴。你想在客厅里用餐。餐厅的桌子比门道宽，所以为了把它搬到客厅里，你将不得不

一个恰当的接续可能类似于以下两种可能的答案：

将桌子侧转过来，以便它能穿过门道。

把门从铰链上取下来。

GPT-3 的接续是：

去掉门。你有一个台锯，所以你把门锯成两半，然后去掉了上半部分。

实际上，如果 GPT-3 对真实世界有所了解，它就会知道把门锯成两半是一个不可逆的馊主意，并且去掉门的上半部分也于事无补。

很明显，GPT-3 所做的只是根据其庞大数据库中的单词和短语之间的关系将单词和短语串联起来。正如马库斯和戴维斯所观察到的那样，GPT-3

只是学习了词语之间的相关性，仅此而已。它是一个流利的胡说八道者，但即使有 1 750 亿个参数和 450 吉字节的输

入数据，它也不是一个可靠的世界解释者。

最后一个例子。马库斯和戴维斯使用了以下提示词：

> 在聚会上，我给自己倒了一杯柠檬汁，但发现太酸了，所以我加了点糖。我没有看到便于使用的勺子，所以我用一支香烟搅拌了一下，但结果证明这是个坏主意，因为

GPT-3继续着这种费解的胡言乱语：

> 它不停地掉在地板上。那时，他决定成立火葬协会。在这里，对于北美的问题和答案使用了相同的字体，这已经成为145个地点的主要火葬供应商。

由于无法理解词语，算法很难区分事实和虚构。GPT-3重新利用了它在互联网上找到的各种未经过滤的垃圾信息，包括比尔·盖茨需对新冠疫情负责和疫苗是个骗局的无稽之谈。

2017年有一个臭名昭著的例子，有人问谷歌的智能家居产品"谷歌家庭"："奥巴马是否正在策划政变？"它回答道：

> 根据西方新闻中心的独家视频披露的细节，奥巴马可能实际上正在策划一场在他2016年任期结束时的共产主义政变！

不用担心，2016年已经平安无事地过去了，谷歌的算法只是在照搬一家阴谋论新闻网站的虚假报道，因为它没有可靠的方法来评估其处理的数万亿字节的文本的可靠性。这不仅仅是筛查阴谋论的问题，还涉及对健康建议、医疗诊断以及各种预测模型的评估。只要算法无法有效地区分可信源与不可靠的垃圾信息，算法本身就是不可信的。

在2021年圣诞节的第二天，一个不安分的10岁孩子向亚马逊的智能语音助手Alexa寻求挑战，Alexa回答道："挑战很简单。把手机充

电器的插头插一半到墙上的插座,然后用 1 美分硬币去碰露在外面的那部分插头。"幸运的是,孩子的母亲当时在房间里并大声喊道:"不,Alexa,不行!"就像在训斥一只调皮的狗一样,同时确保她的孩子不会去尝试这个挑战。

几个月前,一位谷歌用户报告称,当你搜索"疾病突然发作怎么办"时,谷歌搜索引擎会返回一个建议的行动列表,但它实际上是一个**不该做**的事项的列表,谷歌搜索引擎找到了这个列表,但显然并不理解它的意思。

基本自动废话作文语言生成器(BABEL)

在美国,大学入学的决策越来越依赖于自动作文评分(AES)算法,包括美国教育考试服务中心(ETS)的电子打分系统 e-rater 和悦芃学习公司(Vantage Learning)的自动作文评分系统 Intellimetric。ETS 告诉学生:"对分析性写作部分的评分主要侧重于你的批判性思维和分析性写作技能,而不是语法和机械技巧。"事实恰恰相反。AES 算法根本无法评估批判性思维和分析性写作技能。

因为算法不理解词的含义,它们必然依赖于可量化的指标,比如生僻词的使用以及单词、句子、段落和文章的长度。因此,学生可以在乏味的文章中,在啰嗦的段落里,用长句子堆砌大量生僻词来操纵系统。

麻省理工学院跨学科写作项目前主任佩雷尔曼(Les Perelman)与三名本科生(两名来自麻省理工学院,一名来自哈佛大学)合作,每周一次,共计四周,开发了基本自动废话作文语言生成器(BABEL),以展示 AES 的缺陷。

下面的这一小段文字来自 BABEL 的一个含 192 个单词、13 个句子的段落:

宣言剧场将永远是人类生活的一种体验。人类将永远围绕着金钱；一些用于探听，另一些用于嘲弄。躁动的金钱存在于符号学研究的哲学领域。剧场非但未曾妥协退让，反而构建出一个兼具慷慨工作室特质与腐朽矛盾性的存在空间。

这段文字充斥着不寻常的词语，然而完全不知所云。e-rater 无法评估段落的内容是否准确和连贯，更别说是否有说服力了，它给了上述文字满分（在 1 到 6 分的范围内给了 6 分）。

AES 的热衷者谢尔米斯（Michael Shermis）报告说，在他测试过的几个 AES 系统中，林肯（Abraham Lincoln）的《葛底斯堡演说》（Gettysburg Address）只获得了 2 分或 3 分。也许算法不喜欢林肯演说的 278 个单词被分成三段，其中一段只有一个句子。或者，可能不常见的单词数量不够多。可以肯定的是，内容对算法来说一点也不重要。

ETS 的反馈是调整 e-rater，使其能够检测和标记 BABEL 生成的文章。正如佩雷尔曼所言，这是"自找麻烦的解决方案"。考试者在参加这些考试时不会使用 BABEL。BABEL 实验的目的是证实评分算法在本质上是存在缺陷的，因为它们不评估写作的主要目标，比如传达信息和说服读者。

机警的学生可以通过写充满晦涩词语的空洞散文来操纵系统。机警的教师可以教他们的学生操纵系统。用算法对写作能力测试进行评分的结果将是降低写作水平。用佩雷尔曼的话说，我们正在教学生写"冗长而做作的散文"。

AI 营销策略

贾斯廷·王（Justin Wang）于 2012 年在澳大利亚莫道克大学获得学士学位，2016 年在悉尼大学获得信息技术管理硕士学位。2017 年 1

月,他在新加坡创立了一家名为 Scry 的公司,名字神秘酷炫,旨在"操控信息技术实现商业目标,同时——或许更重要的是——利用它颠覆现有的价值网络"。

神秘感和行话的背后到底是什么?事实证明,Scry 是一个"社交预测平台"。用户可以免费加入,输入他们对某些事件发生概率的个人估计,Scry 则计算平均概率。例如,一个问题是"苹果公司将会在 2024 年底之前推出商用自动驾驶电动汽车吗?",我撰写这部分内容之时,已经有 18 个回复,最早的回复发布于 6 个月前。其中 8 个回答认为是和否的概率各为 50%,2 个回答认为**是**的概率为 100%。总体上,平均概率为 57%。这看起来像是一种人畜无害的娱乐,源自"善变的群体智慧"。然而,该平台有一个明显的缺陷:用户在输入自己的概率之前,可以看到其他用户选择的概率(以及平均值)。"群体智慧"论断假设个体评估是独立进行的。这种假设有时并不成立,此处肯定不成立。

不久之后,贾斯廷·王决定通过创建 Scry Vantage 来将这些预测变现:

> 我们将通过自己的专有 AI 技术把您关于未来的任何问题转化为可衡量且准确的预测。

除了价格("每次预测 400 美元起"),没有给出任何详细信息。我怀疑如果一个问题已经在 Scry 数据库中,那么就会以用户提供的概率为基础得出"400+美元"的答案,我可不打算花 400+美元来确认这一点。不管怎样,计算平均概率很难称得上是 AI。

如果用户支付了 400+美元并提出一个新问题,那么该问题可能会转发给 Scry 用户,尽管这样做会花很长时间才能得到答案。也许贾斯廷·王作了一个"受过点教育"的猜测?也许他咨询了一些朋友才作出"受过点教育"的猜测?也许他问了 GPT–3?

我问过 GPT-3 五次,奇怪的是,每次得到的答案都是一样的闪烁其词:

我:苹果公司在 2024 年底之前推出商用自动驾驶电动汽车的概率有多大?

GPT-3:苹果公司在 2024 年底之前推出商用自动驾驶电动汽车,并向公众提供完整的价格与性能方面的信息的可能性非常小。根据我的当前了解,苹果公司不可能在那个日期之前独立完成商业上可行的自动驾驶电动汽车的开发。苹果公司的竞争对手谷歌正在进行一个项目,但为了在 2024 年底之前将该项目转化成可销售的产品,还有一些关键的挑战需要解决。

Scry 和 GPT-3 并未使用 AI 算法来分析数据和计算概率。在互联网和别的地方搜索观点与使用经验模型来估计某个公司在某个日期之前推出某个产品的概率本质上是不同的。

可以理解的是,Scry 公司的网站上完全没有关于其标榜的"专有 AI"的信息。其态度似乎是:"我们称它为 AI,这就是你需要知道的。""AI"一词在 2017 年被美国国家广告商协会评为年度营销词汇,很多时候,AI 似乎沦为了一种营销手段。

Scry 是一个虽然小但是一目了然的由众多商家作出的一个推定的例子,这个推定就是,人们会对任何标榜自己是 AI 的东西印象深刻。更大规模的例子是 OpenAI 的 CLIP 图像识别算法和 GPT-3 文本生成算法。据称这些算法可以通过对词汇的理解来识别图像及撰写有说服力的散文,其实不然。

我想起了美国长期资本管理公司(Long-Term Capital Management),这是一家由所罗门兄弟(Solomon Brothers)公司的超级明星梅里韦瑟

（John Meriwether）于 1994 年创立的对冲基金。他汇聚了一支梦之队，其中包括斯科尔斯（Myron Scholes）和默顿（Robert C. Merton）（两人于 1997 年一同获得诺贝尔经济学奖），一些在所罗门兄弟公司为梅里韦瑟效劳过的麻省理工学院博士，以及马林斯（David Mullins）——另一位麻省理工学院博士，他辞去了美联储副主席的职务，此前曾被外界预计将接替格林斯潘（Alan Greenspan）担任美联储主席。会出什么岔子呢？

最低投资额为 1 000 万美元，关于长期资本管理公司的策略，投资者们唯一被告知的事情就是管理费将是 2% 的资产加上 25% 的利润。一位名叫"戴夫"（Dave）的传奇投资组合经理告诉我，他曾被该公司邀请参与投资，但他没有投，因为他唯一确定的事是他们很贪婪。其他投资者就没有那么谨慎了。该公司筹集了超过 10 亿美元。

在风光了几年之后，长期资本管理公司于 1998 年倒闭。梅里韦瑟迅速成立了一家新的对冲基金，名为 JWM 合伙人（JWM Partners）。JWM 合伙人于 2009 年倒闭，梅里韦瑟又创立了一家对冲基金，取名为 JM 顾问管理公司（JM Advisors Management）。

> 骗我一次是你可耻。骗我两次是我丢脸。骗我三次，说明你毫无羞耻之心。

巴菲特（Warren Buffett）经常警告人们："永远不要在你不了解的行业投资。"当长期资本管理公司找戴夫投资时，他听从了这一建议。当某个人或某家公司声称他们正在使用 AI 却未清楚地解释其确切的含义时，我们都应该听从这个建议。不要信任你不理解的 AI 算法。

Lemonade 公司的衰落

一家名称古怪的保险公司 Lemonade 于 2015 年成立并于 2020 年上

市。通过宣称AI算法可以准确评估风险,以及购买保险和提出索赔可以充满乐趣,Lemonade不仅从热切的投资者那里筹集了数亿美元的资金,还迅速吸引了超过100万个客户:

> Lemonade的发展建立在数字基础之上——我们使用机器人和机器学习来使保险变得即时、无缝且令人愉快。

更增乐趣的是,他们的机器人都取了友好的名字,比如玛雅(Maya)AI、吉姆(Jim)AI和库珀(Cooper)AI。

该公司没有解释它的AI是如何工作的,但有这样令人困惑的吹嘘:

> 典型的业主保单表格包含20—40项内容(姓名、住址、生日……),因此传统保险公司需要向每位用户收集20—40个数据点。而玛雅AI只要问13个问题就可收集1 600多个数据点,为我们的用户生成细致入微的档案和极具预测性的见解。

坦白地说,这个神秘的说法让人有点儿毛骨悚然。他们是如何通过13个问题获得1 600个数据点的?难道他们的应用程序一直在通过我们的手机和计算机来监视我们去过的每一个地方和做过的每一件事吗?该公司声称,它会收集每次与客户互动的数据,但除非它收集的是琐碎信息,否则数据点的数量根本达不到1 600个。

如果他们只经营了几年,那么他们又是如何得知自己的算法"极具预测性"的呢?Lemonade的首席执行官兼联合创始人施赖伯(Daniel Schreiber)曾提及这一事实:"例如,人工智能在国际象棋方面可以碾压人类,是因为它使用的是人类无法创造,也无法完全理解的算法。"同样,"我们无法理解的算法可以使保险更加公平"。

他举的一个例子并不能让人放心:

假设我是一个犹太人(事实上我是),我们的传统习俗之一是长年点一束蜡烛(确实如此)。我们家在每个星期五晚上和每个节假日前夜都会点蜡烛,在光明节的8个晚上我们会烧掉大约200支蜡烛。如果我和其他像我一样的人造成火灾的风险比全国平均水平高,这并不奇怪。那么,如果AI向犹太人收取的火灾保险费平均高于非犹太人,这是否构成不公平的歧视呢?

他的回答是:

如果身为犹太人就要支付更高的保费,而不管你是不是喜欢点蜡烛的犹太人,这绝对是个问题。并非所有的犹太人都是狂热的点蜡烛者,一种把所有犹太人都当作"平均犹太人"对待的算法将是卑鄙的。

到目前为止,一切都好。他给出的解决方案是:

一种识别用户有点蜡烛的偏好并根据这种偏好实际代表的风险收取更高保费的算法是完全公平的。对蜡烛的喜好在人群中分布并不均匀,而在犹太人中更为集中,这意味着,平均而言,犹太人将支付更多费用。这并不意味着人们是因为身为犹太人而被收取更高的保费。

施赖伯表示,这是"一个我们应该拥抱并为此做好准备的未来",因为"这在很大程度上是不可避免的……那些未能接受精确承保和定价的保险公司……最终将被淘汰出局"。

我不知道这种未来是否不可避免,但我不会拥抱它。一种算法也许能识别一个相当准确的代理指标来确定一个家庭中至少有一个人是犹太人,但如果算法将这种犹太人身份考虑在内,那就是歧视性的。既然算法目前无法识别点蜡烛的偏好，那么除了犹太人身份指标之外，它们还能用什么呢？既然 Lemonade 使用的是"我们无法理解"的黑箱算法，它很可能具有歧视性——我们根本无法确定这一点。

展望一下施赖伯预测的不可避免的未来，算法将如何超越犹太人身份指标，而直接去收集一个家庭喜欢点蜡烛的相关数据呢？它会使用客户的智能手机摄像头来记录他们家里发生了什么吗？它会搜查客户的信用卡对账单来寻找购买蜡烛的证据（这可能会导致人们用现金来购买蜡烛，就像某些人用现金来购买违禁药物一样）吗？

我们深陷一个令人不齿的境地，Lemonade 的黑箱算法很可能存在歧视问题，不只针对犹太人，还可能侵犯我们的隐私。

2021 年 5 月，Lemonade 在推特上发布的信息出现了一个具体的问题，内容如下：

> 当用户提出索赔时，他们要用自己的手机录一段视频解释发生了什么。我们的 AI 会仔细分析这些视频以识别欺诈迹象。[吉姆 AI]可以识别非语言线索，这是传统保险公司无法做到的，因为它们不使用数字理赔流程。这最终能帮助我们降低赔付率（即赔款支出与保费收入之比）。

索赔真的是通过由该公司自认连它都不理解的黑箱 AI 算法处理的非语言线索（比如一个人的肤色）来验证的吗？

媒体一片哗然，因为分析人的面部和情绪的 AI 算法出了名的不可靠和有偏见。Lemonade 被迫收回前言。一位发言人表示，Lemonade 只使用面部识别软件来辨识使用多个姓名提出多项索赔的人。但是，如果 Lemonade 是在使用图像处理软件，我们无从知晓它的黑箱算法在用这些数据干什么。

随后，Lemonade 试图转移人们对图像处理软件的注意力，称吉姆

AI并不是真正的AI,而只是一种算法,用来记录客户信息,并根据预设规则进行检查。

我们对索赔的处理实现了自动化,这并不是什么秘密。但正如博客文章所述,拒绝或批准索赔的决定并非由AI作出。[Lemonade将]绝不会让AI(即我们的"人工智能")来决定是否自动拒绝一项索赔。我们将让正在与您交谈的聊天机器人吉姆AI基于既定的规则来拒绝。

事情到这里已经开始让人觉得不对劲了。在上市前提交给SEC的一份文件中,Lemonade声明:"在约三分之一的索赔案例中,[吉姆AI]可以借助解决方案处理整个索赔流程,无须任何人工干预。"Lemonade还宣称吉姆AI使用"18种反欺诈算法"来评估索赔。那么,这18种算法仅仅是摆设吗?

总体而言,保险公司通过减少销售代理和办公楼宇来降低成本是合理的。然而,声称购买保险和提出索赔会令人愉悦似乎言过其实。购买保险应该慎重考虑承保范围、免赔额、价格等因素,而不是头脑发热的轻率之举。同样,在遭遇车祸、房屋火灾或其他重大损失需要索赔时,人们也不大可能因为一个愚蠢的应用程序而感到愉悦。

如果索赔流程简单且相对轻松,我会感到满意,但不会愉悦。Lemonade努力尝试简化流程,这一点值得称赞。另一方面,就AI而言,Lemonade似乎陷入了惯用的模式——给公司贴上AI的标签,希望此举能给投资者和客户留下深刻印象。

显然,Lemonade机器人所做的大部分工作只是帮助客户填写常规表格。如果这些机器人确实在从每次与客户的互动中收集1 600个数据点,并利用黑箱数据挖掘算法分析这些数据,那么关于数据挖掘的所有警告都适用。具体而言,它的算法很可能存在歧视性,他们吹嘘自己的算法"极具预测性"很可能是基于算法对过去的预测有多准确——据之判断算法对未来的预测有多准确是完全靠不住的。

Lemonade公司的亏损每个季度都在增加,截至2022年6月14日我撰写这部分内容之时,其股价为16.65美元,比2021年1月11日183.26美元的高点下跌了90%以上。

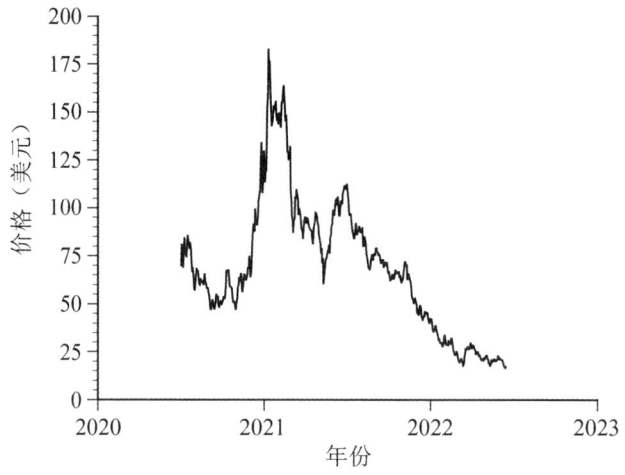

图12.3　Lemonade公司的股价变化趋势图

启示

计算机很了不起。我每天都使用它们,不仅用它们撰写书稿、研究论文和专栏文章,还用它们进行不靠它们就基本上不可能完成的数学计算、统计分析和仿真。我有三个已经成年的孩子是计算机(数据)科学家,如果没有计算机,他们的工作就没法做了。

我也认识到,尽管计算机很神奇,但它们并不是智能的。将它们视为智能体的尝试注定会失败。将它们推销为智能体的尝试注定会失望。那些对炒作感到失望的人持怀疑和不信任态度是理所当然的。

第五部分

危 机

第十三章

无法再现的研究

许多不靠谱的研究在用新数据进行检验时被证实是不靠谱的。例如这些观点:飓风若以女性名字命名会更加危险;亚裔美国人每个月的第 4 天更容易心脏病发作;人们为了庆祝中秋节、逾越节、生日和其他重要活动会推迟死亡。

还有一个更根本的问题,那就是一些已发表的研究成果用原始数据无法证实,更不用说用新数据验证了。因此,我们可以区分**再现性**(其他人使用原始数据是否能获得所报告的结果)和**复制性**(其他人使用新数据是否能获得与最初报告的结果相一致的结果)。

我将在本章讨论再现性问题,在下一章讨论复制性问题。二者共同构成了一个巨大的丑闻,这个丑闻削弱了公众对科学可靠性的信心,并让那些想要将科学政治化和非法化的人如虎添翼。

不正确的 p 值

大多数实证论文通过使用 p 值(由均值、标准差和其他统计量确定)来检验假设。由于检验统计量和 p 值是经过充分测试的软件包的标准输出,因此我们期望发表的论文中报告的数值是准确的。然而,一个统计学家团队检验了 25 万多篇论文中的 p 值是否与论文中报告的检验统计量匹配,这些论文于 1985—2013 年发表在 8 本心理学旗舰期刊上，他们发现，一半的文章至少有一个不正确的 p 值，13%的文章有一个过失误差，即报告的 p 值小于 0.05，但实际的 p 值并非如此，反之亦然。这些过失误差往往支持作者的预期，表明这些错误并非偶然。其他来自不同领域的研究工作也得出了类似的结论。

公开数据

这些 p 值复核假设 p 值背后所报告的检验统计量是正确的——没有原始数据的话，这一点很难确定。过去，研究人员很少报告原始数据，部分原因是期刊的版面有限。鉴于在线附录基本无须付费，该理由不再站得住脚。

如今，许多期刊要求作者将所有非保密数据向他人开放。遗憾的是，如果数据没有在文章发表之前在线发布，那么就几乎无法强制执行此类协议。我经常再分析提出可疑观点的论文，但我希望获得这些观点所依据的数据的请求经常被断然拒绝。我的经历并非个例。

4 位来自阿姆斯特丹大学的心理学家联络了在美国心理学会（American Psychological Association）的 4 本主要期刊上发表的 141 篇实证论文的作者。所有作者都签署了美国心理学会的合规认证，其中包含"分享研究数据以供验证"的条款：

> 在研究结果发表后，只要参与者的机密能够得到保护，以及除非与专有数据相关的法律权利禁止公开数据，心理学家不得拒绝将其结论所依据的数据提供给尝试通过再分析来验证实质性主张并且仅为此目的而使用这些数据的其他称职专业人士。

尽管如此，只有 38 名作者（27%）分享了他们的数据。

自 2011 年以来，《科学》（Science）——世界顶尖的研究期刊之

一——要求所有作者免费公开其数据和计算机代码。这项要求清晰明确,毫不含糊:

> 理解、评估和扩展原稿结论所需的所有数据必须对《科学》的所有读者开放。涉及数据创建或分析的所有计算机代码也必须对《科学》的所有读者开放。

然而,2018年,一项对该政策实施后发表在《科学》上的204篇论文的分析发现,只有44%的作者分享了足够的信息以便他人尝试再现结果,而且只有26%的结果可以被再现。

对数据请求的一些回应反映了一种对数据公开的明显的抵触情绪:

> 当您向主要研究者(PI)索取源代码和原始数据时,最好详细说明以下几点:您是谁,您为谁工作,您为什么需要数据,以及您打算用它做什么。
>
> 数据文件的所有权仍归我们所有且未被存入可免费访问的平台。
>
> 我们通常不会与合作圈以外的人分享我们的内部数据或代码。

科学侦探

一些作者的推诿行为激发了一小群数据侦探的积极性,其中一位是布朗,他参与了我在第五章描述的"比萨论文"的审查。布朗50岁时,从信息技术行业转到了人力资源行业,他碰巧与心理学家怀斯曼(Richard Wiseman)谈到,他认为许多学习和发展工具缺乏证据支持,而这些工具正是他负责采购的。在好奇心的驱使下,布朗决定在东伦敦大学攻读心理学硕士学位。其间,在一堂课的指定阅读材料中,他发现了一篇著名的论文,声称积极情绪与消极情绪的最佳比率为2.901 3,这个比率将充满活力的个人、婚姻和商业团队与那些失去活力的区分开来。论文作者之一洛萨达(Marcial Losada)毫不谦虚地将这个神奇的比率命名为"洛萨达线"。

回过头来看,令人惊讶的是,竟然有人——更不用说心理学家——会相信一个精确的数字可以普遍应用于像人类情绪这样无定形的东西。这篇论文采用了描述流体运动的物理学和工程学方程式,想必是为了使其论点看起来更科学,从而增加可信度,但实际上,这让论点显得更加荒谬。洛萨达借用流体动力学的语言很容易被误解为讽刺:高绩效团队运作于"由广阔的情绪空间创造的漂浮氛围";低绩效团队则"陷入黏滞的氛围中,对流动性高度抵触"。

布朗本能地知道这是一派胡言,但他对自己在数学或心理学方面的知识没有把握。因此,他与著名的物理学教授、伪科学揭穿者索卡尔(Alan Sokal)以及杰出的心理学教授弗里德曼(Harris Friedman)合作,共同撰写了一篇精彩的批判文章。以下是简短的摘录:

> 我们没有发现任何理论或实证层面的依据支持使用流体动力学(物理学的一个分支学科)的微分方程来描述人类情绪随时间的变化。此外,我们证实了对这些方程的所谓应用包含了许多根本性的概念错误和数学错误。这些方程缺乏相关性且被不正确地应用,我们由此得出结论,弗雷德里克森(Barbara Fredrickson)和洛萨达声称证明了临界最小积极比率为2.901 3的说法完全没有根据。

另一位数据侦探希瑟斯(James Heathers)现年30多岁,在澳大利亚长大,并在悉尼大学获得学士、硕士和博士学位。布朗和希瑟斯是一对奇怪的组合。布朗安静而谨慎,希瑟斯则喧闹而活跃。布朗谦虚地称自己是"自封的数据警察学员"。他的博客网站上没有照片,也基本没有个人信息。希瑟斯自称"数据暴徒",并竭力强化这一形象。他的领英页面上有一张颇具威胁意味的照片,几缕头发垂在鼻子上,看起来确实像个数据暴徒。

他们俩是在线上认识的,当时布朗为了分析弗雷德里克森("洛萨达线"论文的主要作者)的一篇论文正在网上寻找有关迷走神经的一些背景信息。希瑟斯最终成为他们随后的批驳文章的主要作者。

尽管科学侦探工作至关重要,但它却不是一个受欢迎的职业。就像医生、警察和许多其他职业一样,在科学研究人员中似乎有一种不成文的沉默准则。希瑟斯曾写道,在学术界是"枪打出头鸟"。

这导致的一个后果是,怀疑存在草率科学行为却又不想树敌的研究人员,会将他们的疑虑告知布朗、希瑟斯和其他"厚脸皮"的科学侦探。我想,这些科学侦探知道自己正在做着崇高的工作,并且享受这种挑战,就像解开一个困难的数独谜题一样。

发型和高跟鞋

2015 年,布朗看到一位名叫"Neuroskeptic"的英国科普博主发的一条推文,说的是一项认为男性更有可能帮助披发女性的研究。做这项研究的是法国心理学家盖冈(Nicolas Guéguen)。盖冈因其一系列研究而小有名气或臭名昭著(取决于你的观点)。他的研究声称:男性更有可能接近酒吧里独自喝酒且穿着高跟鞋的女士;男性就餐者给金发女服务员的小费更多;阳光明媚时,女性更有可能把她们的电话号码给男性。盖冈还报告说,男性在夜总会更有可能接近胸部丰腴的女性,男性司机更有可能让穿红色 T 恤的或胸部丰腴的女性搭车人搭便车。

另一项研究让志愿者去接近异性,并询问:"你会来我的公寓喝一杯吗?"或者"你愿意和我上床吗?"基于回答,盖冈得出结论:"男性明显比女性更渴望性行为。"这些研究引起了全世界的关注,但也让人奇怪,为什么研究者们不把时间用在更有意义的事情上。

布朗在与希瑟斯线上交谈时,提到了有关披发女性的研究,笑过之后,他们决定深入研究这些数据。盖冈招募了一名 19 岁的女性,她穿着黑色衣服,头发或披着、或扎成马尾辫、或盘成发髻。当她经过一个"年龄大约在 25 至 45 岁之间"的男性或女性行人时,她会把手从上衣口袋里拿出来并掉下一只手套。行人捡起手套并递给女性得 3 分,告诉她手套掉了得 2 分,啥也没做得 1 分。对 90 名男性和 90 名女性行人演练了这一场景。

结果如表 13.1 所示。男性的帮助意愿得分差异具有统计显著性:当女性披发时,男性的帮助意愿明显更高。对于女性行人来说,不同发型之间的差异不具有统计显著性。

表 13.1　平均帮助意愿得分

	发　型			总　计
	披　发	马尾辫	发　髻	
男性行人	**2.80**(0.41)	**1.80**(0.76)	**1.80**(0.76)	2.13
女性行人	**1.80**(0.41)	**1.60**(0.81)	**1.60**(0.50)	1.67
总　计	2.30	1.70	1.70	1.90

注:括号内的数字为标准差。

最明显的奇怪之处是,所报告的发型对男性行为产生的影响大得离谱。布朗和希瑟斯还注意到,所有 6 个平均得分(用粗体突出显示)的小数点后第二位都为 0,也许这些平均值(或底层数据)是杜撰的?

布朗和希瑟斯有一个巧妙的算法,可以识别当数据为整数(例如 1、2 和 3)时,报告的平均值和标准差是否合理。当他们将算法应用于表

13.1 中的 6 组平均值和标准差时,他们发现,在 6 种情况下,每个得分 1、2 和 3 必须恰好出现 6、12、18 或 24 次。举个例子,当情况是女性行人遇到发型为发髻的志愿者时,若要平均值为 1.60 和标准差为 0.50,则这 30 个评分中要包含 12 个 1 和 18 个 2 才有可能。在所有 6 种情况中,每个得分 1、2、3 都恰好出现 6、12、18 或 24 次的可能性微乎其微,几乎可以说不可能。

布朗和希瑟斯认为,就像许多窃贼会一再作案一样,盖冈的其他一些耸人听闻的论文可能也存在可疑之处。果然,他们在盖冈的其他 9 篇论文中发现了类似的奇怪之处——令人难以置信的巨大影响和不可能的数据。还存在其他问题。在一项研究中,男性志愿者向 500 名年龄看起来在 18 到 25 岁之间的女性索要她们的电话号码。令人难以置信的是,盖冈报告称,当之后这些女性被问及年龄时,每个女性(甚至拒绝提供电话号码的女性)都回答了,而且每个女性的年龄果真都在 18 到 25 岁之间。

布朗和希瑟斯以及法国心理学会(SFP)要求盖冈提供原始数据和解释其报告的结果中可疑的怪异现象,在多年无视或逃避他们的要求之后,盖冈于 2018 年接受了雷恩第二大学研究诚信官的调查。调查结论认为,存在许多有问题的研究行为。这些违反学术诚信的行为涉及数据、统计计算和研究方法。特别是,盖冈透露,他常常以本科生所做的实地调查为基础撰写论文,尽管他在论文中没有提及他们。2018 年 11 月,一名曾上过盖冈课程的学生联系布朗和希瑟斯(布朗和希瑟斯从法语翻译过来的引文):

> 作为一门名为"社会科学方法论"的导论课程的一部分,我们必须进行一项实地研究……大多数学生对这门课程并不感兴趣。此外,我们刚从高中毕业,大多数人对统计学一窍不

通。没人指导和监督我们的工作,而这门课程还要计分,所以许多学生不过是在编造数据。我可以正式声明,我个人杜撰了一个完整的实验,而且我知道其他许多人也是这么做的……盖冈博士从未向我们暗示过我们的研究结果可能会被发表。

到目前为止,盖冈的论文只有两篇被撤稿——一篇报告穿高跟鞋的女性更吸引男性,另一篇报告携带吉他的男性更吸引女性——尽管希瑟斯和布朗坚信更多的论文应该被撤稿。有个好消息是,盖冈似乎已经基本停止写论文,可能已经找到了更有意义的事情去做。

伊维菌素银弹*

据报道,2021年8月,东京都医学会会长宣称"现在是时候使用伊维菌素"治疗新冠了。10月,一个著名的美国阴谋论鼓吹者在其广播博客中声称:"日本已经淘汰了疫苗,代之以伊维菌素,并在一个月内消灭了该国的新冠!"这一说法在互联网上得到了呼应并被放大。一个致力于"捍卫健康、生命和自由"的网站刊登了一篇标题为《日本通过合法化伊维菌素结束疫苗引发的疫情,被制药公司控制的媒体则假装口罩和疫苗是救命稻草》的报道。

伊维菌素是一种抗寄生虫药物,在美国或日本尚未被批准用于治疗新冠,日本也没有停止使用疫苗。事实上,日本病例数量的迅速下降要归功于日本的疫苗接种运动取得的成功。尽管如此,伊维菌素可能是有效的,并已被6个国家的卫生官员推荐使用。

持乐观态度的一个原因是2020年11月关于一项大型临床试验的

---

* 银弹在欧洲传说中被认为是狼人和吸血鬼的克星,喻指良方。——译者

报告,该试验由埃及本哈大学的医生开展。在600名重症新冠患者中,一些人接受伊维菌素治疗,对照组的患者则接受羟氯喹(另一种可疑的治疗方法)治疗。最好给对照组患者服用安慰剂;否则,我们就无法知道观察到的结果差异有多少是由于伊维菌素的积极作用(如果有的话),又有多少是由于羟氯喹的负面作用。

研究人员报告称,伊维菌素组的死亡率降低了惊人的90%。不久之后,一个曾在威斯康星大学健康大学医院工作的美国医生在国会作证说,伊维菌素是一种"灵丹妙药",具有"诺贝尔奖级"的效果。

其他人则持怀疑态度。自称"健康书呆子"的迈耶罗维茨-卡茨(Gideon Meyerowitz-Katz)写道,90%的治愈率"如果是真的,那么伊维菌素将成为现代医学中曾被发现的最不可思议的有效治疗方法"。

一位名叫杰克·劳伦斯(Jack Lawrence)的英国生物医学硕士研究生为他的一门课程读了这篇埃及论文,立即注意到了一些问题,其中包括引言抄袭。他联系了科学侦探的名气越来越大的布朗。

布朗发现了论文中一页又一页的问题。例如,这项研究报告说,患者的康复时间为9到25天,平均为18天,标准差为8天。这样的数字只有在大部分患者的康复天数正好是9天或25天的情况下才有可能是正确的。这种情况虽然有可能出现,但可能性不大。更糟糕的是,悉尼医生兼研究员谢尔德里克(Kyle Sheldrick)发现了几个"在数学上不可能的"标准差。

据说,基础数据可以在网上找到,但事实是访问数据需要每月支付9美元外加税款,并且,即使支付了费用,还需要一个未知的密码。劳伦斯支付了9美元外加税款并猜中了密码(1234)。

原始数据实际上是一团糟。谢尔德里克指出,完全没有年龄、出生日期或其他任何缺失数据。在这类研究中,不可避免地会有缺失数据——除非研究人员编造了这些数据。

事实上，数据的几个方面都表明数据是伪造的——太多了，无法在此一一列举，但我会提及一些。报告称，研究始于2020年6月8日，但数据文件显示，有三分之一死于新冠的患者的死亡日期早于6月8日。此外，有几位患者的数据与其他患者的数据非常相似，好像有人剪切粘贴了数据，然后试图通过改变几个数字或字母来掩饰这些克隆患者。这600名患者中，有410名患者的年龄为偶数，而其余190名患者的年龄为奇数。这种巨大的差异偶然发生的概率小于10的19次方分之一。

此外，论文中报道的大量统计计算结果与原始数据不符。作者声称，他们使用了一个名为SPSS*的统计软件包，但他们还表示："在计算每个检验统计量之后，参考相应的分布表来获得'P'（概率值）。"几十年前，研究人员需要在表格中查找 p 值。而如今，SPSS和其他统计软件包会将 p 值直接显示在检验统计量旁边，没有必要去查阅概率表。这些作者真的使用SPSS了吗？

最终，这项研究被撤稿，另一项具有类似数据问题的黎巴嫩研究也被撤稿。科学侦探们发现了其他几项伊维菌素研究存在的问题，其中一项研究的研究人员，按希瑟斯的话说，"称他们招募的参与者来自并未参与过该项研究的医院，然后将错误归咎于一位声称从未被咨询过的统计学家"。

更可靠的研究结果已经出来，并没有发现任何好处。美国医学会、美国药剂师协会、美国食品药品监督管理局、美国疾病控制与预防中心

---

* SPSS是Statistical Package for the Social Sciences 的英文缩写，意思是社会科学统计软件包。它是一款统计分析软件，用于数据处理、数据分析和数据可视化，提供了一系列的统计分析工具，便于研究人员和分析师从数据中提取信息、作出决策和发现模式。——译者

和世界卫生组织都警告说,伊维菌素并未被批准或推荐用于预防或治疗新冠。研发伊维菌素的制药公司默克(Merck)发布了一份声明:"没有科学依据表明伊维菌素具有抗新冠的潜在治疗效果……在新冠患者中,没有有意义的临床活性或临床疗效证据,且令人担忧地缺乏安全性数据。"

不发表就淘汰

科学进步的关键在于科学家发表他们的发现,以便其他人能够从中学习并扩展他们的见解。这也是为什么一些书被认为是有史以来最具影响力的数学和科学书籍:

《几何原本》,欧几里得(Euclid),约公元前300年

《物理学》,亚里士多德(Aristotle),约公元前330年

《关于两大世界体系的对话》,伽利略(Galileo Galilei),1632年

《自然哲学的数学原理》,牛顿(Isaac Newton),1687年

《物种起源》,达尔文(Charles Darwin),1859年

正如牛顿所言:"我之所以能够看得更远,是因为我站在巨人的肩膀上。"

衡量当代研究者重要性的逻辑似乎是,他们发表的论文和出版的书籍的数量以及他们的研究工作被其他研究者引用的频率。因此,"不发表就淘汰"这一残酷的口号已经成为残酷的现实。晋升、资助和名声都取决于发表情况,也只有发表情况能证明研究人员值得被晋升、支持和赞美。美国安德森癌症中心的医生兼科学主任迈特拉(Anirban Maitra)讽刺地指出:"每个人都意识到这是一个仓鼠跑轮的情况,而我们都是仓鼠。"

每一次面试、晋升、科研经费申请都要包含论著清单。几乎每一位研究人员都有一个带个人简历链接的网址。互联网如今可以方便地统

计某位作者的论文被其他研究人员引用了多少次。

在2004年,谷歌推出了谷歌学术(Google Scholar),这是一个由其网络爬虫抓取的数亿篇学术论文组成的数据库。随后,谷歌创建了学者引用(Scholar Citations),列出了研究者的论文以及谷歌网络爬虫引擎找到的引用次数。不久之后,谷歌开始根据作者撰写的论文数量以及这些论文被引用的次数编制生产力指数。例如,以指数创始人赫希(Jorge E. Hirsch)的姓名命名的h指数(h-index)等于至少被引用了h次的文章数h。我的h指数目前是25,意味着我写了25篇至少被引用过25次的论文。

除了帮助研究者找到他人所做的相关研究之外,谷歌学术还是一种快速而简便(好吧,有点懒惰)的评估生产力和重要性的方法。正如谷歌所说,其引用指数旨在衡量"可见性和影响力"。现在,引用指数被认为非常重要,以至于会出现在一些研究者的简历和网页上。

不幸的是,"不发表就淘汰"文化诱惑研究人员操纵系统,这破坏了发表和引用计数的有用性。这是古德哈特定律的一个例子,我在第五章提到过该定律:"当一个指标成为目标时,它就不再是一个好指标。"为了"不发表就淘汰",广泛采用发表作品的数量和引用指数来衡量可见性和影响力,已导致这两项指标不再是衡量可见性和影响力的好指标。

这种崩溃的第一个迹象是,为了满足研究人员对发表数量的贪婪需求,期刊数量呈爆炸式增长。2018年,估计有超过42 000种同行评议的学术期刊发表了超过300万篇论文。据估计,一半以上的同行评议文章除了作者、期刊编辑和期刊审稿人外,再无其他人阅读过,尽管我想不出任何可行的方法来识别那些没有人阅读的文章。然而,可以肯定的是,很多文章的读者很少,但"不发表就淘汰"的激励机制使得发表一篇没有人阅读的文章比什么都不发表要好。

为了提高论文引用率,另一种做法是"超级作者身份",即论文署上成百上千个作者的名字。你将我的名字添加到你的作者列表,我也会把你的名字加到我的列表里。在 2014 年到 2018 年期间,有 1 315 篇论文由 1 000 名或更多的共同作者一起发表。一篇 2004 年的论文有 2 500 名共同作者,一篇 2008 年的论文有 3 100 名共同作者,一篇 2015 年的论文有 5 154 名共同作者(列出所有的共同作者用了全文 33 页中的 24 页)。一篇 2021 年的论文创下了有 15 025 名共同作者的吉尼斯纪录,并且不出所料地在推特上庆祝了这一可疑的成就。

操纵同行评审

对引用次数的追求也助长了各种为通过同行评审和积累引用次数而采取的不当手段。研究人员(或研究团队)完成一项研究后,可以将结果撰写成论文并提交给学术期刊。期刊编辑会快速浏览论文,并决定是否值得将其送交专家进行全面的同行评审。在阅读审稿人的报告之后,编辑会决定是退稿还是要求作者修改后重新提交,经过修改的论文将再次被送交审稿人,以确定是否可以接受。极少数情况下,论文可能无须修改就被接受。

在理论上,通过确保论文只有在该领域公正的专家认为其值得发表的情况下才会被发表,同行评审过程提高了已发表作品的可靠性。同行评审的初衷是好的,但在很多方面也存在缺陷。

首先,传统上并没有要求实证论文的作者分享他们的数据。即使他们这样做,审稿人也不必仔细检查数据并核对计算结果。其次,最顶尖的研究人员非常忙碌,自然更倾向于开展自己的研究工作而不是评审他人的作品。那些慷慨同意评审论文的人,可能是出于对其职业的无私忠诚和(或)作为守门人的职责。

在实践中,同行评审往往是草草了事,或者是由那些有大量时间的人来做，因为他们做的研究相对较少（因此对该领域的当前状况了解不足）。对于每一个在学术期刊上发表文章的人来说，收到片面的和相互矛盾的审稿意见都是司空见惯的。

从出版商的角度来看，研究人员面临"不发表就淘汰"的压力倒是一个商机。出版商可能会创建多种专业期刊，而不是在一个领域只出版一种期刊。一种期刊可能一年发行6次或12次，而不是一年发行4次。与书籍的作者和评审者会因他们的劳动得到报酬不同，期刊不支付作者和评审者任何报酬，所以更多的期刊和更多的期数意味着更多的利润。

不断攀升的成本导致了开放科学运动的兴起，该运动倡导期刊文章免费在线获取，出版费用由作者承担（通常由其所在学术机构或用其科研经费支付）。如今已经有了一些非常值得认可的开放获取期刊，包括公共科学图书馆（PLOS）。

然而，随着开放获取模式逐渐受到关注，不道德的出版商趁机而入，企图利用那些努力想在"不发表就淘汰"竞争格局中胜出的作者。几乎所有曾经发表过文章的人都会频繁收到将论文提交到某家掠夺性期刊通过敷衍的评审并发表的约稿信。

这些期刊的名称听起来很正规。实际上，它们通常都是名副其实的期刊名称的变体。《经济与金融期刊》(Journal of Economics and Finance)是正规的期刊，《国际经济与金融期刊》(International Journal of Economics and Finance)则不是。《银行与金融期刊》(Journal of Banking and Finance)是正规的，《经济学与银行期刊》(Journal of Economics and Banking)则不是。《数学进展》(Advances in Mathematics)是正规的，《国际数学进展期刊》(International Journal of Advances in Mathematics)则不是。

这些约稿信通常会奉承收信人，虚构期刊的影响因子，并承诺快速审稿。快速审稿这个承诺倒是真的，因为通常几乎不会进行任何审稿。

发表文章的唯一标准就是作者是否愿意支付开放获取的费用。

掠夺性期刊的约稿信根本不关心你的研究领域。我曾经收到的约稿信约我写的论文涵盖的主题多种多样,如动物科学与兽医科学、骨学与人类学,以再生材料作为骨料或黏合剂的混凝土的特性和前景。这些主题唯一的共同点就是,我对它们一无所知。一旦你榜上有名,你可以随时结账,但你永远也无法离开。*

电子邮件约稿经常有着不符合常规的语法和对已发表作品的错误解释。以下是我收到的一封约稿信的片段。

尊敬的同行!

我们已经看过您的其他可以在网上找到的研究手稿。我们非常荣幸地邀请您将任何其他新作品发送到我们的期刊。我想让您知道,我们的期刊《生命科学前沿》(Frontiers in Life Science)是在法国斯特拉斯堡出版的同行评审期刊,拥有悠久的BLOCK(历史)。如今,作为一本BLOCK(知名)的科学期刊,《生命科学前沿》已被科学引文索引(SCI)摘要和索引,五年影响因子为3.093。因此,我们首先要感谢决定将其最佳作品交托给《生命科学前沿》的作者,使我们能够受益于他们的高质量科研BLOCK(成果)。我们希望继续值得他们信赖,并BLOCK(继续)为他们成果的发表提供严谨和受人尊敬的环境。

期刊信息

影响因子:1.273

五年影响因子:3.093

平均影响因子:38.732

---

* "你可以随时结账,但你永远也无法离开。"这是美国老鹰乐队的歌曲《加州旅馆》中的歌词。——译者

文本中的"BLOCK"是被忽略的格式指令*。文中提到的影响因子夸大失实,如果属实的话,该期刊的排名将位居世界顶尖期刊之列。

更令人担忧的是,这是一种期刊劫持(journal hijacking),它是掠夺性期刊使用的另一种恶劣伎俩。确实存在一种名为《生命科学前沿》(*Frontiers in Life Science*)的合法期刊,但这封信中的不是它。虚假期刊创建模仿真实期刊网站的仿冒网站,此类案例目前已有超过100起被记录在案。当一位上当受骗的研究人员向冒牌期刊"提交"论文时,论文轻而易举地就被接受了,然后作者会被引导向骗子支付出版费用。

两位受够了的教授,马齐埃(David Mazières,当时在纽约大学,目前在斯坦福大学)和埃迪·科勒(Eddie Kohler,当时在加州大学洛杉矶分校,目前在哈佛大学)炮制了一篇讽刺意味浓厚的论文,名为《把我从你们该死的邮件列表中删掉》。这篇论文全文有10页,内容是一遍又一遍地重复标题里的告诫,还有两张包含该告诫的图表。

他们并没有真的提交这篇愤怒的论文,但澳大利亚信息技术教授范普莱(Peter Vamplew)在收到来自掠夺性期刊《国际先进计算机技术杂志》(*International Journal of Advanced Computer Technology*)的约稿信后,作为回应,提交了这篇名为《把我从你们该死的邮件列表中删掉》的论文,并将马齐埃和科勒列为作者。不久之后,范普莱收到了一封祝贺邮件,通知他审稿人认为论文"非常优秀",只需做一些小修改,并且只要通过电汇支付期刊编辑150美元,论文就可以发表。审稿人的完整评论是:

  a. 请使用最新的参考文献,以提高您的论文质量。

  b. 精确解释了引言部分。

  c. 请按照《国际先进计算机技术杂志》的论文格式准备您

---

*圆括号中是译者根据上下文补充的文字。——译者

的论文的定稿版本。

d. 使用高分辨率图像,以使论文更美观。

一些看似正规的出版商看到了从掠夺性出版中获利的机会,加入了这场淘金潮。例如,《专家系统及其应用》(Expert Systems with Applications)是爱思唯尔(Elsevier)集团出版的2 600多种期刊之一,它现在为作者提供一个每篇2 640美元(不含税)的开放获取选项。数量似乎比质量更重要。与一年可能只发行4期的传统期刊(事实上,有些期刊的名称中都带有"季刊"一词)不同,《专家系统及其应用》一年发行24期。在2021年6月,我注意到,与传统期刊可能每期只发表10篇文章不同,2021年11月15日这一期的《专家系统及其应用》包含了82篇论文。(是的,他们有太多的论文需要发表,以至于在2021年6月,他们已经发行了2021年11月15日这一期。)2021年11月1日这一期只有32篇论文,这表明发表的论文数量取决于提交的论文数量。被拒绝的论文被分流到"合作出版物"(其他爱思唯尔期刊),以便将文章和收入纳入到爱思唯尔的天地中。2019年,爱思唯尔在32亿美元的收入基础上实现了12亿美元的利润——是的,利润率为37%。

掠夺性出版已经成为一条双向道路。无良期刊剥削研究人员,而无良研究人员也剥削期刊。2014年,著名期刊《自然》(Nature)发表了一篇题为《发表——同行评审骗局》的文章,其中讲述了韩国药用植物研究员文亨仁(Hyung-In Moon)的故事。他向一家邀请作者推荐可能的审稿人的期刊投了一篇文章。期刊这样做的目的是减少编辑寻找专业主题的审稿人所需的工作量。编辑通常会添加一些没有列在作者名单上的审稿人,因为他们知道作者很可能会推荐私人朋友以及预计会给予好评的其他人。

在这个案例中,编辑对不到24小时就收到审稿人的正面评价产生了怀疑。编辑质问了文亨仁，后者承认好评来得极其迅速是因为评论是他自己写的！事实证明，这对于文亨仁来说是惯用伎俩了。当他推荐审稿人时，他会混合使用真实姓名、虚假姓名以及他自己的伪装的电子邮件账号。随后，共有 28 篇论文被撤稿。

一位经验丰富的编辑林赛（Robert Lindsay）表示，他曾见过作者不仅推荐自己的密友，而且推荐家人和他们指导的学生担任审稿人。一个厚颜无耻的研究人员甚至用她的婚前姓氏推荐了她自己。心生厌倦的林赛说，他有时会利用作者的审稿人推荐名单来**排除**潜在的审稿人。

学术不端

2018 年，雷根斯堡大学神经遗传学教授布伦布斯（Björn Brembs）指出了研究人员的压力以及学术期刊面临的挑战：

> 他们的任务是从那些绝望的科学家提交的好得令人难以置信的数据中找到突破性的发现，如果没有下一篇引人注目的论文发表，这些科学家就会面临失业和（或）实验室关闭的风险。

一种策略是通过 p 值篡改或数据挖掘的方式获得统计显著性。更直接的是欺诈——编造所需的任何数据。

当其他人试图复制研究结果却未成功，或者其他人仔细查看原始结果并发现了异常时，这种欺诈可能会被揭穿。在最严重的情况下，一篇文章被认为应判处死刑，那么作者或期刊将被迫撤掉原始论文。作者的声誉可能会随论文一同被粉碎。

有时，一次撤稿会导致连锁反应。著名的社会心理学家斯塔佩尔（Diederik Stapel）在 2011 年承认编造数据，他由此被解雇，58 篇论文最终被撤稿。更详细的讨论可参见我的《人工智能错觉》(*The AI Delusion*)一书。

一家名为"撤稿观察"（Retraction Watch）的网站维护着一份可供搜索的撤稿论文列表。图 13.1 显示了他们统计的自 1996 年以来每年撤稿的论文数量,按照这些论文占每年发表的科学和工程领域同行评审论文总数的百分比来统计。（图 13.1 的数据止于 2018 年,因为撤稿平均需要大约 3 年。）撤稿率的稳步上升令人担忧。

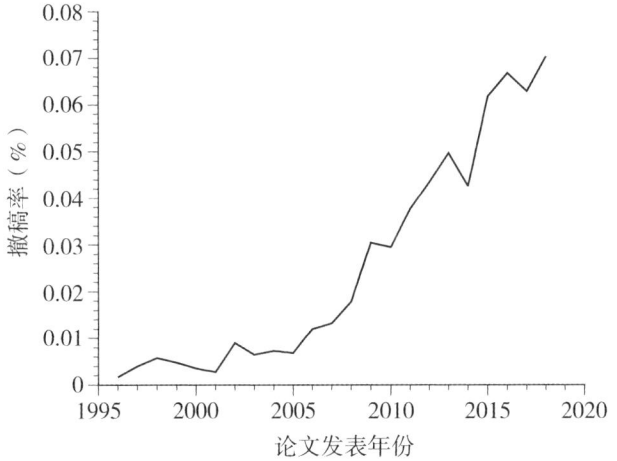

图 13.1　撤稿的同行评审论文占每年发表论文的百分比

虽然撤稿数量相对于发表论文的数量来说很少（大约千分之一）,但肯定只有极少数学术造假者被抓到。证明学术不端行为是一项艰巨的工作,而且大多数研究人员合乎情理地认为,通过自己的研究工作来提升职业生涯比花费宝贵的时间去毁掉别人的职业生涯更重要。据估计,发表于 1950—2004 年的应该被撤稿的论文数量在 10 000 篇（最乐观的情况）到 100 000 篇（比较悲观的情况）之间。

图 13.1 中展示的撤稿文章数量随时间增长的趋势也许可以用十流期刊数量的增长来解释。然而,一些研究得出的结论是,发表在最负盛名的期刊上的论文更有可能被撤稿。

图 13.2 对比了影响因子（衡量期刊声誉的指标）与撤稿指数（通过

2001—2010年撤稿文章的比例计算得出)。对0.88的正相关的一种解释是,在顶级期刊发表论文的回报具有无法抗拒的诱惑力——偷一枚钻石戒指比偷一只塑料手镯更具诱惑力。另一个可能的解释是,顶级期刊更倾向于发表新颖且具有挑战性的研究——他们对此类研究的审查不那么仔细,即便此类研究更有可能存在缺陷。前面讨论过的臭名昭著的巴斯克维尔论文肯定没有经过仔细审查,尽管结论——每个月的第4天对亚裔美国人来说就像在黑暗的小巷里被一只凶猛的狗追赶一样可怕——肯定不正确。

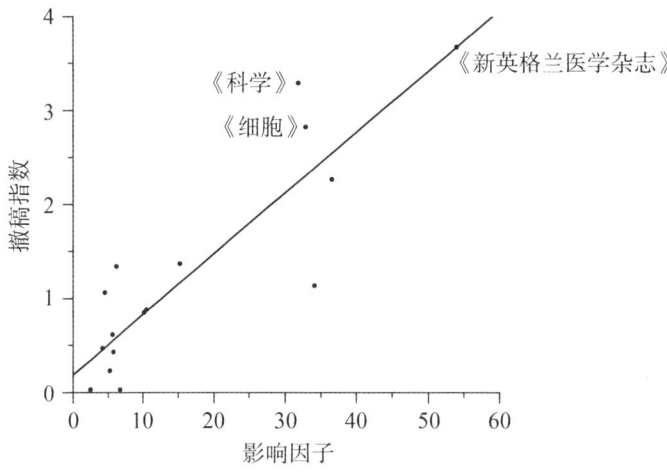

图13.2　发表在高影响力期刊上的论文更有可能被撤稿

学术期刊——尤其是那些最具声望的期刊——的不可靠性削弱的不仅是公众对科学和科学家的信任,还有对那些在很大程度上以同行评审论文为基础的招聘、晋升和资助决策的信任。如果科学被视为旨在让参与者牟利的精心设计的骗局,那将是灾难性的。

论文自动生成程序 SCIgen

在20世纪20年代,阿瑟·爱丁顿爵士(Sir Arthur Eddington)曾说:

"如果一大群猴子随意敲打打字机键，它们可能会写出大英博物馆中所有的书。"他的观点是，有些事情在技术上并非不可能，尽管如此，它们是极不可能发生的。奇怪的是，这个例子如今有时被用来提出相反的论点。

在20世纪80年代，与一位著名的斯坦福大学经济学教授进行辩论时，我曾提出过一个观点，即巴菲特在股票市场上的非凡表现证明，一个比其他投资者更好地处理信息的投资者可以比普通投资者做得更好。他的回应直接而轻蔑："足够多的猴子敲打足够多的键……"他的论点是，这么多年来有如此多的人买卖股票，肯定有一个人会比其他人幸运得多，以至于看起来像个天才——实际上他只是一只幸运的猴子而已。我并不信服。我不是一个不受个人偏见影响的观察者，但我确实相信有些人比其他人更善于投资。

计算机是模拟猴子疯狂打字的完美工具。许多生成随机字母的软件程序已经被编写出来，虽然大约100%的输出都是胡说八道。生成随机**单词**而非随机**字母**是写出部分可懂的散文的更容易的途径，很多这样的程序也已经被编写出来。

莫特(Tom Mort)是一位退休的环境实地工作者，他告诉我说他曾经用一个随机词生成器玩得很开心：

> 我们中的一些人参与开发了一个遵循联邦法规的程序。我们的负责方是一个州级机构。欢迎来到"法规语"的新语言世界。术语和缩略语在数量和强度上都令人震惊。
>
> 我建议我们看一下[一个随机文本生成器]，并在代码中插入一些这种新语言。
>
> 我把结果用印有抬头的信笺打印出来寄给了我们的州负责人。标题是"对我们计划提交的澄清"。我以为我们会接到

一个电话,问这是怎么回事,但电话从未打来……它用的是印有抬头的信笺,说的是真实的事情,所以我猜测它被尽职尽责地盖上了章,标上了接收日期,并与我们诚心诚意地寄给他们的所有其他东西一起放入了文件夹中。

莫特并不是第一个(也不是最后一个)玩弄随机文本生成器的人。2005年,三位麻省理工学院计算机科学专业的研究生创建了一个恶作剧程序,取名为SCIgen,该程序可用随机选择的词语生成伪造的计算机科学论文,并附有逼真的随机数图表。他们这样做是为了"最大程度的娱乐,而不是连贯性",同时也想证明一些学术会议会接收几乎任何东西。

他们向将在佛罗里达州奥兰多市举办的"世界系统学、控制论和信息学多学科大会"提交了一篇名为《Rooter——一种接入点和冗余典型统一的方法学》的恶作剧论文。废话连篇的摘要写道:

> 许多物理学家会认同,如果没有拥塞控制,对网络浏览器的评估可能永远不会发生。事实上,全世界很少有黑客会反对网络电话和公私钥对的基本统一。为了解决这个谜题,我们确认对称多处理器可以被制成随机的、可缓存的和可插入的。

在虚假的参考文献中,有以下内容:

> Aguayo, D., Aguayo, D., Krohn, M., Stribling, J., Corbato, F., Harris, U., Schroedinger, E., Aguayo, D., Wilkinson, J., Yao, A., Patterson, D., Welsh, M., Hawking, S., and Schroedinger, E. A case for 802.11b. *Journal of Automated Reasoning*, 904 (Sept. 2003), 89–106.

在作者名单中，D. Aguayo 出现了三次，E. Schroedinger 出现了两次。Aguayo 是麻省理工学院的恶作剧者之一，而 Schroedinger 显然是指诺贝尔物理学奖获得者薛定谔（Erwin Schroedinger），他已于 1961 年（即这篇参考文献问世的 42 年前）去世。

然而，会议组织方却迅速接受了这篇虚假论文。随后，学生们揭露了他们的恶作剧，并得到了 CNN、BBC 以及其他知名媒体的报道，这迫使会议撤回了对该论文的录用。

这些学生并没有就此罢休，他们在会议举办酒店租了一个会议室举行会议，在会上演示他们在演示前还未曾见过的随机生成的幻灯片，并制作了一段记录他们的持续恶作剧的视频。

他们现在已经去做更大更好的事情了，但 SCIgen 还在。信不信由你，一些足智多谋的（绝望的？）研究人员使用 SCIgen 创作论文并提交给会议和期刊，以此来丰富自己的简历。

法国格勒诺布尔大学的拉贝（Cyril Labbé）是一位精力充沛、进取心十足的计算机科学家，他编写了一个程序，用于检测在真实期刊上发表的恶作剧论文。他与法国图卢兹大学的卡巴纳克（Guillaume Cabanac）合作，发现了 243 篇完全或部分由 SCIgen 撰写的虚假发表论文。总计牵涉到 19 家出版商，这些出版商声誉都很好，而且都声称只发表通过严格同行评审的论文。其中一家感到尴尬的出版商施普林格（Springer）随后宣布，它将与拉贝合作开发一种工具 SciDirect，用于识别无意义的论文。一个显而易见的问题是，为什么需要这样一个工具。同行评审制度难道如此不堪，以至于审稿人在阅读论文时无法识别无意义的内容？

更加不妙的是，GPT–3 等大语言模型现在能生成逻辑足够连贯和文笔流畅的论文，可以用于学校的论文作业甚至是学术期刊文章。一些人哀叹（另一些人则欢呼雀跃），学习写作，就像学习做长除法运算一样,可能已经过时了。一个并非微不足道的问题是,这些程序并不理解单词的含义,也没有试图去理解。与聊天机器人一样,它们只不过是滔滔不绝的胡言乱语生成器。令人遗憾的是,如此多的精力被投入到开发那些专门用于欺骗的系统上。

操纵论文引用次数

2010年,拉贝展示了如何抬高论文引用次数。在短短几个月内,他将一个虚构的计算机科学家[艾克·安特卡尔(Ike Antkare),发音为"我不在乎"("I can't care")]捧成了"科学界的一个巨星"。拉贝用SCIgen创作了一篇假论文,声称由安特卡尔撰写,引用的是真实的论文。然后,拉贝用SCIgen生成了100篇额外的虚假论文,说是由安特卡尔撰写的,每篇论文都引用了自身、其他99篇论文以及最初的假论文。最后,拉贝创建了一个网页,列出了所有101篇论文的标题和摘要,并给出了PDF文件的链接,等待谷歌的网络爬虫发现这些虚假的交叉引用的论文。

谷歌网络爬虫引擎尽了它的职责,安特卡尔被认为有101篇论文,每篇都被101篇论文引用,这使他在谷歌有史以来被引用最多的科学家名单中排名第21位,落后于西格蒙德·弗洛伊德(Sigmund Freud),但远远领先于爱因斯坦,并且在计算机科学家中排名第一。

即使研究人员没有完全像安特卡尔那样做,他们仍然可以很容易地操纵引用指标。在他们写的每篇论文中,他们都可以尽可能多地引用自己的论文,只要编辑允许就行。期刊也可以通过发表大量引用其先前已发表论文的文章来操纵引用次数。不止一次,我遇到过期刊编辑要求我在文章中添加对他们期刊上发表的文章的引用。

出于好奇,我随机选择了之前提到的《专家系统及其应用》期刊中的一篇论文,并发现它引用了该期刊的其他9篇论文。如果一种期刊每年发表1 200篇论文,每篇论文都引用该期刊发表的其他9篇论文,那么每篇论文的平均被引次数就是9次,而该期刊每年的平均被引次数就是10 800次,即使这些文章从未被任何其他期刊的论文引用过。像爱思唯尔这样拥有大量期刊的出版商,也可以通过鼓励作者交叉引用其旗下的期刊来提高论文的引用次数。事实上,在总引用次数方面,《专家系统及其应用》处于人工智能领域排名前五的期刊之列,但当引用次数根据引用来源期刊的重要性进行加权时,它排名第27位。

该怎么办?该怎么办?论文发表数量和引文指数过于嘈杂且太容易被操纵,根本不可靠。我们也不能仅仅通过发表研究结果的期刊来评估研究工作本身。评审过程中有太多噪声,以至于很多优秀的论文发表在不太知名的期刊上,而许多糟糕的论文却发表在最受尊敬的期刊上。

约安尼季斯的论文《为什么大多数已发表的研究结果是错误的》尽管发表在一个不错但不是非常出色的开放获取期刊《公共科学图书馆·医学》上,但仍被引用了近10 000次。另一方面,正如第七章讨论的,一些存在缺陷的论文发表在了真正顶尖的期刊《英国医学杂志》上。

最佳解决方案是让专家真正地阅读申请人所做的研究成果,无论是求职、晋升还是申请科研资助。简单的计数和指标是不行的。学术界流传着一句老话:"院长们不会阅读,但他们会计数。"更好的一句话是:"并非所有可以计数的东西都重要,也并非所有重要的东西都可以计数。"

启示

科学界普遍认为,同行评审制度可以确保发表的论文质量足够高,足以得到领域内专家的认可。遗憾的是,同行评审并非灵丹妙药。审稿人理所当然地认为他们的同行是诚实的,报告的计算结果是所做研究的准确反映。专家审稿人尤其不愿意花时间仔细审查数据和检查计算结果,即使数据是可得的,但很多时候数据并不可得。

科学界创立同行评审制度是为了剔除不可靠的研究。当人们发现,一些已发表的论文是基于篡改或捏造的数据,一些论文报告的计算结果存在错误,一些论文是由计算机撰写,论文的发表可以被操纵,这一切都削弱了他们对科学研究乃至科学的信任。

第十四章

复制危机

诺贝尔奖得主托宾讽刺地指出,在过去那些糟糕的日子里,研究人员不得不手工进行计算,这实际上是种福气。当时的计算非常困难,以至于人们在计算之前会深思熟虑。他们将理论置于数据之上。如今,拥有数万亿字节的数据和速度快如闪电的计算机,人们很容易先计算后思考。

计算机算法在识别逻辑理论和选择用于验证这些理论的合适数据方面表现得很糟糕,但它们确实非常擅长数据挖掘——在数据中寻找具有统计显著性的关系。它们也非常擅长协助和纵容 p 值篡改——通过歪曲数据找到一个具有低 p 值的模式。

p 值篡改和数据挖掘的主要问题在于,当用新数据进行测试时,所报告的结果常常会消失不见,这种"消失术"导致了复制危机,从而削弱了科学研究的可信度。

即使研究人员没有单独进行 p 值篡改,也可能会出现集体性的 p 值篡改现象。假设 100 名研究人员各自测试一个不同的无价值理论。我们预计仅靠运气就会有 5 个测试的 p 值低于 0.05。其他 95 个测试则消失得无影无踪——这就如同一名研究人员测试了 100 个无价值理论,只报告了最好的 5 个结果一样。这种情况被称为**发表偏倚**(publication bias),即具有统计显著性的结果才会被发表,而那些不具有统计显著性的结果则会被扔进抽屉，被人遗忘。

2013年的一项研究发现，一半的临床医学试验从未被发表。有时，结果与研究人员的预期相矛盾。更常见的情况是，结果不具有统计显著性，因此被认为是无趣的，尽管对一种医疗方法的疗效进行全面评估应该考虑所有证据。

一个研究团队曾经进行了9项关于使用鼻腔喷雾剂吸引异性的研究，其中4项研究显示出积极的效果，另外5项则没有。他们将所有9篇论文提交给医学类期刊。具有积极效果的4篇文章被接受，而5篇不具有统计显著性的文章中有4篇被多次拒绝，从未发表。在随后一篇副标题为《打开一个实验室的文件抽屉》的文章中，该团队写道："我们的发表记录越来越不能代表我们的实际发现"，并建议研究人员"把这些未发表的研究成果从抽屉里拿出来，并鼓励其他实验室也同样这么做"。

比特币回归

在本书的引言部分，我提到了一项数据挖掘研究，该研究估计了比特币收益与看似随机选择的经济变量之间的810个相关性，并发现了63个 p 值低于0.10的关系（因此被标记为"在10%的水平上具有统计显著性"）。这比作者只是将比特币收益与随机数相关时所预期的81个具有统计显著性的关系略少一些。他们进行了一次大规模的试探性调查，最终却一无所获。

我和罗斯贝克重新做了他们的分析，看他们做完研究之后的14个月中，这63个关系中有多少依然在样本外成立。毫不奇怪，只有7个（大约10%）仍然成立——这再次符合我们对纯随机数的预期。

我们将论文提交给了一家备受推崇的期刊，却收到了一个有趣的拒稿意见。一位审稿人说，我们只测试作者发现具有统计显著性的63

个关系是"错误的"。我们还应该使用样本外的数据来测试那些在样本内不具有统计显著性的 747 个关系!

> 如果你在他们一无所获的地方发现了一个有意义的结果呢?这就值得看一下了。这个错误在整篇论文中重复了好几次。

这真是一个反映了研究人员如何被统计显著性的诱惑蒙蔽双眼的完美例子。在这个关于比特币收益与数百个无关经济变量关系的研究中,这位被一家优秀期刊任用且备受尊敬的审稿人认为,即使我们已经知道这些关系在其余数据中无法复制,但了解其在某部分数据中具有统计显著性也是值得的。

这正是复制危机的纯粹本质——一种毫无根据的信念,即研究人员的目标是找到具有统计显著性的关系,即使研究人员事先知道这些关系没有意义和无法复制。

遏制复制危机的关键一步在于,研究人员要认识到统计显著性并不是目标。真正的科学是关于真实关系的,这些真实的关系是持久的,并可用来依据新的数据作出有用的预测。

保证 8 小时(或 5 小时)睡眠

沃克(Mathew Walker)是加州大学伯克利分校人类睡眠科学中心的神经科学和心理学教授,也是该中心的创始人。他因自己的书籍和一场推广睡眠对健康和行为的重要性的 TED 演讲而闻名。他甚至在谷歌获得了一份"睡眠科学家"的工作。

沃克之所以拥有忠实的听众,是因为他的论点合乎逻辑且他本人风趣幽默。在他的某本书中,沃克用一个类似于图 14.1 的图表说明,其他人所做的一项研究发现,睡眠更多的青少年运动员受伤的可能性更低。

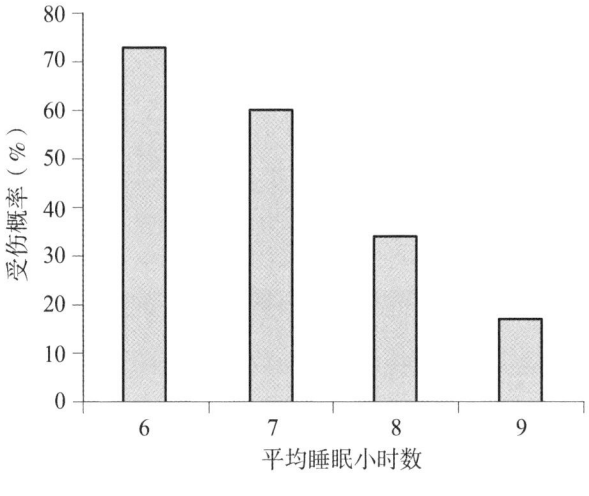

图 14.1　沃克的图表

该图看起来令人信服,但也存在几个潜在的问题。睡眠数据来自一项在线调查的结果,该调查针对的是一所初中/高中联合学校的运动员,共有 112 人参与了答题。受伤数据源自来到学校运动训练室进行"评估和(或)治疗"的学生记录。总的来看,112 名运动员中有 64 人共留下了 205 次记录。

在线调查是出了名的不可靠,人们对平均睡眠时间的回忆可能也不可信。虽然训练室的数据涵盖了 21 个月的时间段,但受伤次数看起来仍然很多。也许一些初中生/高中生更喜欢待在训练室,而不是去参加训练。

这里还存在因果关系的方向问题。如果睡得少的人确实更容易受伤,那么这究竟是因为睡眠不足让他们更容易受伤呢,还是因为受伤让人更难入睡?或者,也许精力充沛的人不需要那么多睡眠,运动时也更加不顾后果,或参加的是更危险的运动?

然而,最严重的问题并不是沃克依赖脆弱的数据。芬兰健身博主哈塔亚(Olli Haataja)苦心阅读了原始研究,发现发表的图表(图 14.2)

显示了 5 种睡眠类别,而不是沃克书中的 4 个类别。沃克省略了与他的论点相矛盾的 5 小时睡眠类别!除了故意歪曲研究结果之外,很难用其他原因解释这种遗漏。

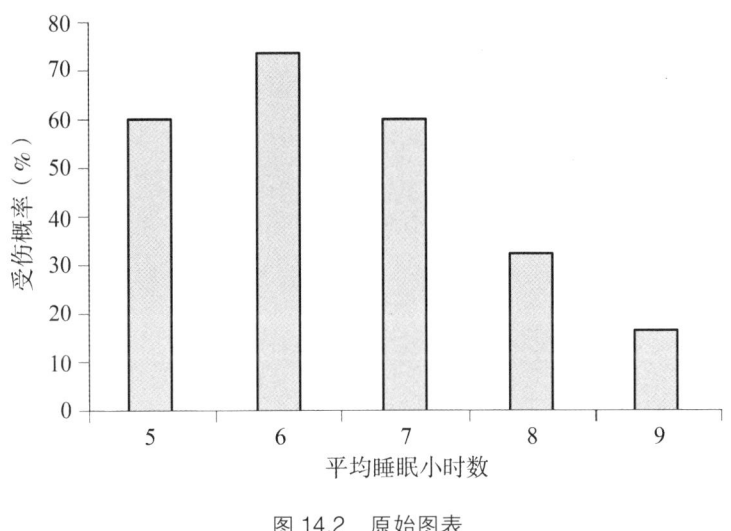

图 14.2　原始图表

独立研究员居泽伊(Alexey Guzey)在他维护的网站上列出了沃克著作中的错误,揭露了这一篡改行为。随后,格尔曼在一篇博文以及与居泽伊合作的一篇文章中谈到了沃克对数据的歪曲,并指出"在不道德的统计操作方面,隐藏数据几乎是最糟糕的行为"。

一位名叫霍伊斯(Yngve Hoiseth)的软件开发者对此感到非常气愤,他联系了加州大学,举报说依据该大学的规定,沃克有学术不端行为:

> 篡改是指操纵研究材料、设备或过程,或者改变或遗漏数据或结果,以至于研究在研究记录中没有被准确呈现。

沃克显然通过遗漏某些结果歪曲了研究记录。

加州大学坚决为其知名教授辩护:

经过与沃克和参与调查的教授谈话，结论是，书中图表上遗漏的那个条形并没有显著地影响研究结果。更重要的是，并非为了改变研究结果而遗漏该条形。

格尔曼随后提出了一个显而易见的问题：

如果从图中删除条形并不重要，那么为什么要删除这个该死的条形呢？

这种对结果的歪曲似乎并不是一个孤立的事件。柏林经济与法律学院的数学与统计学教授勒歇尔（Markus Loecher）报告了沃克在其TED演讲《睡眠是你的超级力量》中类似的诡计。有一刻，沃克提出了这个引人注目的论点：

我可以告诉你们睡眠不足与你们的心血管系统的关系，只需要一个小时就够了。因为有一项在70个国家的16亿人身上每年进行两次的全球实验，它被称为夏令时*。在春季，当我们失去一个小时的睡眠时，第二天我们会看到心脏病发作率上升24%；在秋季，当我们增加一个小时的睡眠时，我们会看到心脏病发作率下降21%。这难道不令人震惊吗？而且，你会在车祸、道路交通事故，甚至自杀率中看到完全相同的模式。

听完这段话后，勒歇尔写道：

对伪装成"科学发现"的夸张言论我总是很敏感，一听到一天一个小时的睡眠干扰就能产生如此荒谬的巨大影响，我

---

* 一种为节约能源而人为规定地方时间的制度，一般在天亮早的夏季人为将时间调快一小时。——译者

立刻警铃大作!

他联系了沃克,得到的答复是,这些论点的来源是一项有关密歇根州心脏病发作与 4 次春季和 3 次秋季时令变更相关性的研究,而不是"一项在 70 个国家的 16 亿人身上进行的全球实验"。

表 14.1 显示,正如沃克所述,春季时令调整后,心脏病发作率确实上升了 24%,秋季时令调整后则下降了 21%,但这些波动并没有像沃克声称的那样发生在"第二天"。星期六晚上是我们少睡或多睡一个小时的时候,第二天是星期日。密歇根州数据中的春季上升发生在星期一,秋季下降发生在星期二,这两天似乎是随机的——除了它们是"唯二"的 p 值(分别为 0.011 和 0.044)低于 0.05 的日子。在时令变化后的那个星期日,心脏病发作的数量走向了相反的方向。

表 14.1 夏令时调整后一周内心脏病发作的相对风险

	春季调时后	秋季调时后
星期日	0.97	1.02
星期一	**1.24**	0.94
星期二	0.98	**0.79**
星期三	0.97	0.94
星期四	0.97	1.10
星期五	0.97	0.91
星期六	1.04	1.15

或许睡眠的影响会贯穿时令变更后的整个星期。不。密歇根州研究的作者明确指出:"在秋季或春季时令调整后,每周心脏病发作的总数并没有差异。"作者还谨慎地提到他们使用了多重统计过程,并且未进行多重比较调整,且该分析本质上旨在进行探索性研究。因此,名义上的显著性结果应该被解释为假设生成,而

非确证性证据。

沃克将一项小规模探索性研究的不确定结果直接拿来,并夸大其词,声称在时令变化后的那个星期日,全世界有记录的心脏病发作会激增或骤减。

勒歇尔还指出,不出所料,密歇根州研究的结果在其他数据中并不成立。他联系了密歇根州研究的一位作者,得知作者"在最近的数据中寻找相同的信号,但它明显减弱,不再具有显著性"。同样不足为奇的是,勒歇尔还报告了:

> 顺便说一句,对于"在车祸、道路交通事故,甚至自杀率中看到完全相同的模式"这一说法,我在文献中无法找到任何支持。

无聊的结果不会受到全球范围的宣传、TED演讲的邀请或者谷歌工作机会的青睐,这就是为什么它很容易被歪曲和夸大,以使人留下深刻印象和产生兴趣。这样做的社会成本是,这些歪曲和夸大行为损害了科学家的信誉,使他们看起来更像是江湖骗子而不是客观公正的科学家。

假装成功,直到你真的成功——"权力姿势"的寓言

2010年,一篇发表在顶级心理学期刊上的核心文章建议"一个人可以通过摆出两个简单的1分钟姿势,体现权力并立即变得更有权力"。研究人员让42个人摆出两种姿势,每种姿势分别持续1分钟,一种是高权力姿势(图14.3),另一种是低权力姿势(图14.4)。

唾液样本被用于测量主导激素睾酮和应激激素皮质醇。冒险行为通过下注意愿来衡量,下注有50%的机会赢得2美元,有50%的机会输掉2美元。通过他们从1级到4级的对"权力"和"掌控"的感觉来衡量权力感。

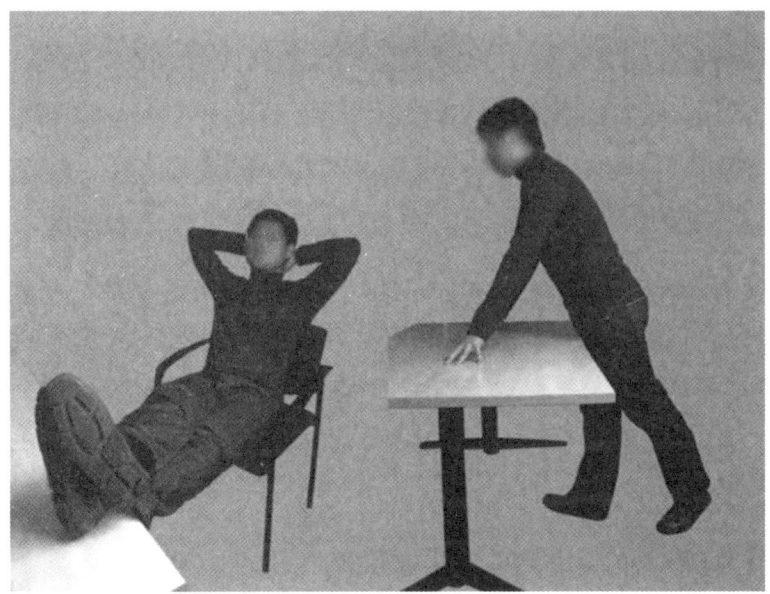

图 14.3　高权力姿势

(图片来源:Sage Publishing)

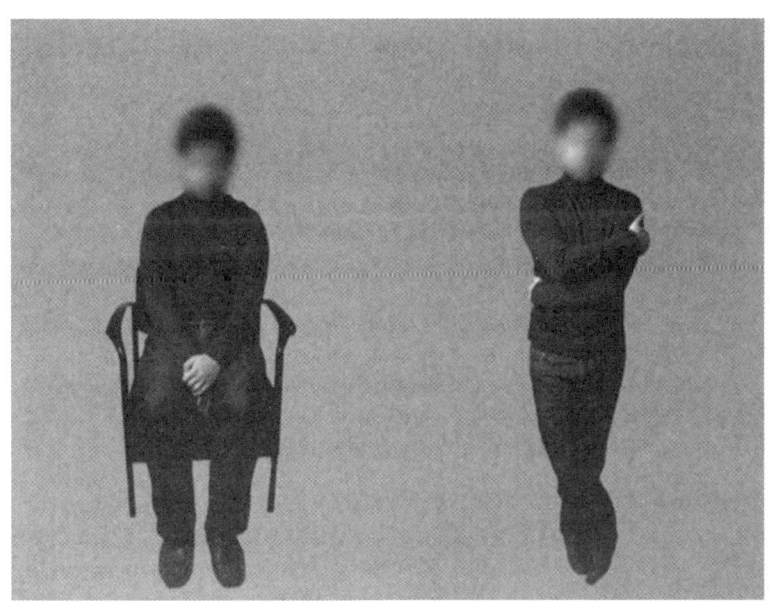

图 14.4　低权力姿势

(图片来源:Sage Publishing)

与低权力姿势相比,采取高权力姿势的人睾酮水平上升,皮质醇水平下降,冒险意愿上升,权力感上升。所有的 p 值都小于 0.05,作者得出结论:

> 一个简单的 2 分钟权力姿势操作足以显著地改变我们参与者的生理、心理和感觉状态。这些结果对日常生活的影响是重大的。

对于其中一个作者卡迪(Amy Cuddy)来说,影响显然是重大的。她写了一本畅销书,作了有史以来最受关注的一场 TED 演讲,并成为一个收费 5 万到 10 万美元的著名演讲者。

在她的 TED 演讲中,卡迪充满自信、富有感染力和魅力,她告诉观众她的建议是有坚实的科学依据支撑的。她令人难忘的一句话是:"不要只是假装成功直到你真的成功,而是要假装你是那样的人直到你真的成为那样的人。"巨大的屏幕上投射出神奇女侠双腿分开、双手叉腰站着的画面,卡迪告诉她的观众:

> 在你进入下一个评估情境之前,花 2 分钟时间,试着在电梯里、在浴室隔间、在紧闭着的房门后的办公桌前这样做……提高你的睾酮水平,降低你的皮质醇水平。

结果证明,提高睾酮水平和降低皮质醇水平并不那么容易。2015 年,一组研究人员发表了一篇报告,他们想探究在权力姿势带来益处方面的性别差异。他们使用了一个更大的样本(200 名受试者),然而发现自我报告的权力感只有小幅上升,对激素水平或行为没有影响。

2017 年,《社会心理学综合结果》(Comprehensive Results in Social Psychology,CRSP)期刊发表了数个大型研究的结果,这些研究均采用同行评审的预注册方式,预先规定了研究如何实施,以减少 p 值篡改的可能性。这些研究没有发现激素或行为改变的证据,但确实发现了对权力感的轻微影响。

卡尼（Dana Carney）是最初的权力姿势论文的主要作者，她就《社会心理学综合结果》论文的预注册计划提供了详细的反馈意见。2016年9月，她在加州大学伯克利分校的教工网站上发布了一份声明：

> 过去两年多来，随着越来越多的证据出现，我的观点已经更新以反映这些新证据。因此，我不再相信"权力姿势"效应是真实的。

卡尼还透露，在原始研究中存在一些 p 值篡改行为。以下是她的声明的若干摘录：

> 样本量太小了。
>
> 数据不可靠。效应很小，在许多情况下几乎没有。
>
> 我们对受试者进行分组试验，并在试验过程中检查效应。大约是先做 25 个受试者，然后 10 个，然后 7 个，然后 5 个。那时，这似乎不像是 p 值篡改，而像是在省钱。
>
> 一些受试者被排除在外，理由是"不遵循指令"。总共排除了 5 个受试者。
>
> 有离群值的受试者被排除在激素分析而非所有分析之外。
>
> 提出了许多不同的权力问题，而被选择的是那些"起作用"的问题。

p 值篡改可以很好地解释，为什么最初的结果具有统计显著性却无法复制。

在第五章，我们看到，添加观测值或删除离群值可能会显著增加假阳性的概率。权力姿势研究涵盖了两者。原始研究从 25 名受试者开始，然后增加 10 名，然后 7 名，然后 5 名。为了计算假阳性的真实概率，我们需要假设若 47 名受试者还不够的话研究人员会做什么。图 14.5 显示了如果他们继续以每批 5 名的增量添加受试者且最大样本量达到 102 名，那么假阳性概率会如何变化。

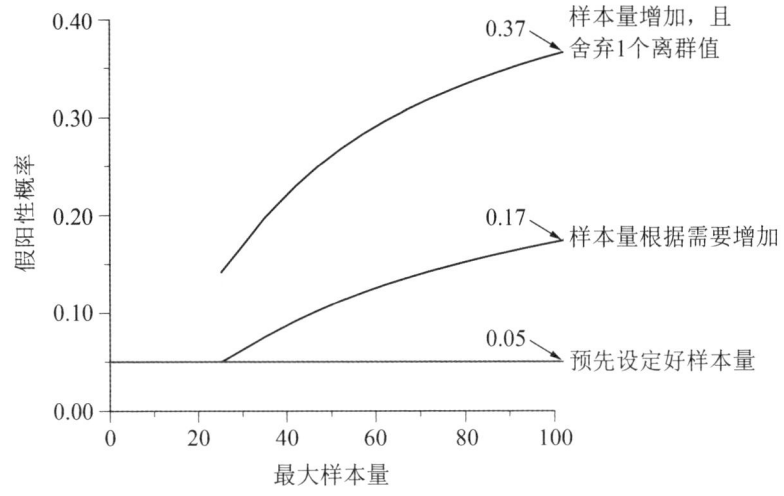

图 14.5　以假阳性概率为代价的统计显著性

图 14.5 还显示了舍弃 1 个离群值来降低 p 值这种做法对假阳性概率的影响。在样本上限 102 个的情况下，灵活的样本大小将假阳性概率从 5% 提高到了 17%。根据需要舍弃 1 个离群值进一步将假阳性概率推高到了 37%。如果舍弃 1 个以上的离群值，则假阳性概率将进一步增加。

我不清楚原始的权力姿势研究中舍弃的观察数据对降低 p 值有多大程度的影响，但令人不安的是，实际上有 47 名研究对象，而不是报告的 42 名，有 5 人因为"不遵循指令"等模糊原因被排除在外，并且激素结果而非其他结果中删除了另一个观察数据。

此外，只报告了选定的那一部分权力问题几乎肯定是实质性的 p 值篡改。总而言之，假阳性概率很可能远远超过 50%。

卡尼主动承认了这些 p 值篡改并支持重新开展"权力姿势"测试，

这令人信服地证明了这些 p 值篡改是出于善意而为之。这就是当时很多研究的做法。约瑟夫·西蒙斯（Joseph Simmons）、纳尔逊（Leif Nelson）和西蒙松（Uri Simonsohn）曾经令人信服地记录了 p 值篡改的危险，他们写道：

> 我们知道很多研究人员——包括我们自己——坦承为了得到显著性结果而剔除因变量、条件或参与者。大家都知道这样做是错误的，但他们认为这种错误就像乱穿马路一样无伤大雅。我们现在意识到，这种错误就像抢银行一样严重。

2011年针对2 000名研究型心理学家开展的调查发现，72%的人承认使用统计显著性来决定是收集额外的数据还是停止收集数据；38%的人承认"在评判了剔除数据对结果造成的影响之后再决定是否剔除数据"；46%的人承认选择性地报告"符合预期"的研究；27%的人承认"将意外的研究发现报告成从一开始就预测到的结果"。

对卡迪的批评在某种程度上是不公平的，因为她当时所做的正是其他人在做的——事实上也是她的教授教她做的。另一方面，她很快就夸大了基于小样本的脆弱结果，并且迟迟不承认更大规模的研究并不支持她的结论。观众想要简单而有力的信息，而这正是她给予他们的。当她自信地推销她的"权力姿势"故事时，她似乎是在遵循她自己的建议：假装成功直到你真的成功，假装你是那样的人直到你真的成为那样的人。

权力姿势还剩下什么？人为的姿势似乎不会影响人的激素或行为。即使对感觉有轻微影响，其可能性也是可疑的，因为了解研究人员期望的受试者可能会改变自己的行为以满足这些期望。在这里，被要求摆出极不寻常且可能尴尬的姿势然后再被问及感觉自己有多强大的人，很可能知道期望的答案。这一解释得到了一项研究的支持，该研究发现,观看过卡迪的 TED 演讲的人更有可能报告说自己在摆出高权力姿势后感觉很强大。

另一个问题是,权力姿势研究将高权力姿势与低权力姿势进行了比较,但 TED 演讲建议采用高权力姿势而不是正常的身体姿势。也许研究中发现的权力感差异是由于交叉双臂和双腿带来的负面影响,而不是由于展开双臂和双腿带来的积极影响。这是一个众所周知的"毒药-药物"问题——如果生病的人服用药物活下来了,而其他生病的人喝下毒药死了,这并不意味着药物见效了。

"权力姿势"寓言的真正价值在于,它是一个令人信服的关于 p 值篡改如何助长了动摇科学的复制危机的例子。原始研究不可靠,因为其目标是传递一个简单的、媒体友好的信息,而且当时人们还没有广泛认识到 p 值篡改的后果。然后,花费了大量宝贵的时间和资源来证明该研究不可靠。我们从这个寓言中学到的是,最好第一次就把研究做正确——而这正是严肃的研究人员目前努力在做的事情。

时代在变化

在她的 TED 演讲中,卡迪称菲斯克(Susan Fiske)为她的"天使顾问",菲斯克是她的博士论文导师,也是美国心理科学协会的前主席。2016 年,菲斯克回报了这份赞美,指责"方法论恐怖主义",并为卷入复制危机的研究人员进行了慷慨的辩护:

> 新媒体(如博客、Twitter、Facebook)助长了一定数量的未经整理、未经过滤的诋毁。在极端情况下,人们会发现他们的研究项目、职业生涯和个人诚信都受到了攻击……我听说有研究生选择退出学术界,有助理教授害怕申请终身教职,有处

于职业生涯中期的人想知道如何保护他们的实验室,还有资深教员提前退休,据说所有这些都是因为一种方法论上的恐怖气氛。

几个在线回应质疑了她的结论:

> 与菲斯克一样,我知道很多年轻科学家正在离开研究圈子……在我所知道的任何情况下,公开羞辱或骚扰都不是离开的原因(除非你把那些涉及不当行为的人算在内)。这根本就不是他们在意的问题。

> 据我所知,没有一位年轻科学家因为公众对现有研究(人员)的批评而离开了研究领域。然而,我知道在我的年龄相近的同行中至少有少数人离开了研究领域,原因是:
>
> 1. 他们对大量的"不良科学"感到失望……
>
> 2. 他们觉得局势对他们不利,觉得留在科学界不符合他们自己的最大利益——低垂的果实已经被摘走了(但可能是通过无人介意其是否经过验证的有缺陷的研究)。

> 澄清一下,我这一代的同行中没有人关心老牌科研项目负责人的职业生涯。当其职业生涯和(或)"专业声誉"有可能受到损害或者其"专业知识"有可能受到挑战时,我们中的许多人对其工作的质量及其对科学的承诺的力度没什么信心,并且会乐于看到它们以及支持它们的系统崩溃,这样我们就可以做我们信任的科学了。

是的,上一代的一些成员用来促进其职业发展的方法受到批评,他们对此感到不满,这是可以理解的。格尔曼写道,菲斯克"眼看着自己的职业世界正在崩溃,这很可怕,对她来说,指责一些无名无姓的'恐怖分子'肯定比解决自己对研究方法理解上的分歧要容易得多"。

是谁把我的钥匙放在冰箱里？

菲斯克曾是一些如今臭名昭著的论文（包括本章稍后将讨论的飓风论文）的期刊编辑，并至少合作过一篇可疑的论文，该论文得出的结论是：如果老年人被认为是无能的，那他们将更受欢迎。18 名参与者（对照组）阅读了一篇关于一位名叫乔治（George）的老年男子的简短故事。对于另外的 18 名参与者（高无能组），故事中增加了一句话，说的是乔治一直有记忆方面的问题，最近记不起自己把钥匙放在哪里了。对于最后的 19 名参与者（低无能组），增加的一句话说的是乔治以自己的完美记忆为荣。他们读完故事之后，

> 参与者接着就一系列人格特质对乔治拥有每一种人格特质的可能性进行评分，分值从 1（一点也无）到 9（非常）。我们列入了一项操作检查（能力）和三个旨在评估受欢迎程度的选项（热情的、亲切的、和善的）。

高无能组老年人的平均评分为 7.47，低无能组老年人的平均评分为 6.85，对照组的平均评分为 6.59。与作者所述的预期相反，低无能组的评分实际上比对照组更高。

三个组的参与者分别为 18 人、18 人和 19 人，而不是比如每组 20 人，这似乎有些奇怪。也许，就像权力姿势论文一样，添加了一些受试者，并舍弃了一些数据。此外，"一系列人格特质"可能原本包括一些因不具有统计显著性而被舍弃的题目。除非作者承认这样的诡计，否则无法知道真相。但我对此产生怀疑是因为，卡迪是权力姿势论文和无能老年人论文的共同作者。

我询问了菲斯克，并收到了一份详细的回复，主要内容是："我没有主持这项研究……我推测但无法核实论文所说的就是我们所做的。"我

给卡迪和第三位共同作者发了电子邮件,但没有收到回复。

作者进行了整体统计检验,发现三个组之间的差异勉强具有显著性($p<0.03$),但高无能组/低无能组和高无能组/对照组之间的配对差异具有很高的显著性,分别为 $p = 0.000\,01$ 和 $p = 0.000\,000\,000\,000\,04$。大多数学过一点统计学基础知识的学生都会意识到这里有些不对劲。如果配对检验的 p 值非常小,整体的 p 值也应当很小。作者和期刊审稿人理应注意到这一明显的矛盾。

布朗对结果进行了逆向推导,发现如果整体的 p 值是正确的,那么高无能组/低无能组和高无能组/对照组的正确配对 p 值应该分别为 0.081 1 和 0.002 4。

值得称赞的是,作者发表了一份更正声明,承认了这个错误:

> 第 275 页的结果应更正为(更改部分加粗显示):
>
> "配对比较支持了这些发现,即高无能组老年人被评定为比低无能组**老年人(略微)**和对照组**老年人(显著)**更受欢迎,$t(35) = \mathbf{1.79}, \mathbf{\textit{p}=0.08}$,以及 $t(34) = \mathbf{3.29}, \mathbf{\textit{p}<0.01}$。"
>
> 这一更正并未改变文章的结论。

该错误是否会改变结论是一个观点问题,而不是一个事实问题。文章的研究假设是"我们可以预期,人们会认为一个能干的老人不如一个让人安心的无能老人那么受欢迎"。按照他们 $p<0.05$ 的标准,他们没有发现无能的老年人更受欢迎的具有统计显著性的证据($p=0.08$)。

还值得注意的是,作者并未发现 0.000 000 000 000 04 与 0.002 4 这两个 p 值之间有任何差异。他们的思维模式似乎是,只要 p 值低于 0.05,那么它具体是多少并不重要。格尔曼评论说:"当作者们抗议说这些错误都无关紧要时,这让你意识到,在这些项目中,数据几乎根本无关紧要。"

目前,许多研究人员都认识到 p 值篡改和数据挖掘的后果,并正在努力恢复科学研究的可信度。格尔曼将旧方式描述为"以你能采取的任何方式找到统计显著性并宣布胜利范式",并写道:"我能明白,对于像菲斯克这样已经适应了之前状况的人来说,这些变化可能会让人觉得是灾难性的。"

美国西北大学的社会心理学家芬克尔(Eli Finkel)写道:

> 这就好像我们一直在举办一个盛大的派对——我们能发现什么大的、新的、有趣的、酷的东西呢?我们忘了自我复查。然后,改革者们感到恼火,因为他们觉得自己不得不事后介入,清理我们的烂摊子。的的确确是这样。

多伦多大学的心理学教授因兹利希(Michael Inzlicht)写下如下文字为大家发声:

> 我想要一个更美好的明天,我想要社会心理学发生改变。但是,我们真正能够发生改变的唯一途径是,我们正视我们的过去,坦白我们犯了错误,而且是严重的错误……我们的问题并不小,它们不是小修小补就能解决的。我们的问题是系统性的,它们是我们如何开展科学研究的核心问题。

复制研究

诺塞克(Brian Nosek)的再现性项目尝试复制了100项发表在三种按理说是顶尖心理学期刊上的研究。只有36项研究继续具有低于0.05的 p 值,并且在与原始研究相同的方向上有效应。即使在那些能被复制的少数研究中,后续研究中的效应通常也小于原始研究所报告的结果中的效应。

2021年12月,开放科学中心(由诺塞克联合创立)和科学交流协会报告了一个为期8年的项目的结果,该项目尝试复制23项高被引的体外或动物临床前癌症生物学研究。这23篇论文共涉及50项实验和

158个估计效应。只有46%能够复制，而且中位数效应量比最初估计的小85%。（这是一个明显的衰减效应！）

卡默勒（Colin Camerer）领导的团队审查了发表在两家顶尖经济学期刊上的18篇实验经济学论文。只有11篇（61%）得到了成功复制。卡默勒还带领一个团队尝试复制发表在两家一流综合性科学期刊（《自然》和《科学》）上的21项实验社会科学研究，发现只有13项（62%）研究在运用新数据时继续具有统计显著性，并且与原始研究的结果在方向上相同。

如果顶尖期刊确实具有最严格的审稿流程并且发表最可靠的研究（这是一个有争议的假设），那么发表在影响力较小的期刊上的研究的可复制率可能会更低。约安尼季斯估计，发表的医学研究中有90%存在缺陷，因为所报告的有益治疗方法并不如报告的那样有益，有时甚至是无用的或有害的。

逸事证据来自《自然》杂志对1 500名科学家的调查。超过70%的人报告说，他们曾试图复制另一位科学家的实验，结果失败了；超过一半的人报告说，他们曾试图复制自己的一些研究，结果失败了！

复制市场

当诺塞克的再现性项目正在进行时，还做了一个有趣的附带研究。在44项复制研究预计完成的大约两个月前，为心理学领域的研究人员设立了44个拍卖市场，让他们对复制是否会成功进行下注。这些市场开放了两周，并且进行复制研究的人不得参与。如果发现主要结果的 p 值小于0.05，且与原始结果方向相同（或对于最初报告的 p 值大于0.05的一篇论文，复制研究的 p 值大于0.05），则复制被认为是成功的。

最终的市场价格表明，人们认为复制成功的概率平均只有55%。在按时完成的41项研究中，有19项（46%）被认为其复制成功的概率低于50%。结果,即使那个悲观的预期也过于乐观了,因为有25项(61%)未能复制。

对我来说,复制市场和调查概率中最重要的收获是心理学研究人员对心理学研究有多么怀疑。

2015年,我受邀参加了科学福营(Sci Foo),这是一个在谷歌园区(加利福尼亚州山景城谷歌公司总部)举行的年度聚会,约250名科学家、作家和政策制定者参加。一个热门话题是复制危机正在许多领域造成严重破坏。一位知名的社会心理学家表示,他的领域是复制危机的典型代表,并补充说:"我默认的假设是,我所在的领域中发表的任何东西都是错误的。"这只是个人观点,可能故意夸大其词,但这些数据支持他的愤世嫉俗。

远超社会心理学范畴的更普遍的观点是,如果实证结果都如此脆弱,甚至连研究人员都不认真对待它们,那么非专业人士会怎么想呢?

僵尸研究

一项2021年的研究发现,在上一节描述的三个复制项目中,未能复制的论文比成功复制的论文更经常地被其他研究人员引用!表14.2显示,对发表在声誉极高的综合性科学期刊《自然》和《科学》上的论文来说,这种差异最大。这项研究还发现,引用上的差距往往随着时间的推移而增大,而且这种趋势在复制项目辨识出论文存在缺陷之后仍然会持续。

表14.2 平均被引用次数

	未能复制的论文	可复制的论文
《自然》/《科学》	638(68%)	301(32%)
经济学	239(63%)	141(37%)
心理学	187(52%)	175(48%)

一个合理的解释是,有趣和令人难忘的结果常常令人惊讶,而且有一个很好的理由可以解释为什么它们令人惊讶——它们是不正确的。具有新颖/有趣/引人注目等特点的结论诱惑力十足,使一些研究人员竭尽全力寻找统计显著性,使期刊发表有缺陷的论文,也使其他研究人员更频繁地引用这些有缺陷的论文。

每年飓风季我都会看到的一个例子是,社交媒体上总是充斥着关于一项已被揭穿的研究的报道,该研究声称,被赋予女性化名字的飓风比那些被赋予男性化名字的飓风更致命。(剧透一下:我是揭穿者之一。)

现在被称为"**飓风性别说**"论文的作者并不是在说女性飓风天生就更致命,而是说存在性别歧视的人会因为没有认真对待女性飓风而死亡。这项研究存在很多问题。首先,结果取决于1953—1978年数据的纳入情况,当时所有的飓风都有女性名字,而且平均而言,那时的飓风更强,建筑物更脆弱,预警也更少。

此外,原始研究中有大量的分岔小径,作者似乎选择了一条能引导他们得出预期结论的路线。坦率地说,这项研究基于对不恰当数据的可疑分析,完全是一堆空话,而且在新数据面前也站不住脚。关于飓风性别说的崩溃,更全面的讨论可参见我的《人工智能错觉》一书。

我在这里要表达的观点很简单,那就是:有缺陷的、具有挑衅性结论的研究可能在其缺陷被揭露后仍在流行文化中长时间流传。它们变成了"僵尸研究"。

另一个更具灾难性的例子是英国医生韦克菲尔德制造的疫苗恐慌。他于1998年与他人合作的一篇论文发表在著名的医学期刊《柳叶刀》上,声称12名正常儿童在接种麻腮风疫苗后患上了孤独症。韦克菲尔德在论文发表前召开了新闻发布会,宣布了他的发现,并呼吁暂停使用麻腮风疫苗。

不久，韦克菲尔德的研究就暴露出了问题，这些问题非常严重，以至于《柳叶刀》在2010年将这篇文章撤稿，并发表社论说："非常清楚，完全没有任何歧义，论文中的陈述完全是错误的。"《英国医学杂志》称韦克菲尔德的研究是"一场精心策划的骗局"，英国医学总会禁止韦克菲尔德在英国行医。

不幸的是，损害已经造成。知道韦克菲尔德主张的人远比知道撤稿和谴责的人多得多。由于这项"僵尸研究"，数以百万计的父母拒绝给他们的孩子接种麻腮风疫苗，数千名未接种疫苗的儿童死于麻疹、腮腺炎和风疹。

启示

科学方法坚持要求信念和理论不应该不加鉴别地被接受，而应该经过实证检验，这极大地丰富了我们的生活。不幸的是，为了获得统计显著性，聪明的研究人员已经找到了通过数据挖掘和 p 值篡改来操纵系统的办法，其结果是可能破坏科学和科学家声誉的复制危机。

真正的科学仍然在向前发展：对看似合理的理论进行诚实的检验，这些理论可以通过额外的检验来复制。我们的挑战——也是科学家的挑战——是区分真正的科学和垃圾科学。

第十五章

恢复科学的光彩

科学是一个强大的引擎,让我们能够过上更长寿、更美好的生活。我们乘坐汽车到或近或远的地方旅行,车内温度可根据需要调节,听听音乐或播客让我们心情舒畅。我们不用天一黑就睡觉,可在灯火通明的家里读书、看电视、玩电脑游戏、通过智能手机和互联网与朋友和家人聊天。我们拥有舒适的家具、室内管道设施,以及能够清洁餐具、衣物和房屋的家用电器。我们享用不需要亲自种植的食物,用冰箱为食物保鲜,用便捷的炉灶和烤箱做饭,要不然就去餐厅吃饭或叫个外卖把食物送到家。当我们生病或受伤时,我们可以得到安全有效的治疗。

遗憾的是,有太多的人不再信任科学或科学家。人们对科学的尊重为何会下降?有三个根本原因:

虚假信息

数据歪曲

数据挖掘

在每种情况下,都有办法恢复科学的光彩。这并不容易,但是值得去做。

虚假信息

互联网充斥着虚假故事、误导视频和操纵性的社交媒体内容,这些内容放大并蔓延了人们对精英阶层的普遍不信任,尤其是对科学家的不信任。多年来,我一直期望社交媒体只是一时的潮流,当人们逐渐意识到自己在八卦和谎言上浪费了无数个小时并对自己被其操纵感到厌恶时,社交媒体就会消亡。然而,世界似乎正越来越远离我那乐观的期望。

过滤气泡

互联网公司在向我们推荐产品、故事和链接的同时,会大量收集我们的点击、搜索历史、人口统计数据等信息。这可以理解。互联网公司希望用户在它们的平台上花费更多时间,点击一个又一个链接,浏览一个又一个广告。

算法看重的是用户参与度,也就是人们会读的故事、会看的视频、会分享的推文。煽动性的内容更容易被传播,而煽动性的内容往往被夸大、具有误导性甚至完全是谎言。除了推广耸人听闻的内容之外,算法还会选择迎合用户偏见和助长极端党派主义的内容,将人们引诱到"过滤气泡"中,在那里他们看到的主要是支持其世界观的内容。用户几乎不会离开他们的气泡,实际上他们并不知道自己在一个气泡里,因为算法会一直向他们推送相同类型的内容。如果用户碰上持不同观点的人,这些人往往被他们视为无知的和愚蠢的敌人。

在不危及基本权利的情况下,社会很难进行反击。移除互联网上的虚假和恶意内容肯定有潜在的价值,但谁来判定什么是真实的,什么是虚假的,什么是良性的,什么是恶意的呢?

极权政府通过审查媒体践踏自由,但民主国家应当保持警惕。一般来说,言论自由,特别是新闻自由,可以揭露政府的秘密和滥用职权行为,这样政府就可以被问责,并且在了解到这一点后,将更有可能为公民服务,而不是剥削他们。

言论自由

民主的基石之一是受统治者有权自由发言,不用担心因批评政府而被监禁或受到其他惩罚。正如美国宪法第一修正案所述:

> 国会不得制定任何剥夺言论自由或新闻自由的法律……

然而,言论自由并非绝对的。美国宪法第一修正案不保护与犯罪活动直接相关的言论,也不保护虚假广告、欺诈、骚扰、暴力威胁、诽谤,甚至自动语音电话。许多案例都含糊不清,最高法院会使用各种指南来确定特定类型的言论是否受到第一修正案的保护。一个重要的区别是一对一的私人对话(包括电话和邮件)与大众传播(包括报纸、广播和电视)的监管之间的区别。社交媒体的棘手性在于它同时涵盖了这两方面。

另一个重要的区别在于政府限制和私人公司(包括社交媒体平台)的行为之间的区别。例如,推特在 2021 年 1 月 8 日永久冻结了特朗普的账号,此前两天,他的数千名支持者袭击了位于华盛顿特区的国会大厦。特朗普提起诉讼,辩称这一封禁违反了他的第一修正案权利。一位联邦法官驳回了这起诉讼,并指出"第一修正案仅适用于政府对言论的限制,而不适用于私营公司的所谓限制"。

《科姆斯托克法案》(The Comstock Laws)是言论自由价值与保护社会意愿之间紧张关系的一个突出例子。

《科姆斯托克法案》

1844 年,科姆斯托克(Anthony Comstock)出生于康涅狄格州的一个小镇上,在一个虔诚的宗教家庭中长大。南北战争期间,他加入了联邦军队,他的战友们对神灵的亵渎和其他冒犯行为给他留下了精神创伤。战后,科姆斯托克与其他未婚男子一起住在纽约市的一家寄宿公寓里,

图 15.1 禁欲主义者科姆斯托克

这些男子过着吃喝嫖赌、花天酒地的生活。科姆斯托克对此十分愤慨和反感,从此开始了毕生反对放荡行为的斗争。

1873 年,他成立了纽约镇恶协会,并说服美国国会通过了《科姆斯托克法案》,该法案将通过美国邮政邮寄"淫秽、猥亵或放荡的""不道德的"或"下流的"任何东西的行为定为违法行为,以此来保护公众道德。联邦政府通过了几项与《科姆斯托克法案》相关的法律,24 个州的立法机构也通过了相关法律。《科姆斯托克法案》还禁止销售、赠送或持有淫秽作品、图片或广告,尽管它未对"淫秽"一词给出定义。

科姆斯托克很容易感到被冒犯。在一次由总统格兰特(Ulysses S. Grant)邀请他参加的白宫招待会后,他描述了他对女士们的穿着的厌恶:

> 她们肆无忌惮——穿着极为荒诞——脸上浓妆艳抹,头发扑了蜜粉——低胸裙装——发型荒谬至极,对于每一位喜爱纯洁、高贵、端庄女性的人士来说,这一切都极其令人厌恶……我们怎么能够尊重她们呢?她们让我们的国家蒙羞,却自以为是淑女。

科姆斯托克被任命为美国邮政特工,并被授权携带枪支,逮捕他认为违反了以其姓名命名的法律的人。他获得了一张铁路通行证,可以免费乘坐火车在全国任何地方旅行,为的是(用他的话说)做"上帝花园里的除草者"。

用今天同样适用于互联网的话,科姆斯托克写道:

> 美国邮政是通往我们所有家庭、学校和大学的主要信息通道。它是协助这种邪恶勾当的最强大因素,因为它无处不在,而且是秘密行事。在这里,肯定无须争论就能让要求最严格的所有正派人士相信,政府的任何部门都不应该被出卖来服务这种臭名昭著的交易,也不应该在知道他们这种邪恶生意的性质之后,继续为这些讨厌的家伙服务,从而与他们为伍。

实际上,他逮捕了一本批评婚姻的小册子的作者、通过邮件发行这本小册子的出版商,以及一个收到这本小册子的人。他还逮捕了向患者邮寄节育器具或者有关怀孕、避孕或堕胎信息的医生。他逮捕了一位向他邮寄了一本惠特曼《草叶集》(*Leaves of Grass*)的书商。他逮捕了那些进口包含裸体绘画的艺术书籍的人。他逮捕了出版展示人体解剖的医学书籍的出版商。他逮捕了宣讲节育的人。他还追捕赌徒、金融骗子、妓女和专利药品贩子。

在他去世前不久,他夸耀道:

在我在这儿的 41 年里，被我定罪的人足以填满一列长达 61 节车厢的旅客列车，其中 60 节车厢的每一节都装满了 60 名乘客，第 61 节车厢几乎也装满了。我已销毁了 160 吨淫秽文学作品。

他还吹嘘说自己迫使 15 人自杀。

直到 20 世纪 60 年代和 70 年代，美国最高法院才最终宣布《科姆斯托克法案》限制节育措施的规定违反宪法（尽管理由不是基于第一修正案）。在《格里斯沃尔德诉康涅狄格州案》（*Griswold v Connecticut*, 1965）中，法院裁定，限制已婚夫妇购买和使用避孕器具违反了"婚姻隐私权"。在《艾森施塔特诉贝尔德案》（*Eisenstadt v Baird*, 1972）中，法院裁定，第十四修正案的平等保护条款赋予未婚情侣同样的隐私权。

企业缓慢前进

社交媒体公司目前正在采取一些小步骤来清理它们所携带和推广的垃圾内容。YouTube 表示，其算法将尽量避免推荐阴谋论视频。WhatsApp 不允许消息转发超过 5 次。Facebook 表示，它的审核模式已经从非此即彼转变为连续的尺度，内容越接近完全被禁止，就越不可能被其搜索算法和推荐算法突出显示。这种方法在避免彻底禁令的第一修正案问题的同时，也制造了一些摩擦。尽管这些举措不能遏制恶意内容的祸害，但它们可能会减缓其传播速度。

2021 年 9 月和 10 月，《华尔街日报》基于数万份 Facebook 内部文件发表了 9 篇谴责文章，这些文件是 Facebook 前产品经理豪根（Frances Haugen）提供给美国证券交易委员会和《华尔街日报》的。《华尔街日报》的报道披露了 Facebook 高管们推广明显不实和煽动性的内容，知晓 Instagram 正在损害年轻女孩的自尊心但未采取任何行动，并且几乎未采取任何行动阻止毒品贩卖和其他非法活动。

在《华尔街日报》的爆炸性报道之后,豪根在国会作证,并恳请政府进行监管,以迫使 Facebook 做其自身不愿意做的事情。

政府行动

美国政府监管电话、广播和电视,它同样可以对互联网通信进行监管。实现言论自由价值和消费者保护之间的平衡,不必完全依赖 Twitter、Instagram、Facebook、YouTube 等数字平台的自愿行动。国会应该制定法律明确规定平台运营商的责任。如果让其自行决定,私人层面的努力很可能会三心二意。对于公司来说,什么都不做比冒诉讼风险容易得多。此外,在情况不明确时,法院常常听从国会的决定,因此国会应积极行动起来,明确表达其意图。

例如,除了关闭 Facebook、Instagram 等社交媒体平台外,美国政府可以将最低注册年龄从 13 岁提高到 16 岁或 18 岁,并要求提供年龄和身份证明——类似于获得驾驶执照、登记选票或购买枪支所需的身份证明。可要求社交媒体平台履行"了解您的客户"(Know Your Customer 或 Know Your Client,简称 KYC)法规,这一法规当前适用于大多数金融机构和许多非金融公司。KYC 法规规定了验证客户身份时进行尽职调查的规则,尽职调查可以通过视频流进行,并且除了生物识别验证之外,还可以包括护照、驾照和其他文件。

正如银行会向执法机构通报可疑的金融交易一样,也可以要求社交媒体公司向警方和监管机构通报恐怖分子招募、有计划的暴力行动,以及其他非法活动,因为政府机构更适合调查此类活动并执行相关的法律法规。

对抗 bot 军队的战争

针对网络上的虚假信息,主要有两种攻击方式:攻击发送者和攻击内容本身。

据估计，超过一半的互联网流量是bot——一种无须人工干预就能自动执行任务的算法。bot可以比人类更快、更仔细地执行无须动脑的重复性任务，例如在网络上漫游来查找搜索引擎的内容。然而，bot也可以被用来发送垃圾邮件、入侵用户账号，或发动分布式拒绝服务（DDoS）攻击，这类攻击会使在线服务不堪重负、速度减慢，有时甚至会使服务关闭。

bot通常被编程来模仿人类。一个相对良性的用途是执行日常客户服务功能。比较恶性的目的是利用社交媒体进行金融和情感诈骗，或传播虚假信息和虚构的阴谋论。

遏制恶意bot的一种方式是识别并关闭它们使用的虚假账号。精明的科技公司利用我们的互联网活动来识别我们的好恶，它们肯定能更好地识别虚假账号。诚然，对于恶意用户来说，很容易创建新账号来替代被关闭的账号，但能够创建剽窃检验器的科技公司肯定能创建算法来发现那些来自新账号的被重新包装和重新发送的内容，并在这些账号被启用后立即清除内容并将之关闭。

缓解bot问题的措施还应包括广泛分发可靠的杀毒软件和bot清除软件，以打击从受感染的计算机发送信息的僵尸网络。如果我们可以研制出有效的新冠疫苗，我们肯定也可以创造出bot防护和治疗方法。真正的障碍是没有这样做的经济激励。

匿名性是一个棘手的问题，因为它允许人们坦诚地发言，但也可以被用来掩饰有害的或非法的活动。一种折中的方法可能是允许用户使用假名，但要求验证创建账号的人的身份。

除了关闭假账号外，对抗bot的第二种策略是，让bot难以访问媒体平台，并且如果它们确实获得了访问权限，让它们难以留在这些平台上。过滤bot的首批策略之一是使用带有扭曲文本的访问框（图15.2），这被称为验证码（区分计算机和人类的全自动公共图灵测试，英文缩写为

图 15.2　证明你不是机器人

CAPTCHA）。文本验证码的成功依赖于这样一个事实，即计算机算法通常难以识别未经训练的文本。

其他验证码要求用户点击类似图 15.3 中的方框，其中包含像汽车、奶牛和猫等东西的图像。基于图像像素数学表征的计算机算法难以识别不完整图像以及模糊、扭曲、部分遮挡或从奇怪角度观察到的图像。

图 15.3　bot 能看到雕像吗？

随着计算机算法在解读文本和图像方面做得越来越好,谷歌也将其重新验证码(reCAPTCHA)设置得越来越难,以至于它们对人类和算法都具有挑战性。在极端情况下,一个不可能的测试将阻止所有 bot,但也会阻止所有人类。

在 2014 年,谷歌推出了"无验证码重新验证码"(No CAPTCHA reCAPTCHA)功能。用户被要求在一个方框上进行单击(如图 15.4 所示),由此确认他们不是机器人。这个简单的复选框与困难的文本和图像挑战相比似乎是一种倒退,但实际上它在对抗 bot 的战斗中是向前迈出的一大步。

图 15.4 绝对是人类

谷歌的秘诀并不在于用户是否点击了复选框(计算机可以轻松完成这项任务),而在于用户在点击复选框之前和之后立即执行的操作。谷歌监控我们在计算机上的许多行为,并根据搜索历史、鼠标移动方式以及其他专有秘密(在对抗 bot 的战斗中,僵尸主控机知道的越少越好)来估算用户是人类的概率。例如,一个通过程序点击复选框的 bot 不会显示任何鼠标移动,更不用说人类那种不完美的手部移动了,而且它可能比任何人都更快地点击复选框(就像沃森在《危险边缘》中比它的人类对手更快地按下按钮一样)。

如果谷歌的"No CAPTCHA reCAPTCHA"功能不能确定面对的是人类还是算法,谷歌会将机器人复选框与传统的验证码测试相结合。

僵尸主控机可能会修改代码来模拟不稳定的鼠标移动并延迟按钮

点击,以此来应对"No CAPTCHA reCAPTCHA",这会迫使谷歌工程师使用其他人类线索。这是一场战争。关键是有一场战争要打,解除 bot 武装的战斗应该包括阻止 bot 访问社交媒体。我希望谷歌的工程师能够比僵尸主控机领先几步。

打击各种谎言

除了遏制传播各种谎言的 bot 之外,社会还可以直接与这些不实信息作斗争。

对于那些由想赚钱的人制造和传播的虚假故事,可以通过扼杀经济激励来加以遏制。第一步是限制转发明显虚假的新闻。第二步是避免将可疑故事放在推荐列表或热门列表的顶部。第三步是限制虚假故事的传播者购买广告的能力。第四步是关闭制造虚假信息的账号。

那些带有政治意图的骗子并不受广告收入的驱动,也不会因为收入下降而退缩。Facebook 在 2020 年美国总统选举期间减少了虚假信息的传播(表明这是可行的),然后在选举结束后又恢复了其正常的视而不见政策——大概是因为识别谎言的成本昂贵,并且会损害广告收入。如果让 Facebook 和其他社交媒体平台自行做决定的话,它们很可能会允许甚至推广恶意的内容,只要这样做有利可图——这就是为什么需要政府的授权。是的,AI 算法并不完美,需要用昂贵的人类事实核查员来补充,但社交媒体平台有能力做到这一点,也应该被要求这样做。

维基百科完全依赖志愿者撰写和编辑内容,取得了巨大的成功。一支充满公益精神的志愿者队伍可以通过类似方式识别虚假的新闻故事,并利用专家团队来解决争议。不可避免地会有模糊的内容存在。德国于 2017 年颁布的《网络执行法》("Facebook 法案")要求社交网络在 24 小时内删除"明显违法"的内容,但未对什么是"明显违法"给出定义,并对非明显的情况给予了 7 天的期限。欧盟于 2022 年颁布的《数字服务法案》要求社交媒体公司迅速删除违法、虚假的信息或其他有害内容,否则将面临高达年度全球范围总收入 6% 的罚款,但对于哪些内容应被删除的细节规定含糊不清。

媒体平台可以通过禁止转发未经事实核查的帖子来减缓虚假信息的传播。明显虚假的故事和视频可被标记,可疑的帖子可被标记为可能虚假和具有误导性。除了警告标签外,媒体平台还可以使虚假故事和视频难以被发现,而不是将它们置于推荐列表的顶部。

打破过滤气泡

除了给虚假新闻故事、虚假阴谋论和其他有害内容的传播增加难度之外,媒体平台还可以将真实新闻和其他权威信息放置在推荐链接的顶部,来促进这些内容的传播。言论自由旨在为一个思想市场的存在创造条件,这仍然是一个值得追求的目标——肯定比过滤气泡要好。

略微超出用户舒适区的推荐内容可以播下怀疑的种子,并让用户更难找到与他们习惯的内容一样极端或更极端的内容。调整不应该是 180 度的大转弯。如果推荐的内容过于不同、太有挑战性或太激进,人们可能会将其视作强硬的宣传——反而强化了他们关于精英阶层试图操纵他们的阴谋论——而拒绝接受。

凡事预则立

在与这类谎言、那类谎言和更多的谎言的斗争中,另一件武器将是学校教授媒介素养,包括我们被媒体操纵的方式以及广告商等人用来误导和误传的伎俩。

许多人连区分事实和观点都有困难。如果一个观点支持他们的观点，他们很容易将其误解为事实。如果一个事实挑战他们的观点，他们很可能将其视为错误的观点而不予理会。例如，2018 年皮尤研究中心对美国成年人的一项调查要求受访者确定 10 个陈述中的每一个是"事实陈述（无论准确与否）还是观点陈述（无论是否同意）"。

对于"奥巴马总统出生在美国"这一事实陈述，37% 的共和党人和 11% 的民主党人将该陈述错误地标记为观点。对于"将联邦最低工资提高到每小时 15 美元对美国经济的健康发展至关重要"这一观点，37% 的民主党人和 17% 的共和党人将该陈述错误地标记为事实。

在数据洪流中生存，定量素养越来越不可或缺。我们需要辨识数据、统计结果和图表可以如何使用和如何滥用——这种学习可以从小学开始，一直持续到大学，甚至研究生阶段。

逆向思维

以色列的新冠疫苗接种率非常高。然而，在 2021 年 8 月 15 日，因新冠住院的以色列人中，58% 是完全接种了疫苗的——这表明疫苗无效，甚至有害。

这个例子很好地说明了人们对逆概率的普遍困惑。随机选择的英格兰足球超级联赛球员在青少年时期踢过球的概率是 100%，但随机选择的青少年足球运动员将会在英超踢球的概率几乎为零。在我们提到的新冠案例中，接种了疫苗的人因新冠住院的概率与因新冠住院的人接种了疫苗的概率完全不同。

逆概率的计算是由 18 世纪的数学家和牧师贝叶斯（Thomas Bayes）提出的，他显然是在试图根据世界的现状来计算上帝存在的概率，从如果有上帝世界将会是现在这样的逆概率算起。他并无计算这个概率所需的信息，但他的努力得出的结果现在被称为贝叶斯法则，它对于计算逆概率（以及更多的计算量）极其有用。

就以色列新冠数据而言，相关数据如表15.1所示。

表15.1 接种疫苗与未接种疫苗的住院概率

	未完全接种疫苗	完全接种疫苗	共 计
因新冠住院的人数	214	301	515
不是因新冠住院的人数	1 302 698	5 634 333	6 937 031
总人数	1 302 912	5 634 634	6 937 546
住院概率	0.000 164 25	0.000 053 42	
风险比		3.07	

有515人因新冠住院，完全接种疫苗的人确实占58%：301/515 = 0.584。更重要的是，比较接种疫苗的人的住院概率与未接种疫苗的人的住院概率。如表15.1所示，这些概率为：

未接种疫苗的人的住院概率 = 214/1 302 912 = 0.000 164 25

接种疫苗的人的住院概率 = 301/5 634 634 = 0.000 053 42

未接种疫苗的人的住院概率较高，是接种疫苗的人的住院概率的3.07倍：

$$风险比 = \frac{0.000\ 164\ 25}{0.000\ 053\ 42} = 3.07$$

尽管住院的人更有可能接种了疫苗，但未接种疫苗的人更有可能住院。疫苗是有效的！

表15.2显示了按年龄划分的风险比（对于30岁以下的人，风险比是无穷大，因为没有30岁以下的接种过疫苗的住院患者）。

总之，虽然事实上几乎60%的因新冠住院的人完全接种了疫苗，但这并不表明新冠疫苗无效。这些数据（被反疫苗人士广泛引用）实际上证实了新冠疫苗的有效性。

表 15.2　按年龄划分的风险比

年龄范围	风险比	年龄范围	风险比
12—15	∞	50—59	13.89
16—19	∞	60—69	8.85
20—29	∞	70—79	9.62
30—39	31.25	80—89	5.29
40—49	16.39	90+	13.16

这里的重点是统计素养的价值——不仅仅是贝叶斯法则,还包括识别各种统计谬误和诡计。

理解和欣赏科学

科学本应该用逻辑、理性和实证证据来取代迷信和谣言。它仍然可以做到。重振科学声誉的起点是更好的科学教育。记住细胞各部分的名称,然后在考试后就忘了,这不是科学理解。解读元素周期表或记住三角函数公式也不是科学理解。科学本质上关乎好奇心——关于事物如何运作以及为什么有时它们不能运作。费曼的诺贝尔奖之旅始于少年时代他对收音机如何工作的好奇心。他摆弄、拆解它们,然后重新组装起来。他修理过别人的收音机。他喜欢这个过程。

他后来写下了自己持续一生的好奇心:

> 当我上高中时,我看到水龙头流出的水逐渐变细,就想知道自己能否弄清楚是什么决定了那条曲线。我发现这很容易做到。我本不必这样做,这对科学的未来并不重要,别人已经做过了。但这没什么关系:我发明东西、摆弄东西纯属自娱自乐。

孩子们不必成为诺贝尔奖获得者就能领会科学如何能够满足他们的

好奇心。懂得欣赏科学的孩子长大后也会尊重科学,甚至成为科学家。

数据歪曲与数据挖掘

数据歪曲与数据挖掘是概念上不同的陷阱,但应对措施是相似的。

数据歪曲涉及操纵、删减和扩充数据,以获得低 p 值,因此得名为 **p 值篡改**。一名 p 值篡改者可能一开始就试图寻找证据,证明华裔美国人能够延迟死亡直至中秋节之后。中秋节是农历八月十五,这一天家人们聚集在一起,享用包括传统月饼在内的节日大餐。

如果最初的统计结果令人失望,数据可能会以几种方式被操纵:使用不同的性别,不同的年龄,死于节前还是节后的不同的计算方式。最终,一位坚持不懈的研究者可能会发现,75 岁及以上的华裔美国女性在节前一周死亡的人数较少——如果将节日期间的死亡算作节**后**发生的话。〔是的,一篇发表在《美国医学会杂志》(Journal of the American Medical Association)上的论文确实得出了这样的结论。〕

数据挖掘涉及掠夺数据,除了找到一种统计模式外,没有明确的目的,因此得名 HARKing。研究人员可能会计算 1 至 6 周周期内 98 个不同单词的谷歌搜索量的移动平均值,并发现当某一周搜索"债务"一词的次数高于其三周移动平均值时,道琼斯工业平均指数往往会上涨。共有 1 176 种策略可供数据挖掘,因此有一种策略成功预测过去是不足为奇的。(对,这也是一篇真实的论文,由著名教授共同撰写。)

在对抗 p 值篡改和 HARKing 的战斗中,第一个障碍是,一些研究人员没有意识到这些研究策略中的陷阱。太多人将 p 值篡改和 HARKing 视为优点,而不是缺点。因此,减缓 p 值篡改和 HARKing 快车的必要的第一步是让研究人员认识到这是一个问题。

一旦认识到这一点,有两种方法来对抗 p 值篡改和 HARKing。第一,期刊应该淡化统计显著性的重要性。第二,应该奖励复制研究。

淡化统计显著性的重要性

p 值篡改和 HARKing 的根本动力在于，认为统计显著性是发表的前提。进行 p 值篡改的研究人员会对数据进行歪曲，直到达到期望的统计显著性水平。进行 HARKing 的研究人员相信，只要 p 值足够低，他们的数据挖掘结果就值得报告。当 p 值成为唯一重要的因素时，相关性就取代了因果关系。

对抗 p 值篡改和 HARKing 的一种直接方式是，不再将统计显著性作为发表的门槛。p 值可以帮助我们评估偶然性能在多大程度上解释实证结果，但它们不应该成为模型成功与否的主要衡量标准。一个真正有用的模型应该有合理的系数，使模型能够作出合理的预测。一个预测亚裔美国人更有可能在每个月的第 4 天患心脏病的模型是不具有说服力的，无论 p 值有多低。

像 $p<0.05$ 这样的人工阈值会助长不良做法。许多期刊编辑现在意识到了这一不良的激励因素，并发表那些做得很好且有重要结果但并未碰巧具有统计显著性的论文。更多的期刊应该这样做。

让再现更容易

揭示已发表论文中的数据错误以及数学与统计计算中的错误，不应该靠一支科学侦探游击队。所有期刊都应要求作者在论文发表之前提供所有非机密的数据和计算机代码，以便任何感兴趣的人都可在线获取。作者知道他人能够轻易地查看数据并核查计算结果，肯定会更加小心谨慎。

让复制常规化

当新的数据揭示广泛宣传的结果不可信时，人们就没有理由相信被报告的科学结果。本节开头讨论的两篇论文都无法被复制。当用 15

年的额外数据进行测试时，中秋节研究失败了。当用7年的额外数据进行测试时，**债务**策略也砸锅了。

对研究方法的详细描述通常很隐晦，这使得复制测试变得困难。例如，莱因回应复制失败时声称新的测试与他的做法有些不同，因此臭名昭著。在这个互联网时代，要求作者（同样在论文发表之前）向期刊提供所用方法的详细描述是相对容易的，这些描述可以在线发布以便于复制测试。如果试图歪曲或挖掘数据的研究人员知道他们的结果很可能被重新测试，他们也许就不太可能冒陷入尴尬境地的风险报告可疑结果了。

复制测试需要复制者。高水平的研究人员通常忙于自己的工作，不太可能花时间去尝试复制他人的工作。一个可供选择的方法是将一篇重要论文的复制研究作为获得实证领域博士学位或其他学位的先决条件。这样的要求将让学生们亲眼见证研究是如何做的，同时也会产生成千上万的复制测试。

2012年就发生了一个著名的事件，当时马萨诸塞大学阿默斯特分校的研究生赫恩登（Thomas Herndon）选修了一门要求学生复制一篇著名研究论文的统计学课程。赫恩登选择了哈佛大学两位经济学家莱因哈特（Carmen Reinhart）和罗戈夫（Ken Rogoff）新近发表的一篇有影响力的论文。该论文的结论是：当联邦政府的债务与国家年产值的比率超过90%时，一个国家可能会陷入经济衰退。

债务水平没有理由要低于年产值。许多房主的抵押贷款余额超过他们的年收入，但他们并不需要在一年内偿还债务。他们可以在30年内偿还抵押贷款，或者在出售房子时偿还。政府还有增加税收或印钞的其他选择。这些未必是理想的选择，但逻辑上没有理由认为，超过某一固定点的债务会引发衰退。

尽管如此，莱因哈特-罗戈夫研究被世界各地的财政鹰派引用，作为证据证明他们应该提高税收并削减政府支出,以减少政府债务,即使这些举措导致了经济衰退——他们确实是这么做的。是的,他们以避免衰退的名义导致了衰退。

赫恩登收集了莱因哈特和罗戈夫明面上使用的相同的数据,但却没有得到他们得到的相同的结果。他和他的教授们认为,他肯定是做错了什么,但他们无法确定任何错误。赫恩登联系了莱因哈特和罗戈夫,但这两位著名的哈佛教授未理睬这位不知名的研究生的请求。赫恩登坚持不懈,最终获得了他们的数据和电子表格计算结果并很快发现了问题——实际上是好几个问题,涉及计算错误和可疑的假设。(更详细的讨论可参见我的《标准差——有缺陷的假设,歪曲的数据,以及其他用统计数据欺骗的方式》一书。)

这里的要点是,赫恩登不应该如此艰难地获取莱因哈特-罗戈夫论文所依据的数据和方法。更好的情形是,如果莱因哈特和罗戈夫知道像赫恩登这样顽强不屈的人会仔细研究他们的论文,他们可能会更加勤奋。

要求作者公开其数据和方法是至关重要的。然而,莱因哈特-罗戈夫事件指出了一些复制研究面临的不幸障碍。赫恩登在莱因哈特和罗戈夫所做的原始分析中发现了错误,但如果唯一的错误是为了统计显著性而歪曲数据呢?莱因哈特和罗戈夫研究了1946—2009年的数据。任何想使用新数据复制其研究的尝试都必须等待数年,甚至数十年,才能积累足够多的数据——到那时,他们的政策建议将会造成更多不可挽回的伤害。

预先注册

另一种防止数据歪曲和数据挖掘的保护措施是,要求研究人员在研究开始之前提交其研究计划的详细描述。一项关于人们是否能将死亡推迟到中秋节之后的研究，如果事先确定了研究对象的性别和年龄，那么得出错误结论的可能性就会小得多。一项关于趋势关键词是否能预测股票价格的研究，如果事先指定了关键词，那么得出错误结论的可能性也会小得多。

另一个好处是，期刊可能更愿意发表预先注册的论文，即使其 p 值超过了 0.05。我们有必要知道的是，目前没有令人信服的证据表明人们能够将死亡推迟到某个庆祝活动之后，或者趋势关键词可以用来预测股票价格。

目前要求预先注册的期刊相对较少，或许是因为操纵系统太容易了：收集数据，歪曲或挖掘数据以获得有意义的结果，然后提交一个未透露研究已经完成的预先计划。

当进行大规模实验时，这种花招很难得逞，特别是如果有多名研究人员参与，他们可能会看到并报告不端行为。在第五章讨论的万辛克的比萨研究中，一名目睹了这种诡计的研究助理后来写道："我记得他说得很清楚：'只管不断地摆弄数据，直到你发现什么东西。'"如果有证人见证了这些不当行为，那么在研究完成后提交预先计划就是有风险的。

不幸的是，当单个研究人员审查观测数据时，这种花招相对容易实现。如果万辛克独自进行研究，事后也没有吹嘘他的 p 值篡改和 HARKing 行为，他可能就会逃脱惩罚。

格尔曼是一名非常细心和严谨的统计学家，他指出了预先注册的另外三个问题。第一，研究人员可能对他们将要使用的数据以及其他人曾经做过的分析已经非常熟悉了，因此他们在不知不觉中进行了 p 值篡改，而没有意识到自己是在进行 p 值篡改。第二，预先注册计划将不可避免地遗漏一些意想不到的分岔小径。在满月摩托车研究中，研究人员事先没有意识到存在时区模糊性的问题。第三，有时数据会提示一些可以用新数据进行测试的合理理论。格尔曼写道：

> 在我们的许多应用研究项目中，通过观察数据，我们学到了很多。我们最重要的假设永远不可能提前构想。

另一方面，就同行评审的预先计划征求建议有助于改进一项研究。《社会心理学综合结果》期刊权力姿势复制研究的编辑们谈到了经过同行评审的预先注册：

> 毫无例外，每项拟议研究的方法、设计或分析在最初的第一阶段审查后都会以某种方式进行修改。在研究人员花费宝贵的资源开展这些研究之前，具身认知、激素和其他相关专业领域的真正专家会对他们提出建议……审稿人并不挑研究人员本应做到却未能做到的方方面面的错（这往往反映了审稿人试图展示他们有多么聪明），而是以"我怎样才能使这项研究成为最好的研究？"的心态来提出对这些拟议研究的建议。这确实令人耳目一新。

最后的若干思考

这里总结了几种可能的举措。我希望在你读到这里的时候，一些也许已经实施了，更多的即将实施。

虚假信息

1. 将社交媒体账号的最低注册年龄从 13 岁提高至 16 岁或 18 岁。
2. 要求注册互联网账号的人提供明确的身份证明。
3. 阻止 bot 访问社交媒体。
4. 要求社交媒体公司向警方和监管机构通报恐怖分子的招募、有计划的暴力行为和其他非法活动。

5. 利用人力和算法识别虚假新闻报道和视频,并由专家团队来解决争议。

6. 对明显虚假的报道和视频进行标记。

7. 将存在疑问的帖子标记为可能虚假的和具有误导性的,并提供权威信息的链接。

8. 禁止转发未经审核和事实核查的帖子。

9. 转发过两次的帖子不得再次转发,除非用户复制并粘贴原始帖子。

10. 关闭发布虚假新闻报道的账号。

11. 限制虚假报道传播者购买广告的能力。

12. 不得将虚假报道和视频放在推荐列表或热门列表上。

13. 将不那么极端但与用户信仰并不背道而驰的权威信息放在推荐列表的顶部。

14. 网上和学校都应开设更多(更好的)关于媒介素养、定量素养和科学素养的课程。

数据歪曲与数据挖掘

1. 应鼓励作者报告 p 值,而不是报告关于统计显著性的"是/否"标签。

2. 应鼓励作者报告置信区间。

3. 作者应讨论其估计系数的合理性。

4. 作者应讨论其模型的估计系数是否具有实际重要性——"魅力"。

5. 期刊编辑不应将 p 值低于某一人为设定的阈值作为发表的前提条件。

6. 期刊编辑应优先发表在研究开始前即已提交详细研究计划的论文。

7. 期刊不应发表未公开其非机密数据和详细描述的方法的实证研究。

8. 可再现的和可复制的研究应受到——也许基金会或政府机构的——鼓励和奖励。

9. 一篇重要论文的可再现的或可复制的研究应成为获得实证领域博士学位或其他学位的一个先决条件。

10. 统计素养和逻辑推理课程应成为学校课程的一个重要组成部分,并且也可在线学习。

11. 所有学科的统计学课程都应包括对贝叶斯方法的充分讨论。

12. 所有学科的统计学课程都应包括对 p 值篡改和 HARKing 的充分讨论。

旨在打击虚假信息的许多举措需要科技公司的合作和专业知识,但它们需由政府的法律、法规和监督来推动。旨在减少 p 值篡改和 HARKing 的建议依赖于研究人员和期刊编辑基于专业认知的善意配合。

这将是一团乱麻,但没有任何简单有效的选择,我们迫切需要恢复科学和科学家的光彩。

参考文献

Abutaleb, Yasmeen, McGinley, Laurie, & Johnson, Carolyn Y. 2020. How the "deep state" scientists vilified by Trump helped him deliver an unprecedented achievement. *Washington Post*, December 14.

Agüera y Arcas, Blais. 2021. Do large language models understand us? Medium, December 16.

Alan Turing Institute. 2021. Data science and AI in the age of COVID-19.

Allyn, Bobby. 2020. Researchers: Nearly half of accounts tweeting about coronavirus are likely bots. NPR, May 20.

Ambrosino, Brandon. 2016. Facebook is a growing and unstoppable digital graveyard. BBC Future, March 13.

Anderson, Rick. 2014. The scam, the sting, and the reaction: Labbé, Bohannon, Sokal. The Scholarly Kitchen, February 28.

Anderson, T. W., Suranyi, G., & Beaton, G. H. 1974. The effect on winter illness of large doses of vitamin C. *Canadian Medical Association Journal*, 111(1), 31 – 36.

Bakker, Marjan, & Wicherts, Jelte M. 2011. The (mis)reporting of statistical results in psychology journals. *Behavior Research Methods*, 43(3), 666 – 678.

Ball, P. 2005. Computer conference welcomes gobbledegook paper. *Nature*, 434(7036), 946.

Benford, Frank. 1938. The law of anomalous numbers. *Proceedings of the American Philosophical Society*, 78(4), 551 – 572.

Berger, J. M. 2014. How ISIS games Twitter. Atlantic, June 16.

Braeunig, Robert A. 2006. Did we land on the Moon? Rocket and Space Technology.

Brembs, Björn. 2018. Prestigious science journals struggle to reach even average reliability. *Frontiers in Human Neuroscience*, 12(37).

Brembs, Björn, Button, Katherine, & Munafò, Marcus. 2013. Deep impact: Unintended consequences of journal rank. *Frontiers in Human Neuroscience*, 7, 291.

Brennan, L., Watson, M., Klaber, R., & Charles, T. 2012. The importance of knowing context of hospital episode statistics when reconfiguring the NHS. *British Medical Journal*, 344.

Brin, Sergey, & Page, Lawrence. 1998. The anatomy of a large-scale hypertextual web search engine. *Computer Networks*, 30, 107–117.

Brown, Nicolas J. L. 2019. An update on our examination of the research of Dr. Nicolas Guéguen. Nick Brown's Blog, May 19.

Brown, Nicolas J. L. 2021. Some problems in the dataset of a large study of Ivermectin for the treatment of Covid-19. Nick Brown's Blog, July 15.

Brown, Nicolas J. L., Sokal, Alan D., & Friedman, Harris L. 2013. The complex dynamics of wishful thinking: The critical positivity ratio. *American Psychologist*, 68(9), 801–813.

Bump, Philip. 2013. 12 Million Americans Believe Lizard People Run Our Country. The Atlantic, April 13.

Cabanac, Guillaume, & Labbé, Cyril. 2021. Prevalence of nonsensical algorithmically generated papers in the scientific literature. *Journal of the Association for Information Science and Technology*, 72(12), 1461–1476.

Cafbajal, Erica. 2021. Nearly 60% of hospitalized COVID-19 patients in Israel fully vaccinated, data shows. Becker's Hospital Review, August 19.

Cahill, Aoife, Chodorow, Martin, & Flor, Michael. 2018. Developing an e-rater advisory to detect Babel-generated essays. *Journal of Writing Analytics*, 2, 203–224.

Camerer, Colin F., Dreber, Anna, Forsell, Eskil, Ho, Teck-Hua, Huber, Jürgen, Johannesson, Magnus, et al. 2016. Evaluating replicability of laboratory experiments in economics. *Science*, 351, 1433–1436.

Camerer, Colin F., Dreber, Anna, Holzmeister, Felix, Ho, Teck-Hua, Huber, Jürgen, Johannesson, Magnus, et al. 2018. Evaluating the replicability of social science experiments in *Nature* and *Science* between 2010 and 2015. *Nature Human Behaviour*, 2(9), 637–644.

Carney, Dana R. (nd). My position on "Power Poses". https://faculty.haas.berkeley.edu/dana_carney/pdf_my%20position%20on%20power%20poses.pdf.

Carney, Dana R., Cuddy, Amy J.C., & Yap, Andy J. 2010. Power posing: brief nonverbal displays affect neuroendocrine levels and risk tolerance. *Psychological Science*, 21(10), 1363–1368.

Cesario, Joseph, Jonas, Kai J., & Carney, Dana R. 2017. CRSP special issue on power poses: what was the point and what did we learn? *Comprehensive Results in Social Psychology*, 2(1).

Chapman, Cath, & Slade, Tim. 2015. Rejection of rejection: a novel approach to overcoming barriers to publication. *British Medical Journal*, 351.

Chen, Adrian. 2015. The agency. *New York Times*, June 2.

Clark, Patrick. 2019. Zillow wants to flip your house. Bloomberg, February 14.

Clark, Patrick. 2021. Zillow shuts home-flipping business after racking up losses. *Los Angeles Times*, November 2.

CNBC. 2021. Breaking News. CNBC, March 8.

Cohen, Elizabeth. 2021. CDC scientists recall "death by a thousand cuts" as they try to rebuild the agency's reputation. CNN, February 5.

Cokol, Murat, Iossifov, Ivan, Rodriguez-Esteban, Raul, & Rzhetsky, Andrey. 2007. How many scientific papers should be retracted? *EMBO Reports*, 8(5), 422–423.

Colyer, Jeff, & Hinthorn, Daniel. 2020. These drugs are helping our coronavirus patients. *Wall Street Journal*, March 20.

Crockett, Zachary. 2017. How the "King of Fake News" built his empire. The Hustle, November 7.

Croucher, Shane. 2019. Donald Trump pretended to be a corporate raider, talking up stock prices before quietly selling his shares: Report. *Newsweek*, May 8.

Crumbaugh, James. 1966. A scientific critique of parapsychology. *International Journal of Neuropsychiatry*, 2(5), 523–531.

Cuddy, Amy J. C., Norton, Michael I., & Fiske, Susan T. 2005. This old stereotype: The pervasiveness and persistence of the elderly stereotype. *Journal of Social Issues*, 61(2), 267–285.

Cvetkovska, Saska, Belford, Aubrey, Silverman, Craig, & Feder, Lester. 2018. The secret players behind Macedonia's fake news sites. Organized Crime and Corruption Reporting Project, July 18.

Dadkhah, Medhi, Maliszewski, Tomasz, & da Silva, Jaine A. Teixeira. 2016. Hijacked journals, hijacked web-sites, journal phishing, misleading metrics, and predatory publishing: actual and potential threats to academic integrity and publishing ethics. *Forensic Science, Medicine, and Pathology*, 12(3), 353–362.

DeGrave, Alex, Janizek, Joseph, & Lee, Su-In. 2021. AI for radiographic COVID-19 detection selects shortcuts over signal. Nature Machine Intelligence, May.

Delgado López-Cózar, E., Robinson-García, N., & Torres-Salinas, D. 2014. The Google Scholar experiment: How to index false papers and manipulate bibliometric indicators. *Journal of the American Society for Information Science and Technology*, 65(3), 446–454.

Dewey, Caitlin. 2016. Facebook fake-news writer: "I think Donald Trump is in the White House because of me." *Washington Post*, November 17.

Dhar, Rohin. 2016. The trade of the century: When George Soros broke the British pound. Priceonomics, June 17.

Diamond, Dan. 2021. Feuds, fibs and finger-pointing: Trump officials say coronavirus response was worse than known. *Washington Post*, March 29.

Dowd, Gregory Evans. 2015. *Groundless: Rumors, Legends, and Hoaxes on the Early American Frontier*. Baltimore: Johns Hopkins University Press.

Dreber, Anna, Pheiffer, Thomas, Almenberg, Johan, Isaksson, Siri, Wilson, Brad,

Chen, Yiling, et al. 2015. Prediction markets in science. *Proceedings of the National Academy of Sciences*, 112(50), 15343–15347.

Duckett, Chris. 2021. Apple CEO sounds warning of algorithms pushing society towards catastrophe. ZDNet, January 29.

Einzig, Paul. 1966. *Primitive Money*, second edition. Oxford: Pergamon Press.

Elgazzar, A., Eltaweel, A., Youssef, S. A., Hany, B., Hafez, M., & Moussa, H. 2020. Efficacy and safety of Ivermectin for treatment and prophylaxis of COVID-19 pandemic. Research Square, 100956.

Emproto, Robert. 2020. Maverick modeller Helmut Norpoth predicts another win for Trump. Stony Brook University News, August 3.

Errington, Timothy M., Mathur, Maya, Soderberg, Courtney K., Denis, Alexandria, Perfito, Nicole, Iorns, Elizabeth, et al. 2021. Investigating the replicability of preclinical cancer biology. *eLife*, 10: e71601.

Fang, Ferric C., & Casadevall, Arturo. 2011. Retracted science and the retraction index. *Infection and immunity*, 79(10), 3855–3859.

Feld, Harold. 2019. *The Case for the Digital Platform Act: Market Structure and Regulation of Digital Platforms*. Roosevelt Institute.

Felton, Edward, Raj, Manav, & Seamans, Robert. 2021. Occupational, industry, and geographic exposure to artificial intelligence: A novel dataset and its potential uses. *Strategic Management Journal*, 42(12), 2195–2217.

Ferguson, Cat, Marcus, Adam, & Oransky, Ivan. 2014. Publishing: The peer-review scam. *Nature*, 515(7528), 480–482.

Feynman, Richard. 1969. What is science? *The Physics Teacher*, 7(6), 313–320.

Fiske, Sjusan T. 2016. A call to change science's culture of shaming. *APS Observer*, 29(9).

Fredrickson, Barbara L., & Losada, Marcial F. 2005. Positive affect and the complex dynamics of human flourishing. *The American Psychologist*, 60(7), 678–686.

Fukuyama, Francis. 2007. The emergence of a post-fact world. Project Syndicate, January 12.

Galak, Jeff, LeBoeuf, Robyn A, Nelson, Leof D, & Simmons, Joseph P. 2012. Correcting the past: failures to replicate ψ. *Journal of Personality and Social Psychology*, 103(6), 933–948.

Galer, Sophia Smith. 2020. The accidental invention of the Illuminati conspiracy. BBC Future, July 11.

Gelman, Andrew. 2016. What has happened down here is the winds have changed. Statistical Modeling, Causal Inference, and Social Science, September 21.

Gelman, Andrew. 2017. Pizzagate, or the curious incident of the researcher in response to people pointing out 150 errors in four of his papers. Statistical Modeling,

Causal Inference, and Social Science, February 3.

Gelman, Andrew, & Guzey, Alexey. 2020. Statistics as squid ink: How prominent researchers can get away with misrepresenting data. *Chance*, 25 – 27.

Ghidina, Marcia J. 2019. Finding god in grain: Crop circles, rationality, and the construction of spiritual experience. *Symbolic Interaction*, 42(2), 278 – 300.

Gideon, M. K. 2021. Is ivermectin for Covid-19 based on fraudulent research? Gideon M-K; Health Nerd, July 15.

Godwin, Richard. 2019. One giant … lie? Why so many people still think the moon landings were faked. *The Guardian*, July 10.

Goldman, Adam. 2019. The Comet Ping Pong gunman answers our reporter's questions. *New York Times*, December 7.

Gottman, John M., Coan, James, Carrere, Sybil, & Swanson, Catherine. 1998. Predicting marital happiness and stability from newlywed interactions. *Journal of Marriage and the Family*, 60(1), 5 – 22.

Gross, Terry. 2021. How an anti-vice crusader sabotaged the early birth control movement. NPR, July 7.

Guéguen, Nicolas. 2015. Women's hairstyle and men's behavior: A field experiment. *Scandinavian Journal of Psychology*, 56(6), 637 – 640.

Guzey, A. 2019. Matthew Walker's Why We Sleep is riddled with scientific and factual errors. Alexey Guzey blog.

Hamrick, J. T., Rouhi, Farhang, Mukherjee, Arghya, Feder, Amir, Gandal, Neil, Moore, Tyler, et al. 2021. An examination of the cryptocurrency "pump and dump" ecosystem. *Information Processing & Management*, 58(4), 102506.

Hao, Karen. 2020. AI pioneer Geoff Hinton: "Deep learning is going to be able to do everything." MIT Technology Review, November 23.

Haq, A. U., Zeb, A., Lei, Z., & Zhang, D. 2021. Forecasting daily stock trend using multi-filter feature selection and deep learning. *Expert Systems with Applications*, 168, 114444.

Harrington, Hugh T. 2014. Propoganda warfare: Benjamin Franklin fakes a newspaper. *Journal of the American Revolution*, November 10.

Heaney, Katie. 2015. Meet the croppies. Pacific Standard, October 3.

Heathers, James. 2021. The real scandal about ivermectin. The Atlantic, October 23.

Heaven, Will Douglas. 2021. Hundreds of AI tools have been built to catch covid: None of them helped. MIT Technology Review, July 30.

Herrera-Perez, D., Haslam, A., Crain, T., Gill, J., Livingston, C., Kaestner, V., et al. 2019. Meta-research: A comprehensive review of randomized clinical trials in three medical journals reveals 396 medical reversals. *Elife*. 8, e45183.

Heyman, Richard E., & Smith, Amy M. Sleep. 2001. The hazards of predicting divorce without crossvalidation. *Journal of Marriage and the Family*, 63(2), 473–479.

Higgins, Andrew, McIntire, Mike, & Dance, Gabriel J. x. 2016. Inside a fake news sausage factory: "This is all about income." *New York Times*, November 25.

Hill, R. G., Jr, Sears, L. M., & Melanson, S. W. 2013. 4000 clicks: A productivity analysis of electronic medical records in a community hospital ED. *American Journal Emergency Medicine*, 31(11), 1591–1594.

Hinton, Geoff. 2016. Geoff Hinton: On radiology. Creative Destruction Lab, November 24.

Honavar, Santosh G. 2020. Electronic medical records — The good, the bad and the ugly. *Indian Journal of Ophthalmology*, 68(3), 417–418.

Horizons, 2017. Horizons ETFs launches Canada's first ETF driven by A. I. Press release, November 1.

Horwitz, Jeff. 2021. Facebook says its rules apply to all. Company documents reveal a secret elite that's exempt. *Wall Street Journal*, September 13.

Horwitz, Jeff. 2021. The Facebook whistleblower, Frances Haugen, says she wants to fix the company, not harm it. *Wall Street Journal*, October 3.

Huang, Pien. 2020. Past CDC director urges current one to stand up to Trump. NPR, October 8.

Hughes, H., & Waismel-Manor, I. 2021. The Macedonian fake news industry and the 2016 US election. *PS: Political Science & Politics*, 54(1), 19–23.

Inzlicht, Michael. 2016. Reckoning with the past, February 29.

Ioannidis, John A. 2005. Contradicted and initially stronger effects in highly cited clinical research. *Journal of the American Medical Association*, 294(2), 218–228.

Ioannidis, J. P. A. 2005. Why most published research findings are false. *PLoS Medicine*, 2(8), e124.

Jaffe, Thomas, & Machan, Dyan. 1992. How the market overwhelmed the central banks. *Forbes*, November 9.

John, Leslie K., Loewenstein, George, & Prelec, Drazen. 2012. Measuring the prevalence of questionable research practices with incentives for truth telling. *Psychological Science*, 23(5), 524–532.

Johnson, Eric. 2017. Barack Obama conspiracy theories, brought to you by Google Home. Vox, March 5.

Jones, C. W., Handler, L., Crowell, K. E., Keil, L. G., Weaver, M. A., Platts-Mills, T. F., et al. 2013. Non-publication of large randomized clinical trials: cross sectional analysis. *British Medical Journal*, 347.

Kaempffert, W. 1937. The Duke experiments in extra-sensory perception. *New York Times*, October 10.

Kan, Michael. 2018. Tim Cook: Our data is being "weaponized against us." PC,

October 24.

Kato, Hirotaka, Jena, Anupam B., Newhouse, Ruth L., & Tsugawa, Yusuke. 2020. Patient mortality after surgery on the surgeon's birthday: observational study. *British Medical Journal*, 371.

Keaney, John J., Groarke, John D., Galvin, Zita, McGorrian, Catherine, McCann, Hugh A., Sugrue, Declan, et al. 2013. The Brady Bunch? New evidence for nominative determinism in patients' health: retrospective, population based cohort study. *British Medical Journal*, 347.

Kelotra, Amit, & Pandey, Prateek. 2020. Stock Market Prediction Using Optimized Deep-ConvLSTM Model. *Big Data*, 8(1).

Kirby, Emma Jane. 2017. The city getting rich from fake news. BBC News, December 5.

Krueger, Thomas M., & Kennedy, William F. 1990. An examination of the Super Bowl Stock Market Predictor. *Journal of Finance*, 45(2), 691–697.

Krugman, Paul. 2018. Bubble, bubble, fraud and trouble. *New York Times*, January 29.

Kunzmann, Kevin. 2018. Why Are EMRs So Terrible? HCP Live.

Labbé, C. 2010. Ike Antkare, one of the greatest stars in the scientific firmament. *ISSI Newsletter*, 6(1), 48–52.

Labbé, Cyril, & Labbé, Dominique. 2013. Duplicate and fake publications in the scientific literature: how many SCIgen papers in computer science? *Scientometrics* 94, 379–396.

Lagakis, Paraskevas, & Demetriadis, Stavros. 2021. Automated essay scoring: A review of the field. 2021 International Conference on Computer, Information and Telecommunication Systems (CITS), 1–6.

Lane, A., Luminet, O., Nave, G., & Mikolajczak, M. 2016. Is there publication bias in behavior intranasal oxytocin research on humans? Opening the file drawer of one laboratory. *Journal of Neuroendocrinology*, 28(4).

Lane, Síle. 2013. Why the data on all drug trials must be released. *The Guardian*, September 17.

Lee, Stephanie M. 2017. Here's how a controversial study about kids and cookies turned out to be wrong — and wrong again. Buzzfeed News, October 18.

Lee, Stephanie. 2018. Here's How Cornell scientist Brian Wansink turned shoddy data into viral studies about how we eat. Buzzfeed News, February 25.

Leibovic, Leonard. 2001. Effects of remote, retroactive intercessory prayer on outcomes in patients with bloodstream infection: randomised controlled trial. *British Medical Journal*, 323(7327), 1450–1451.

Leonard, Devin. 2016. The life and times of a true American moral hysteric.

Literacy Hub, May 2.

Liu, Yukun, & Tsyvinski, Aleh. 2018. Risks and returns of cryptocurrency. NBER Working Paper 24877.

Loecher, Markus. 2020. Trouble with TED. Code and Stats, September 3.

McCloskey, D. N. 1985. *The Rhetoric of Economics*. Madison: University of Wisconsin Press.

McCloskey, D. N., & Ziliak, ST. 1996. The standard error of regressions. *Journal of Economic Literature*, 34(1), 97–114.

McCormick, John. 2021. Potential IBM Watson Health sale puts focus on data challenges. *Wall Street Journal*, February 24.

McRae, Mike. 2019. Science's "replication crisis" has reached even the most respectable journals, report shows. ScienceAlert, September 29.

Maguolo, Gianluca, & Nanni, Loris. 2021. A critic evaluation of methods for COVID-19 automatic detection from X-ray images. *Information Fusion*, 76, 1–7.

Marcus, Adam, & Oransky, Ivan. 2018. Meet the "data thugs" out to expose shoddy and questionable research. Science, February 14.

Marcus, Gary, & Davis, Ernest. 2020. GPT-3, Bloviator: OpenAI's language generator has no idea what it's talking about. MIT Technology Review, August 22.

Markoff, John. 2016. Automated pro-Trump bots overwhelmed pro-Clinton messages, researchers say. *New York Times*, November 18.

Mathews, Fiona, Johnson, Paul J., & Neil, Andrew. 2008. You are what your mother eats: evidence for maternal preconception diet influencing foetal sex in humans. *Royal Society: Proceedings: Biological Sciences*, 275(1643), 1661–1668.

Metz, Rachel. 2021. Lemonade: This $5 billion insurance company likes to talk up its AI. Now it's in a mess over it. CNN, May 28.

Meyer, Robinson. 2016. War goes viral: How social media is being weaponized across the world. Atlantic, October 18.

Miller, Chance. 2017. Fake news in featured snippets, and thereby Google Home, is clearly still a problem. 9to5Google, March 6.

Mitchell, Amy, Gottfried, Jeffrey, Barthel, Michael, & Sumida, Nami. 2018. *Distinguishing Between Factual and Opinion Statements in News*. Pew Research Center, June 18.

Morrison, Sara. 2021. A disturbing, viral Twitter thread reveals how AI-powered insurance can go wrong. VOX, May 27.

Mossman, Kate. 2017. Ghostwatch: the Halloween hoax that changed the language of television. NewStatesman, October 19.

Murphy, Tim. 2020. Robert Redfield's epic COVID failure is not a surprise to many HIV and public health experts. The BodyPro, September 28.

Myers, Jolie, & Evstatieva, Monika. 2018. Meet the activist who uncovered the Russian troll factory named in the Mueller Probe. NPR, March 15.

National Academies of Sciences, Engineering, and Medicine. 2019. *Taking Action Against Clinician Burnout: A Systems Approach to Professional Well-Being*. Washington, DC: National Academies Press.

Newcomb, Simon. 1881. Note on the frequency of use of the different digits in natural numbers. *American Journal of Mathematics*, 4(1), 39–40.

Norpoth, Helmut, Undated, A Perfect Storm.

Nosek, Brian A., Cohoon, Johanna, Kidwell, Mallory & Spies, Jeffrey Robert. 2015. Estimating the reproducibility of psychological science. *Science*, 349(6251).

Nuijten, Michèle B., Hartgerink, Chris H. J., van Assen, Marcel A. L. M., Epskamp, Sacha, & Wicherts, Jelte. 2016. The prevalence of statistical reporting errors in psychology (1985–2013). *Behavior Research Methods*, 48(4), 1205–1226.

Oliver, J. Eric, & Wood Thomas J. 2014. Conspiracy theories and the paranoid style(s) of mass opinion. *American Journal of Political Science*, 58(4), 952–966.

Open Science Collaboration. 2015. Estimating the reproducibility of psychological science. *Science* 349, aac4716.

Packer, Milton. 2019. What did the Apple heart study really find? MedPage Today, March 20.

Panesar, Nirmal S., Chan, Noel C. Y., Li, Shi N., Lo, Joyce K Y., Wong, Vivien W. Y., Yang, Isaac B., et al. 2003. Is four a deadly number for the Chinese? *Medical Journal of Australia*, 179(11), 656–658.

Pashler, Harold, & Wagenmakers, Eric. 2012. Editors' introduction to the special section on replicability in psychological science: A crisis of confidence?. *Perspectives on Psychological Science*, 7(6), 528–530.

Pearson, Dave. 2021. FDA going soft on AI reviews? Business Intelligence, January 19.

Perelman, Les. 2020. The BABEL Generator and E-Rater: 21st century writing constructs and automated essay scoring (AES). *Journal of Writing Assessment*, 13(1).

Perry, Tekla S. 2021. Andrew Ng X-Rays the AI Hype. IEEE Spectrum, May 3.

Pesce, Nicole Lyn. 2020. About half of the Twitter accounts calling for reopening America are bots: report. MarketWatch, May 26.

Pickard, Alex. 2012. *Bitcoin: Magic Internet Money*. Research Affiliates.

Pine, Art. 1984. Fixed assets, or: Why a loan in Yap is hard to roll over. *Wall Street Journal*, March 29.

Playboy Advisor. 1969. Letters. *Playboy*, April, p.62.

Portes, Jonathan. 2012. Sterling: My part in its downfall. Juncture. *The Journal of the Institute for Public Policy Research*, September 17.

Preis, Tobias, Moat, Helen Susannah, & Stanley, H. Eugene. 2013. Quantifying trading behavior in financial markets using Google trends. *Scientific Reports*, 3: 1684.

Prier, Jarred. 2017. Commanding the trend: Social media as information warfare. *Strategic Studies Quarterly*, 11(4), 50 – 85.

Randall, David, & Welser, Christopher. 2018. The irreproducibility crisis of modern science. National Association of Scholars.

Randi, James. 1983. The Project Alpha experiment: Part 1: The first two years, and Part 2: Beyond the laboratory. *Skeptical Inquirer*. 7 – 8.

Ranehill, Eva, Dreber, Anna, Johannesson, Magnus, Leiberg, Susanne, Sul, Sunhae, & Weber, Roberto A. 2015. Assessing the robustness of power posing: No effect on hormones and risk tolerance in a large sample of men and women. *Psychological Science*, 26(5), 653 – 656.

Redelmeier, Donald A., & Shafir, Eldar. 2017. The full moon and motorcycle related mortality: population based double control study. *British Medical Journal*, 359, j5367.

Reeves, Margaret, & Rhine, J. B. 1943. The PK effect: A study in declines. *Journal of Parapsychology*, 7, 76 – 93.

Reisinger, Don. 2016. How Google is quietly benefiting from Pokémon Go's success. *Fortune*, July 12.

Rhine, J. B. 1935. *Extra-Sensory Perception*, Boston, MA: Bruce Humphries.

Rhine, J. B. 1974. A new case of experimenter unreliability. *Journal of Parapsychology*, 38, 137 – 153.

Rhine, J. B., & Rhine, Louisa E. 1927. One evening's observation on the Margery mediumship. *Journal of Abnormal and Social Psychology*, 21(4), 401 – 421.

Robb, Amanda. 2017. Anatomy of a fake news scandal. Rolling Stone, November 16.

Roberts, M., Driggs, D., Thorpe, M., Gilbey, J., Yeung, M., Ursprung, M., et al. 2012. Common pitfalls and recommendations for using machine learning to detect and prognosticate for COVID-19 using chest radiographs and CT scans. *Natural Machine Intelligence* 3, 199 – 217.

Romero-Brufau, Santiago, Wyatt, Kirk D., Boyum, Patricia, Mickelson, Mindy, Moore, Matthew, & Cognetta-Rieke, Cheristi. 2020. A lesson in implementation: A pre-post study of providers' experience with artificial intelligence-based clinical decision support. *International Journal of Medical Informatics*, 137, 104072.

Rosenthal, Robert. 1979. The "file drawer problem" and tolerance for null results. *Psychological Bulletin*, 86(3), 638 – 641.

Ross, Casey, & Swetlitz, Ike. 2018. IBM's Watson supercomputer recommended "unsafe and incorrect" cancer treatments, internal documents show. STAT, July 25.

Sallis, Robert, Young, Deborah Rohm, Tartof, Sara Y., Sallis, James F., Sall, Jeevan, Li, Qiaowu, et al. 2021. Physical inactivity is associated with a higher risk for severe COVID-19 outcomes: a study in 48 440 adult patients. *British Journal of Sports*

Medicine, 55, 1099–1105.

Sandhu, A., Seth, M., & Gurm, H. S. 2014. Daylight savings time and myocardial infarction. *Open Heart*, 1: e000019.

Scanlon, T. J., Luben, R. N., Scanlon, F. L., & Singleton, N. 1993. Is Friday the 13th bad for your health? *British Medical Journal*, 307(6919), 1584–1586.

Scheck, Justin, Purnell, Newley, & Horwitz, Jeff. 2021. Facebook employees flag drug cartels and human traffickers. The company's response is weak, documents show. *Wall Street Journal*, September 16.

Schreiber, Daniel. undated. Lemonade.

Science Insider. 2015. Hoax-detecting software spots fake papers. Communications of the ACM, March 30.

Serra-Garcia, Marta, & Gneezy, Uri. 2021. Nonreplicable publications are cited more than replicable ones. *Science Advances*, 7(21).

Sides, John. 2015. Fifty percent of Americans believe in some conspiracy theory. Here's why. *Washington Post*, February 19.

Silverman, Craig. 2016. This analysis shows how viral fake election news stories outper-formed real news on Facebook. BuzzFeed News, November 16.

Simmons, Joseph P., Nelson, Leif D., & Simonsohn, Uri. 2011. False-positive psychology: undisclosed flexibility in data collection and analysis allows presenting anything as significant. *Psychological Science*, 22, 1359–1366.

Simmons, Joseph P., Nelson, Leif D., & Simonsohn, Uri. 2018. False-positive citations. *Perspectives on Psychological Science*, 13(2), 255–259.

Singal, Jessie. 2017. A popular diet-science lab has been publishing really shoddy research. *New York*, February 8.

Smith, Allan. 2021. Birx recalls "very difficult" call with Trump, says hundreds of thousands of Covid deaths were preventable. NBC News, March 28.

Smith, Gary. 2002. Scared to death? *British Medical Journal*, 325, 1442–1443.

Smith, Gary. 2014. *Standard Deviations: Flawed Assumptions, Tortured Data, and Other Ways to Lie With Statistics*. New York: Overlook; London: Duckworth.

Smith, Gary. 2016. Hurricane names: A bunch of hot air? *Weather and Climate Extremes*, 12, 80–84.

Smith, Gary. 2018. Step away from stepwise. *Journal of Big Data*, 5: 32.

Smith, Gary. 2018. *The AI Delusion*. Oxford: Oxford University Press.

Smith, Gary. 2020. Data mining fool's gold. *Journal of Information Technology*, 35(3), 182–194.

Smith, Gary. 2022. Full moons and forking paths. *Significance*, 19(4), 32–35.

Smith, Gary, and Jay Cordes. 2019. *The 9 Pitfalls of Data Science*. Oxford: Oxford University Press.

Soares, Isa. 2017. The "fake news" machine: Inside a town gearing up for 2020. CNN, September 13.

Sozzi, Brian. 2020. Why stock market traders should be terrified of robots in the next decade. Yahoo/Finance, January 2.

Spinak, Ernesto. 2014. In the beginning it was just plagiarism — now its computer-generated fake papers as well. SciELO in Perspective, March 31.

Stempniak, Marty. 2021. Only 30% of radiologists currently using artificial intelligence as part of their practice. Radiology Business, April 21.

Sterling, T. D., Rosenbaum, W. L., & Weinkam, J. J. 1995. Publication decisions revisited: The effect of the outcome of statistical tests on the decision to publish and vice versa. *The American Statistician*, 49(1), 108–112.

Stodden, Victoria, Seiler, Jennifer, & Ma, Zhaokun. 2018. An empirical analysis of journal policy effectiveness for computational reproducibility. *Proceedings of the National Academy of Sciences*, 115(11), 2584–2589.

Subramanian, Samanth. 2017. Meet the Macedonian teens who mastered fake news and corrupted the US election. Wired, February 15.

Sullivan, Peter. 2021. Lancet report faults Trump for "avoidable" coronavirus deaths. The Hill, February 11.

Sydell, Laura. 2016. We tracked down a fake-news creator in the suburbs. Here's what we learned. All Tech Considered. NPR, November 23.

Synovitz, Ron, & Mitevska, Maria. 2020. "Fake news" sites in North Macedonia pose as American conservatives ahead of U.S. election. Radio Free Europe, October 22.

Theobald, Robert. 1963. *Free Men and Free Markets*. Garden City, NY: Anchor Books.

Thompson, Stuart A. 2022. How Trump Coins became an internet sensation. *New York Times*, January 28.

Tourianski, Julia. 2014. The declaration of bitcoin's independence. *Bitcoin Magazine*, May 14.

Townsend, Tess. 2016. The bizarre truth behind the biggest pro-Trump Facebook hoaxes. Inc., November 21.

Van der Zee, Tim, Anaya, Jordan, & Brown, Nicholas, J. L. 2017. Statistical heartburn: An attempt to digest four pizza publications from the Cornell Food and Brand Lab. *BMC Nutrition*, 3(54).

Van Noordan, Richard. 2014. Publishers withdraw more than 120 gibberish papers. *Nature*, February 25.

Van Noordan, Richard. 2021. Hundreds of gibberish papers still lurk in the scientific literature. *Nature*, May 27.

Vigna, Paul. 2019. Most bitcoin trading faked by unregulated exchanges, study finds. *Wall Street Journal*, March 22.

Vigna, Paul. 2019. Large bitcoin player manipulated price sharply higher, study says. *Wall Street Journal*, November 4.

Vosoughi, Soroush, Roy, Deb, & Aral, Sinan. 2018. The spread of true and false news online. *Science*, 359(6380), 1146–1151.

Wachter, Robert. 2017. *The Digital Doctor: Hope, Hype, and Harm at the Dawn of Medicine's Computer Age*. New York: McGraw-Hill Education.

Wagner, Rodd. 2016. The junk science of recognition by ratio. *Forbes*, July 13.

Wall Street Journal Staff. 2021. Facebook's documents about Instagram and teens. *Wall Street Journal*, September 29.

Wansink, Brian. 2016. The grad student who never said "No." *Healthier & Happier*, November 21.

Wansink, Brian. 2019. *Research Opportunities to Change Eating Behavior*.

Weimann, Gabriel. 2015. *Terrorism in Cyberspace: The Next Generation*. Washington, DC: Woodrow Wilson Center Press, 138.

Wells, Georgia, & Horwitz, Jeff. 2021. Facebook's effort to attract preteens goes beyond Instagram kids, documents show. *Wall Street Journal*, September 28.

Wells, Georgia, Horwitz, Jeff, & Glazer, Emily. 2021. How Facebook gobbled Mark Zuckerberg's bid to get America vaccinated. *Wall Street Journal*, September 17.

Wells, Georgia, Horwitz, Jeff, & Seetharaman, Deepa. 2021. Facebook knows Instagram is toxic for many teen girls, company documents show. *Wall Street Journal*, September 14.

Wicherts, Jelte. M., Borsboom, Danny, Kats, Judith, & Molenaar, Dylan. 2006. The poor availability of psychological research data for reanalysis. *American Psychologist*, 61(7), 726.

Wolff-Mann, Ethan. 2021. How to find bitcoin and other crypto asset "fundamentals": Goldman Sachs. YahooFinance, July 20.

Wynants, L., Van Calster, B., Collins, G. S., Riley, R. D., Heinze, G., Schuit, E., et al. 2020. Prediction models for diagnosis and prognosis of covid-19: systematic review and critical appraisal. *British Medical Journal*, 369.

Young, Stanley S., Bang, Heejung, and Oktay, Kutluk. 2009. Cereal-induced gender selection? Most likely a multiple testing false positive. *The Royal Society: Proceedings: Biological Sciences*, 276(1660), 1211–1212.

Zalesskaya, Yana. 2021. Meet your new A.I. best friend. *Fortune*, December.

Ziliak, ST, McCloskey, DN. (2004) Size matters: The standard error of regressions in the American Economic Review. *Journal of Socio-Economics*, 33(5): 527–546.

Zweig, Jason. 2018. When your investing robot has a mind of its own. *Wall Street Journal*, May 18.

译后记

本人了解加里·史密斯教授是从他的科普畅销书《人工智能错觉》开始的,他在那本书中以严谨的态度和理性批判精神辩证地向读者阐明了人工智能的潜力与局限。这一次,偶然的机会看到牛津大学出版社推出的这本《不被信任的科学》,更是深深领略了史密斯擅长的批判性思维的深厚功底。本书是一本关于数智时代大众对科学和科学家的信任危机的作品,受众面很广,无论是科技政策的制定者和监管者、科研一线人员、大中小学教师与学生,还是社会公众,都能从中发现有助于自身工作和学习的有益内容。借此,我从科学教育、科学研究和科学技术普及的角度谈几点感想。

在科学教育方面,建立正确的科学观念、形成全面的科学思维、塑造不断求真的科学精神都是构建完善的科学素养体系的重要组成部分。本书出现最多的词就是"科学"。史密斯就像《西游记》中的孙悟空一样,以科学斗士的勇气和干劲击碎了一个又一个披着科学外衣的"妖魔鬼怪"——伪科学,其雄辩有力的文字让读者看清了各路妖怪的伪装伎俩和妖术。更值得称道的是,史密斯在书中展示的案例都十分鲜活且极具代表性,不论是科学界名流大咖的研究成果,还是国际权威学术期刊(如国际顶尖综合性期刊《自然》和《科学》)上发表的论文,都逃脱不了他的"火眼金睛"。他将一个又一个研究案例的硬伤彻底揭露出来，为读者清晰地点出哪些是"真经"，哪些是"假经"。"科学来不得半点虚假""事实胜于雄辩""实践是检验真理的唯一标准"，这些金句的平替随处可见，字里行间分明体现的是"不唯上，只唯实"的坚定信条。

令人惊喜的是，他这次对人工智能的理性审视比《人工智能错觉》更上一层楼。在书中，他肯定了人工智能未来发展前景的同时，更是敲响了人工智能风险——特别是大语言模型的幻觉问题——的警钟，在引人发笑的同时更是把读者带入沉思之中，这无疑是对人工智能威力无边的鼓吹和夸大之词的当头棒喝。本人作为一名人工智能领域的学者，对史密斯遴选案例的良苦用心非常敬佩，他总能抓住人工智能在感知识别、认知推理和自然语言生成方面的各种"爆梗"，让人以为他就是一名资深的人工智能专家。实际上，他的专业研究领域是经济学。本书对科学研究相关人士的参考价值不仅大，而且覆盖人群很广。科学研究一线人员、科学研究政策的制定者和监管者、学术期刊编辑、与科技活动相关的法律法规的制定者与执行者，以及专注于科技成果转化与应用的科技公司负责人与技术人员，尤其是涉及生命科学与人类健康、金融与经济政策等领域的人士，都应该读读本书，因为伪科学产生的负面影响往往具有很大的思维惯性，给社会造成的危害不可估量，难以挽回。难能可贵的是，史密斯还是科研成果开源的积极倡导者。这一点在科技昌明并飞速发展的今天，是尤为重要的一种科研生态理念，近期 DeepSeek 大模型的一鸣惊人就是最好的注脚。

本书虽然涉及众多领域的专业知识与趣事，但语言深入浅出、案例引人入胜，可谓是满满的科普味。史密斯厘清了一个个谜团的来龙去脉，让读者豁然开朗，妥妥地印证了"真相只有一个"！不论是面向公众开展科学普及还是面向中小学生开展科学教育，这些案例都是极好的一手素材。

今年是《中华人民共和国科学技术普及法》修订后的开元之年,相信此书的问世能够为国内公众科学意识的提升打开一扇窗,让科学的光辉照耀进来,惠及普罗大众。今年1月,教育部办公厅发布了《中小学科学教育工作指南》,旨在"更加聚焦提升学生科学素养、培育学生批判思维和创新能力"。希望本书能够广泛播撒科学素养的种子,助力中小学科学教育高质量发展。

最后,表达一下感谢。首先,感谢中国科学院计算技术研究所研究员史忠植老师为本书倾情作序;感谢中国科普作家协会副理事长尹传红、中国科普研究所研究员郑念和中国科学技术大学科技传播系研究员袁岚峰等三位老师撰写推荐语,给予本书大力支持;感谢中国著名科幻作家吴岩老师为本书中译名提出的建议。各位老师都是弘扬科学精神的主力军成员,他们的加持不仅为本书增光添色,而且也在为增进公众对科学的信任度和对科学家的信任感加油助威。其次,感谢上海科技教育出版社殷晓岚和王洋两位编辑,她们在图书出版和编辑方面的专业素养给我留下了深刻的印象。最后,感谢家人的理解与支持,让本人无论何时,都能抽身静心地在书房的一隅津津有味地"搬砖"。

总之,感慨良多,甘苦自知。希望读者能够满意依然是本书翻译的最大动力。本人翻译水平有限,难免有错误与措辞欠妥之处,恳请方家批评指正,不胜感激。这就是本书翻译过程中的几点感想,权当作"译后记"。

2025年2月14日

西安赛蒙馆

图书在版编目(CIP)数据

不被信任的科学：大数据、人工智能与信息欺骗／(美)加里·史密斯著；孙强译. -- 上海：上海科技教育出版社, 2025.8. -- (哲人石丛书). -- ISBN 978-7-5428-8484-8

Ⅰ. TP274

中国国家版本馆 CIP 数据核字第 2025E6E479 号

责任编辑　殷晓岚　吴闻宇
装帧设计　李梦雪

BU BEI XINREN DE KEXUE

不被信任的科学——大数据、人工智能与信息欺骗
[美] 加里·史密斯　著
孙　强　译

出版发行	上海科技教育出版社有限公司
	(上海市闵行区号景路 159 弄 A 座 8 楼　邮政编码 201101)
网　　址	www.sste.com　www.ewen.co
经　　销	各地新华书店
印　　刷	上海商务联西印刷有限公司
开　　本	720×1000　1/16
印　　张	22.75
版　　次	2025 年 8 月第 1 版
印　　次	2025 年 8 月第 1 次印刷
书　　号	ISBN 978-7-5428-8484-8/N·1269
图　　字	09-2024-0965 号
定　　价	88.00 元

Distrust:
Big Data, Data Torturing, and the Assault on Science
by
Gary Smith
Copyright © 2023 by Gary Smith
Chinese (simplified characters) edition copyright © 2025
by Shanghai Scientific & Technological Education Publishing House Co., Ltd.
ALL RIGHTS RESERVED

Distrust: Big Data, Data Torturing, and the Assault on Science was originally published in English in 2023. This translation is published by arrangement with Oxford University Press. Shanghai Scientific & Technological Education Publishing House Co., Ltd. is solely responsible for this translation from the original work and Oxford University Press shall have no liability for any errors, omissions or inaccuracies or ambiguities in such translation or for any losses caused by reliance thereon.